山东耕地质量评价与应用丛书

# 曲阜耕地

杨振霞 王洪誉 陈亮 主编

山东大学出版社

**图书在版编目(CIP)数据**

曲阜耕地/杨振霞,王洪誉,陈亮主编.—济南:山东大学出版社,2011.11
ISBN 978-7-5607-4521-3

Ⅰ.①曲...
Ⅱ.①杨... ②王... ③陈...
Ⅲ.①耕作土壤—土壤肥力—土壤调查—曲阜市
②耕作土壤—评价—曲阜市
Ⅳ.①S159.252.3②S158

中国版本图书馆CIP数据核字(2011)第250759号

山东大学出版社出版发行
(山东省济南市山大南路20号 邮政编码:250100)
山 东 省 新 华 书 店 经 销
济南景升印业有限公司印刷
787×1092毫米 1/16 14印张 23插页 336千字
2011年11月第1版 2011年11月第1次印刷
定价:39.00元

# 《曲阜耕地》编辑委员会

# 《曲阜耕地》编著人员名单

| | | | | | |
|---|---|---|---|---|---|
| 主　编 | 杨振霞 | 王洪誉 | 陈　亮 | | |
| 副主编 | 张会孔 | 桂秀平 | 常　丽 | 孔　超 | 孔宪伟 |
| | 张锡圣 | 李素珍 | 殷碧秋 | | |
| 编写人员 | 杨振霞 | 王洪誉 | 陈　亮 | 张会孔 | 桂秀平 |
| | 常　丽 | 孔　超 | 孔宪伟 | 李素珍 | 刘　鑫 |
| | 颜　薇 | 孟庆红 | 颜治国 | 陈振东 | 孔　慧 |
| | 邱振芝 | 张锡圣 | 丰宗鹏 | 田昌平 | 朱德军 |
| | 陈以朋 | 徐　民 | 刘　荣 | 史翠青 | 殷碧秋 |
| | 郭良伟 | 王福立 | 刘德强 | 孔祥峰 | 张　庆 |
| | 张宪雨 | 邢海标 | 孔庆生 | 孙志勇 | 王洪英 |
| | 王新刚 | 朱建恩 | | | |
| 调查试验与分析人员 | | | | | |
| | 于金宝 | 丰宗鹏 | 丰茂红 | 孔　颖 | 孔　旭 |
| | 孔　超 | 孔　慧 | 孔凡东 | 孔凡勇 | 孔令波 |
| | 孔宪伟 | 孔昭成 | 孔祥勇 | 孔　霞 | 牛福英 |
| | 王芝民 | 王宗芳 | 王彦波 | 韦　敏 | 史文丽 |
| | 史相民 | 史翠青 | 田昌平 | 刘　鑫 | 刘艳敏 |
| | 华　勇 | 吕瑞国 | 朱德军 | 毕景浩 | 闫洪伟 |
| | 宋　才 | 宋文顺 | 宋文涛 | 宋文森 | 宋尚龙 |
| | 宋新民 | 张　磊 | 张玉霞 | 张会孔 | 张庆会 |
| | 张修亭 | 张祥海 | 张锡圣 | 张黎元 | 李凡明 |
| | 李卓然 | 李素珍 | 李　敏 | 杜云飞 | 杨凤英 |
| | 杨振霞 | 邱振芝 | 陈　明 | 陈　亮 | 陈以朋 |
| | 陈存广 | 陈振东 | 陈海燕 | 周　茹 | 孟庆红 |
| | 侯恩镇 | 宫兴甫 | 段金博 | 夏　杰 | 徐　明 |
| | 桂秀平 | 耿忠立 | 郭长生 | 郭守任 | 郭福丁 |
| | 常　丽 | 曹洪伟 | 隋立斌 | 黄修军 | 葛增利 |
| | 靳桂芝 | 颜　薇 | 颜治国 | 霍雨莲 | |
| 审　稿 | 李纯玉 | | | | |

# 前言

曲阜市位于山东省西南部，总面积为896km²，是一座因孔子而扬名海内外的东方圣城，也是农业基础条件良好、连年丰产丰收的全国重要的商品粮基地。全市土地总面积为81474hm²，耕地为42699hm²。常年种植小麦、玉米、花生、瓜菜、林果等作物。全国第二次土壤普查核实曲阜土壤分布有石质土、粗骨土、褐土、潮土、砂姜黑土、水稻土6大土类、10个亚类、10个土属、32个土种。

2006年，曲阜市被列为国家测土配方施肥示范县和耕地地力评价项目县。项目实施以来，完成了"一书(三个报告)"、"一碟(数据库)"、"一套图(22幅数字地图)"、"二系统(测土配方施肥汇总系统、耕地资源管理信息系统)"的基础建设工作。累计采集土壤样本8105个，灌溉水样本60个，土壤容重样本88个，作物植株样本299个；进行各类相关室内化验22项，化验56940项次。基本查清了全市各类土壤的肥力状况。全市土壤耕作层平均营养含量：有机质为13.4g/kg、全氮为0.78g/kg、碱解氮为66mg/kg、有效磷为35.1mg/kg、速效钾为94mg/kg、缓效钾为902mg/kg、交换性钙为3279mg/kg、交换性镁为431mg/kg、有效硫为17.5mg/kg、有效铁为17.27mg/kg、有效锰为17.4mg/kg、有效铜为1.18mg/kg、有效锌为1.20mg/kg、有效硼为0.31mg/kg、有效钼为0.179mg/kg。其中有机质、全氮、速效氮、磷、钾含量分别较全国第二次土壤普查结果增加4.5g/kg、0.20g/kg、18mg/kg、28.2mg/kg、3mg/kg，这说明全市土壤生产能力不断提高，为农业持续发展奠定了基础。

项目实施过程中，健全完善了土壤化验室，改造了化验场地360m²，更新仪器设备30多台套，配备专职化验人员12人，全市100多名专业技术人员参与项目实施。召开各类专题会议33次，举办各类技术培训84期次，进村入户进行专题技术讲座644期，制作各类宣传牌、过街联600多个，进行电台、电视台专题报道讲座30余期次，印刷宣传挂图4000份，刻录光盘15张，发放技术"明白纸"、施肥建议卡66万份。年推广各类作物测土配方施肥面积达27400hm²，亩增收节支100元以上，累计增收节支1.5亿元以上。

为总结经验，将项目实施过程中的有关资料梳理成章，汇集成《曲阜耕地》

一书，共5篇14章。第1～3章介绍曲阜市农业基本情况，第4～9章主要阐述测土数据、应用信息、土壤理化性状、地力等级、土壤资源管理及改良意见等，第10、11章主要内容为曲阜市耕地测土配方施肥指标体系，后3章为项目实施成果应用及前景展望等。本书的整理出版得到了山东省农业厅、山东农业大学、济宁市农委、曲阜市委、曲阜市政府有关领导和专家的大力支持，得到了市直有关部门及乡镇的积极协助，得到了市、乡、村广大专业技术人员和农业工作者的无私帮助，在此一并表示感谢。

《曲阜耕地》作为项目成果，是全市农业科技工作者集体智慧的结晶，对今后一个时期内曲阜农业的可持续发展有很好的指导作用。但由于时间仓促，加之编者水平有限，书中缺点和遗漏，甚至错误在所难免，诚请广大读者批评指正。

《曲阜耕地》一书的出版，如能为曲阜农业发展有所帮助，即是全体编写人员的最大心愿。

编 者

2011年5月16日于曲阜

# 目 录

## 第三篇 测土配方施肥指标体系

## 第四篇 测土配方施肥技术应用与推广



## 第五篇 相关论文

# 第一篇　耕地地力调查

## 第一章　自然与农业生产概况

曲阜是一座历史悠久、文物古迹众多、气候宜人、土地肥沃、资源丰富、交通发达的城市，被誉为“东方圣城”。曲阜是古代东夷族部落居住的中心，大汶口文化和龙山文化的发祥地，亦是起始于周代的世界东方礼乐传播之邦。曲阜是先秦时代著名思想家、教育家、儒家创始人——孔子诞生、讲学、墓葬和后人祭祀之地。轩辕黄帝降于寿丘；先哲颜子诞生于斯；炎帝曾以曲阜为都；舜帝在曲阜作什器；少昊帝葬于曲阜。尧舜时代，曲阜属九州之一的徐州；商朝前期，曲阜名奄，第十八任商王南庚，迁都于此。武王灭商，将胞弟、宰辅周公旦封于曲阜，立国为“鲁”。公元前 249 年，楚灭鲁，始设鲁县。秦代实行郡县制，鲁为薛郡，郡治设在曲阜。隋文帝开皇四年(584 年)，诏改鲁县为“汶阳”；开皇十六年，诏改县名为“曲阜”。《尔雅·释名》说：“大陆曰阜。”东汉应劭诠释说：“鲁城中有阜，逶曲七八里。”此为“曲阜”名称的由来。“曲阜”作为地理名词一直沿用至今。1945 年底，曲阜与泗水并称为曲泗县，1946 年春，曲泗分治。1958 年将滋阳并入曲阜，1962 年初仍按两县原行政区域分治。1986 年经国务院批准，撤销曲阜县，设立曲阜市。1982 年 4 月，国务院将曲阜列为全国第一批 24 个历史文化名城之一。1998 年，曲阜又被命名为“中国优秀旅游城市”，列为首批国家重点旅游城市之一。同年，联合国教科文组织向全世界公布，曲阜孔庙、孔府、孔林列为“世界文化遗产”，载入《世界文化遗产名录》。

曲阜市辖 12 个乡、镇、街道办事处。包括陵城、南辛、姚村、吴村、息陬、王庄 6 个镇，防山、董庄 2 个乡和鲁城、书院、时庄、小雪 4 个街道办事处。全市现有 389 个行政村，18.8089 万户，总人口为 63.727 万，其中农业人口为 52.59 万。

### 第一节　自然条件

曲阜市位于山东省西南部，北依泰岱，南瞻凫峄，东连泗水，西抵兖州，北距省会济南 135km，西南距济宁 45km。地理坐标为东经116°51′～117°13′，北纬 35°29′～35°49′。南北最大纵距为 35.5km，东西最大横距为 25km。曲阜市东高西低，北高南低，七分平原，三分山地。东、北、南三面群山环绕，丘陵绵亘，丘阜散布，西部平原广阔，沃野无际。总面积为 89522.7hm²,其中:农用地面积为 65132.8hm²,占总面积的 72.7%;建设用地面积为 21889.6hm²,占总面积的 24.5%;未利用地面积为 2500.3hm²,占总面积的 2.8%。在农用地中,耕地面积为 42698.7hm²,林地面积为 19329.9hm²,园地面积为 1668hm²,道路沟渠等其他农用地面积为 1436.2hm²。

## 一、气候

曲阜市属暖温带季风性大陆气候,四季分明,降水较为丰沛,具有春季多旱、夏季多雨、秋季干旱、冬季干冷少雪的气候特点。全市常年降雨量为666.3mm,最小值为477.7mm,最大值为 959.3mm。年平均降雨日数为 69.7 天。3～5 月降水量为 81.4mm,占全年总降水量的 11.9%。6～8 月降水量为 452.9mm,占全年总降水量的 66.1%。9～11月降水量为 120.6mm,占全年总降水量的17.6%。12 月至次年 2 月降水量为 30.5mm,占全年总降水量的 4.4%。常年雨季汛期在 6 月下旬末至 7 月上旬初,终期在 9 月上旬,全年雨季终始间隔日数为 70 天左右。年平均降雪为 51.7mm,降雪最多达 120mm,最少为 16.6mm。

年平均蒸发量为 1655.1mm,其中 6 月最大,为 293.6mm,1 月最小,为 54.9mm。全年降雨量与蒸发量的比值为 1∶2.65。年平均太阳辐射热量为 120kJ/km²,常年平均日照时数为 2433h,常年平均气温为 13.9℃,常年无霜期为 210 天,历年平均日照时数为 2388.8h,大于 0℃的积温为 5400℃,大于 10℃的积温为 4233℃,常年平均地面温度为 16℃,一般年份气温偏高2.4℃。常年 1 月地温最低,地面最高温度在 6 月,4～11 月 5cm 地温平均为 21.2℃,10cm 地温平均为 21.1℃,相差不大。常年冻结开始在 12 月 17 日,终止在 2 月 15 日,最大冻土厚度为 38cm,常年冻土厚度平均为 20.5cm。年平均风速为 2.4m/s。全年光照充足,热量资源丰富,无霜期较长,降水丰沛,特别是夏季降雨集中,气温较高,温差大,土壤成土过程活跃,养分释放、转化快,作物生长迅速,适于各种作物、树木、杂草的生长发育。

本市具有光照充足、热量资源丰富、雨水调和的特点,但由于一年中光、热、水资源的分配不均,所以使本市春夏秋冬四季分明,分为冷热和干湿季节。各季节降水丰枯悬殊,分配不均,加之本市山丘起伏,地形复杂,变化较大,有泗、沂、蓼、险四大季节性河流流经本市,又有泰山、沂蒙山和泗水的部分河水经本市流入南四湖,故易形成春旱、夏涝、晚秋又旱的气候特点。春季回温快,多西南风,雨水稀少,气候干燥,形成春旱,严重影响春播和小麦的正常生长,又常有寒流的侵袭,出现晚霜冻,形成倒春寒,影响作物及果树的正常生长。夏季天气炎热,高温、高湿同时出现,且常有暴雨和冰雹及连续阴雨天气出现,是一年降雨出现的集中季节,洪水暴发,洼地积涝成灾。秋季天气晴朗,秋高气爽,利于秋作物的生长和成熟,但往往由于秋温高、多季风、蒸发量大、降水少,出现晚秋旱,而影响秋作物的正常成熟和小麦的适期播种,也有的年份出现阴雨连绵的低温天气,同样不利于晚秋作物的成熟和小麦的播种。冬季低温寒冷直接影响小麦和其他作物及树木的安全越冬,有的年份出现雨凇,严重影响农作物的生长,妨碍交通,毁坏线路和树木。

## 二、地形地貌与成土母质

曲阜市位于鲁中南部山区的边缘,东、东南、北三面环山,东北部为太沂蒙山地的边缘，中部为泗河、沂河冲积平原。地形地貌的形成，主要是和泰山的抬升、古泗河与沂河的搬运沉积以及长期的地质发展过程有关。根据地质资料，泰山山体经过几次大的隆起、沉降地壳运动，又经长期的陆海交替，至燕山造陆运动以后，逐步形成现在的泰山山体的地势基础，形成了本市北高南低、东高西低的地形、地貌的地质基础。境内最高点海拔为548.1m(吴村镇凤凰山)，最低点海拔为47m(陵城镇程庄村)，可划分7个地貌类型、12个微地貌单元。

$Ⅰ_1$石质山岭：分布在低山丘陵的顶部及较高的部位，即董庄乡、吴村镇的北部，小雪街道办事处、息陬镇的南部，防山乡东部和南辛镇的东南部。植被覆盖率低于60%，以裸露的石质山岭为主，适宜封山造林或开采建筑石料等。

$Ⅰ_2$荒岭坡：分布在山丘上部，即董庄乡、吴村镇、书院街道、防山乡、息陬镇、南辛镇、小雪街道办事处等石质山岭以下，坡度大于25°，自然植被覆盖率高于60%，多数为荒岭或林地，土层浅薄，一般为15～25cm，多为残积物形成，适宜封山造林和发展畜牧业。

$Ⅱ_3$岭坡梯田：分布于山丘的中部，即荒岭坡以下，地势较陡，坡度为15°～25°，单块梯田面积较小，一般小于1亩，梯田群呈阶式环山，水平条带状阶差较大，土层薄，多发育褐土性土，由人工在坡积、洪积物上垒砌而成，适宜退耕还林。

$Ⅱ_4$坡麓梯田：分布在山丘中下部、岭坡梯田之下，如吴村镇、董庄乡、防山乡、南辛镇的山脚坡地。地形较缓，梯田形状随地形而异。单块梯田面多呈坡状，面积较大，一般为数亩或数十亩，土层厚薄不一，多发育为中厚层褐土或淋溶褐土，母质为坡积物。

$Ⅱ_5$沟谷梯田：分布在吴村镇、南辛镇等地的山谷之间。其上部阶差较大，下部阶差较小，梯田多呈坡状，梯田群呈支脉状。面积较大，一般数亩到数十亩，土层较厚，土壤肥沃，多发育为中层和厚层褐土或淋溶褐土，多洪积物。

$Ⅱ_6$岭岗梯田：分布于岭岗的中上部，如王庄镇、董庄乡、吴村镇、姚村镇等乡镇的丘陵岗上，地势较缓，梯田的形成随坡形呈阶梯状，单块梯田呈块状，面积较大，一般数亩到数十亩，土层较厚，多发育为中厚层淋溶褐土，多洪积冲积物。

$Ⅲ_7$近山高阶地：分布于沟谷梯田与坡麓梯田之下。如董庄乡、吴村镇、书院街道、防山乡等乡镇的山地之下，田面明显比坡麓梯田开阔平缓，多发育为厚层或浅厚层褐土，多洪积冲积物。

$Ⅲ_8$近山阶地：位于高阶地之下，大者可达数十亩，土壤多发育为厚层和深厚层褐土，母质为洪积冲积物。

$Ⅳ_9$山前倾斜平地：位于跪胚山的山根和伸腿山的近山阶地之下，即吴村镇的杨家院一带，南辛镇的屯里、大湖和息陬镇的夏侯一带。地势平缓，比降较小，一般为1/300～1/400，田块面积较大，土层深厚，土壤肥沃，一般为水浇地，多发育为潮褐土或其他褐土类型，母质多为冲积物。

$Ⅴ_{10}$河谷平地：分布于低山丘陵之间、临河两岸，即王庄镇的李庄村向北至董庄乡的坡里一带，吴村镇的崔屯至泉头一带，南辛镇的王家庄至苏家楼一带。海拔高度为70～100m，地势平缓，比降小。田块面积大，土层深厚，土壤肥沃，地下水源较足，多发育为潮褐土或其他褐土类型，母质为冲积物或洪积冲积物。

$Ⅵ_{11}$微斜平地：位于山前平原之下、交接洼地之上和沂、泗河两岸，是全市最大的一个地貌类型。分布在城四周，王庄镇、姚村镇的南部，书院的北、西、南部，南辛镇、息陬镇、小雪街道办事处的北部，陵城镇、时庄街道办事处等。地势平缓，比降小，一般为1/650～1/800，土层深厚，土壤肥沃，地下水源丰富，是全市的粮食高产基地，多发育为潮褐土或河潮土，母质为冲积物。

$Ⅶ_{12}$浅平洼地：位于倾斜平地之下、交接洼地之上，分布在姚村镇的代家洼、马厂一带，陵城镇的小厂、程庄一带。地面海拔为50～60m，土壤质地黏重，物理性状不良，并有积涝威胁，多发育为砂姜黑土或潮土。

不同的地貌类型，其成土母质的性质、土壤的分布规律也不同。根据不同的地貌类型，群众根据长期实践经验形象地总结了全市的土壤分布规律："红土岭，黑土洼（砂姜黑土），平原黄土（褐土），河旁砂，砂石山上出石渣"，深刻阐明了地貌类型与土壤的关系。

### 三、岩石

北部吴村镇、董庄乡的山地丘陵岩石多为岩浆岩，以片麻岩、花岗岩为主；东部和东南部防山乡、南辛镇、小雪街道办事处、息陬镇等乡镇的岩石多为沉积岩，以石灰岩为主；西南部平原为第四纪沉积物，覆盖厚度为几米至几十米，以下为中生代黏土层、砂岩、石灰岩和花岗岩。山地丘陵区出露的岩石，除东北部石门寺林场、黄山老虎窝一带形成于第三纪以外，大部分是寒武纪、奥陶纪形成的石灰岩；防山乡的部分山地形成于石炭纪和第三纪。防山乡的胡二东向东南到尼山的断层表明：此区是一个地质活跃的地段，是水成岩和火成岩交错分布区。

### 四、河流及地下水

境内地下水属淮河流域的南四湖水系，共有大小河流14条，主要有泗河、沂河、蓼河、险河4条河流。险河由泗宁（泗水、宁阳）两县的部分山区洪水汇集而成，穿过本市的董庄、王庄，汇入泗河，其上游人工修建连环坝三座，即：梨园水库、河夹店水库和韦庄水库，可储水$1\times10^{7}m^{3}$左右。泗河发源于泗水县东部的泉林镇的泉林（新泰县东碾子峪、木厂峪和下峪），经泗水县西入我市境内，在城区向西横流，于时庄街道办事处的代庄村折南而去，与南沂河汇流，经兖州，于任城微山边界注入南四湖。在防山与王庄交界的陶洛建有"红旗闸"一座，截水溢流，可灌溉泗河（下游）两岸的王庄、书院、防山等乡镇的大面积耕地。

蓼河从邹城北部向北流经南辛、息陬、小雪，与沂河汇流。沂河自泗水县西部流经尼山、防山、南辛、息陬、小雪、陵城、时庄等乡镇，与泗河汇流，沂河上游南辛镇建有尼山水库，库容为$1.18\times10^{8}m^{3}$。泗河、沂河两条主干河流自东向西横贯全境，总长为256.4km，年平均径流量为$1.8\times10^{8}m^{3}$，年平均径流深为201.4mm，年平均可利用水资源总量为$2.3087\times10^{8}m^{3}$。沂河为泗河的一级支流，于西南边界汇入泗河。竹子园干沟、纸坊河、险河、郭泗河从右岸汇入泗河，时庄北干沟从左岸汇入泗河。蓼河、四清河、南辛北干沟、蒋沟河、洙水河均为沂河支流。另外，小白马河为邹城白马河上游，烟袋河为白马河支流。全市河流较多，太、沂蒙山区的部分客水流入境内，水源较充足。随着农田基本建设的发展，灌溉渠道不断增加，为全市抗旱排涝和实现农田水利化打下了良好基础。但是，常年雨水偏少，北部王庄、董庄、吴村、姚村和南部的南辛、防山几处乡镇的低山丘岭地带，水源缺乏，大面积粮田无灌溉条件。

全市有水库塘坝270座，总库容为$1.5516\times10^8m^3$。其中水库62座，主要有尼山水库、河夹店水库、梨园水库、胡二东水库、白塔水库、吴村水库、韦家庄水库等。

### 五、植被

曲阜市农业发展历史悠久，土地垦殖率高，原始植被大多已被人工植被所取代。现代植被以栽培作物为主，主要有小麦、玉米、花生、大豆、棉花、地瓜、绿豆、芝麻、高粱、谷子等。其次为蔬菜瓜果，主要有大蒜、马铃薯、白菜、辣椒、韭菜、大葱、洋葱、芹菜、茄子、萝卜、菠菜、苔菜、山药、姜、甘蓝、甜菜、菜花、丝瓜、南瓜、佛手瓜、蛇瓜、西葫芦、莲藕、西瓜、甜瓜等。林木植被主要有白榆、刺槐、家槐、毛白杨、杂交杨、大青杨、松树、柏树、桑树、泡桐、臭椿、椿树、柳树、槲树、春柳、国槐、法桐、紫穗槐、白蜡等。干鲜果树有苹果、梨、枣、桃、柿子、石榴、杏、樱桃、胡桃、板栗、银花、桐花等树。全市林地面积为$19631hm^2$，森林覆盖率达27.5%。草本植被主要有：迎春、玉兰、丁香、紫荆、海棠、秋海棠、玫瑰、月季、梅花、木槿、桂花、鸡冠、秋葵、菊花、风仙、长春、仙人掌、吉祥草、万年青、芙蓉等。野生药材有藿香、香附、远志、桔梗、地榆、丹参、大青叶、地丁、知母、木香、白头翁、蒲公英、透骨草、地骨皮等。此外还有旱生、水生和喜湿性三种野生草本植被。

（一）旱生田间杂草主要有米蒿、荠菜、小花糖芥、藜、葎草、萹蓄、马齿苋、猪殃殃、龙葵、婆婆纳、车前、艾蒿、蒲公英、苍耳、看麦娘、野燕麦、马唐、麦瓶草、繁缕、王不留行、泽漆、铁苋菜、蒺藜、地锦、紫花地丁、节节草、猪毛菜、刺儿草。

（二）水生杂草主要有两栖蓼、三棱草、鸭趾草、槐叶萍、紫萍、茨藻、水绵、孤尾草、蒲草等。

（三）喜湿性杂草植物主要有稗、双穗省稗、水芹、水葱、芦苇、水草、水葫芦等。

## 第二节 农村经济与农业生产概况

### 一、农村经济概况

进入新世纪以来，全市紧紧围绕“三农”中心工作和全面建设小康社会的战略目标，以发展现代农业、繁荣农村经济、增加农民收入为中心，扎实推进农业和农村经济结构调整，加快农业产业化和市场化进程，农村经济保持了良好发展态势。2008年，全市农、林、牧、渔业实现增加值为18.37亿元，按可比价格计算，比上年增长4.7%。其中，种植业增加值为11.35亿元，林业增加值为0.52亿元，牧业增加值为6.04亿元，渔业增加值为0.03亿元，农林牧渔服务业增加值为0.43亿元。到2008年，农、林、牧、渔及农林牧渔服务业增加值比例为61.8∶2.8∶32.9∶0.2∶2.3。

2008年，曲阜市总耕地面积为$42699hm^2$，总人口为63.727万人，其中，农业人口为52.59万人，农业从业人员为12.40万人。农民人均纯收入为6080元，比2007年增长11.0%。全市有389个行政村，自来水受益村为384个，农村自来水普及率达到

98.71%，通汽车村为 389 个，通电话村为 389 个，汽车、电话达到了村村通，通电话户数为 9.57 万户，占 65.15%。

到 2009 年末，全市已建成秸秆气化站 1 个，中型沼气池 8 座，使用沼气能源的农户达到 11000 户，生态家园村有 98 个。绿色食品认证单位 5 个，认证产品 7 个，覆盖 6 个乡镇、30 个村街；无公害农产品认证单位 1 家，认证产品 6 个，覆盖 1 个乡镇、9 个村街；有机食品认证单位 1 个，认证产品 3 个，覆盖 3 个村庄。

## 二、农业生产现状

据 2008 年农业统计资料显示，农业产业化程度明显提高，种植业结构得到改善，全年粮食播种面积为 64200hm$^2$，比上年增加 1880hm$^2$，增长 3.0%；粮食总产为 46.66 万吨，比上年增加 8.19 万吨，增长 21.3%；单产达到 485kg，比上年每亩增加 74kg，增长 18.0%。经济作物播种面积为 13426hm$^2$，比上年减少 813hm$^2$，粮食、经济作物播种面积比例为 83∶17。全年蔬菜播种面积达到 9000hm$^2$，中药材播种面积为 34.7hm$^2$，桑园面积为 114.9hm$^2$，果园面积为 1324hm$^2$。全年油料总产量为 1.09 万吨，同比下降 2.5%；棉花产量达到 1328 吨，增长 38.9%；水果总产量为 3.25 万吨，增长 17.8%；蔬菜总产量为 22.67 万吨，下降 2.7%。全年新增造林面积为 940hm$^2$，年末实有林地面积达到 19631hm$^2$，森林覆盖率达到27.5%。肉、蛋、奶产量分别达到 7.65 万吨、4.37 万吨和 0.91 万吨，分别比去年下降 12.1%、4.6%和 3.2%。大牲畜存栏为 1.81 万头，生猪存栏为 31.15 万头，羊存栏为 34.69 万只，家畜存栏为 487.64 万只；生猪出栏为 63.47 万头，羊出栏为 54.66 万只。水产养殖面积为 1152hm$^2$，增长 3.5%；水产品产量为 937 吨，增长 3.5%。农药使用量为 1567.581 吨，化肥使用量为 87980.19 吨。全市主要农作物播种面积、单产、总产如表 1-1 所示。

**表 1-1　　2008 年全市农业生产现状**

| 农作物 | | 播种面积 (hm$^2$) | 平均单产 (kg/hm$^2$) | 总产量 (吨) | 蔬菜、瓜类果类 | 播种面积 (hm$^2$) | 总产量 (吨) |
|---|---|---|---|---|---|---|---|
| 粮食作物 | | 64197.8 | 7267.5 | 466591 | 蔬菜 | 9001.7 | 226663.2 |
| 其中 | 小麦 | 32089.5 | 6504 | 208733 | 瓜类 | 94.7 | 3252.4 |
| | 玉米 | 30829.4 | 8205 | 252971 | 果品 | 1324.3 | 32501.5 |
| | 谷子 | 2.67 | 4125 | 11 | 苹果 | 204.6 | 7829.9 |
| | 豆类 | 955.4 | 2928 | 2797 | 桃 | 118.3 | 2041.5 |
| | 高粱 | 58.7 | 3027 | 177.6 | 梨 | 104.1 | 1155.5 |
| | 薯类 | 231.2 | 7752 | 1793 | 草莓 | 44.07 | 1475.7 |
| 油料作物 | | 3216.7 | 3402 | 10941.7 | 葡萄 | 552.1 | 17563 |
| 棉花 | | 1055.1 | 1258.5 | 1328 | 桑园 | 114.9 | |

据统计，2008年全市农业总产值为35.9亿元，较2007年增加6.55亿元，增长22.3%，其中农业、林业、牧业和渔业分别占42.61%、5.1%、51.98%和0.17%，如表1-2所示。

表1-2　2007～2008年农业总产值

| 年份 | 2008年 | | 2007年 | |
|---|---|---|---|---|
| | 现价（亿元） | % | 现价（亿元） | % |
| 总计 | 35.9301 | 100 | 29.3506 | 100 |
| 1.农业 | 15.3031 | 42.59 | 10.8994 | 37.14 |
| 2.林业 | 0.7847 | 2.18 | 0.6786 | 2.31 |
| 3.牧业 | 18.6639 | 51.95 | 16.5783 | 56.48 |
| 4.渔业 | 0.0643 | 0.18 | 0.0802 | 0.27 |
| 5.农林牧渔服务业 | 1.1141 | 3.10 | 1.1141 | 3.80 |

## 三、农户生产管理现状

2007年8月中旬，曲阜市土肥站会同中国农科院进行了“测土配方施肥补贴项目百户问卷调查”，调查对象包括姚村、王庄、董庄3个乡镇9个行政村154个农户，具有广泛的代表性，能够反映全市粮作区耕地的投入、产出、效益等情况。

调查结果表明，全市粮食作物产区耕地的投入产出比为1∶1.05。说明目前生产现状下，粮食的生产成本是比较高的。在所调查的8项生产成本投入中，肥料的投入成本最高，占总生产成本的41.7%，由此可见，提高肥料利用率、降低肥料施用成本是降低农业生产成本的关键。

耕地地力调查中，共调查了409户。从不同耕地利用类型肥料施用情况看，无论有机肥还是化肥，施用总量均为：果树田＞露地菜田＞粮田，化肥施肥种类为复合肥用量最大，分别占施肥总量的47.71%、51.19%和76.63%，从每亩化肥投入量看，果树田N、$P_2O_5$、$K_2O$分别为40.83kg、38.61kg、14.81kg，N∶$P_2O_5$∶$K_2O$=1∶0.95∶0.36；露地菜田N、$P_2O_5$、$K_2O$分别为26.53kg、19.39kg、8.45kg，N∶$P_2O_5$∶$K_2O$=1∶0.73∶0.32；粮田N、$P_2O_5$、$K_2O$分别为7.17kg、17.23kg、12.11kg，N∶$P_2O_5$∶$K_2O$=1∶0.63∶0.45。如表1-3和表1-4所示。

表1-3　2006年曲阜市粮田产量、产值、效益、成本统计

| 项目 | | 小麦 | 玉米 | 合计 |
|---|---|---|---|---|
| 产量效益 | 产量(kg) | 432.95 | 496.47 | 929.42 |
| | 产值(kg·元/667m$^2$) | 617.63 | 624.39 | 1242.02 |
| | 效益(kg·元/667m$^2$) | 282.46 | 352.41 | 634.87 |

续表

| 项目 | | 小麦 | 玉米 | 合计 |
| --- | --- | --- | --- | --- |
| 生产成本 | 整　地(kg·元/667m²) | 42.8 | — | 42.8 |
| | 播　种(kg·元/667m²) | 10.16 | 10.00 | 20.16 |
| | 收　脱(kg·元/667m²) | 45.43 | 57.46 | 102.89 |
| | 农　药(kg·元/667m²) | 14.76 | 16.17 | 30.93 |
| | 肥　料(kg·元/667m²) | 140.38 | 112.79 | 253.17 |
| | 种　子(kg·元/667m²) | 24.33 | 26.71 | 51.04 |
| | 浇　水(kg·元/667m²) | 30.98 | 15.49 | 46.47 |
| | 其　他(kg·元/667m²) | 26.33 | 33.35 | 59.68 |
| 合计 | | 335.17 | 271.97 | 607.14 |

表 1-4　　不同耕地利用类型肥料用量统计

| 项目 | | 果树 (kg/667m²) | 露地菜 (kg/667m²) | 粮田 (kg/667m²) |
| --- | --- | --- | --- | --- |
| 有机肥 | 圈肥 | 844.93 | 210.84 | — |
| | 饼肥 | 20.91 | 0.60 | — |
| | 鸡粪 | 144.93 | 144.59 | — |
| | 生物有机肥 | — | — | 1.58 |
| | 羊粪 | 43.48 | — | — |
| | 骨粉 | 0.72 | — | — |
| | 玉米秸 | 1.09 | — | — |
| | 合计 | 1056.06 | 356.03 | 1.58 |
| 化肥 | 复合肥 | 98.73 | 56.56 | 84.25 |
| | 二铵 | 49.60 | 22.83 | 7.73 |
| | 尿素 | 35.65 | 29.28 | 16.96 |
| | 碳酸氢铵 | 1.09 | −0.53 | |
| | 硫酸钾(氯化钾) | 3.01 | 1.81 | 0.48 |
| | 微肥 | 0.01 | — | — |
| | 合计 | 188.09 | 110.48 | 109.95 |
| 化肥折纯 | N | 40.83 | 26.53 | 27.17 |
| | $P_2O_5$ | 38.61 | 19.39 | 17.23 |
| | $K_2O$ | 14.81 | 8.45 | 12.11 |

## 第三节　农业基础设施情况

全市共建有大型水库 1 座(尼山水库)、小(一)型水库 7 座、小(二)型水库 1232 座、塘坝 213 座。总库容量为 $1.4255\times10^8 m^3$,兴利库容量为 $8.077\times10^7 m^3$。现有机电井 1.25 万眼,其中已配套 1.10 万眼。全市有效灌溉面积为 $35600hm^2$,占总耕地面积的 80.7%。旱涝保收农田为 $30470hm^2$,占总耕地面积的 68.34%。灌溉次数为 4 次的区域主要分布在鲁城、书院、时庄街道办事处、陵城镇和息陬镇、姚村镇的大部分区域,以及王庄镇、董庄乡、防山乡的部分区域。灌溉次数为 3 次的区域主要分布在姚村镇、吴村镇、王庄镇、董庄乡的部分区域以及南辛镇的尼山库区。灌溉次数为 2 次的区域主要分布在姚村镇的北部,吴村镇的南部和董庄乡的大部分区域,防山乡的大官庄村、万柳村、尚家园村、东张村和高家村一带。无水区主要分布在吴村镇、董庄乡、防山乡、南辛镇、息陬镇、小雪街道办事处的山区丘陵地区。

2008 年末,全市拥有农业机械总动力为 $58.65\times10^5 kW$,农用拖拉机为 6897 台,拖拉机配套农机具为 14525 台,耕整机为 52 台,机引犁为 5007 台,旋耕机为 1962 台,机引耙为 1916 台,柴油机为 32847 台,机动喷雾机为 706 台,联合收割机为 1907 台(其中小麦联合收割机为 1617 台,玉米联合收获机为 290 台),花生收获机为 33 台,割晒机为 120 台,各种覆膜播种机具为 2057 台,玉米播种机为 850 台,秸秆粉碎机为 1102 台,免耕播种机为 68 台,农用汽车为 1169 辆。农产品初加工动力机械为 4344 台,农产品初加工作业机械为 1246 台,畜牧业机械为 326 台,渔业机械为 56 台,林果业机械为 13 台,农用运输车为 7402 台,低速载货汽车为 1169 台,农用挂车为 1106 台,农田基本建设机械为 175 台。机电井累计达到 1.25 万眼,其中已配套 1.10 万眼,配套率达到 88.0%。全年机耕面积为 $4.33\times10^4 hm^2$,机播面积为 $4.14\times10^4 hm^2$,机收面积为 $5.43\times10^4 hm^2$。小麦生产基本实现机械化,玉米生产机械化有了突破性进展,农业机械化程度进一步提高。

# 第二章　土壤与耕地资源状况

## 第一节　耕地利用状况

到2008年年底，曲阜市土地总面积为81474hm²。其中耕地面积为42699hm²，占土地总面积的52.41%；园地面积为1668hm²，占土地总面积的2.05%；林地面积为19329.9hm²，占土地总面积的23.73%；草地面积为1436.1hm²，占土地总面积的1.76%；城镇村及工矿用地面积为12094.50hm²，占土地总面积的14.84%；交通运输用地面积为3915.93hm²，水域及水利设施用地面积为5879.20hm²，其他土地面积为2500.31hm²。具体情况如表2-1所示。

## 第二节　耕地土壤类型与分布

按照全国第二次土壤普查分类系统，曲阜市耕地共分为石质土、粗骨土、褐土、潮土、砂姜黑土、水稻土6个土类，10个亚类，10个土属，32个土种。其中褐土分布最广，潮土次之，砂姜黑土最少。耕地土壤类型如表2-2所示。

### 一、石质土

本市石质土与褐土成复区分布，是在原棕壤土与部分褐土的基础上分离出来的，面积为2208.48hm²，占总耕地面积的4.67%，分布于董庄乡、防山乡、南辛镇、吴村镇北部低山丘陵上部，分酸性石质土和钙质石质土2个亚类，2个土属，2个土种。

1. 酸性岩类酸性石质土（Aa1 3/4$\triangle_2$$I_3$，原名：多砾质沙壤表极薄层砂壤酥石棚酸性母岩强度片蚀棕壤性土，俗名酥石底极薄层岭沙土），分布于吴村镇的峪口、簸箕掌、董庄乡的大小西庄、田林、杨柳、石头河一带的山坡地，面积为1544.48hm²，占总耕地面积的3.27%。该土种土层浅薄，发育较差，无心土层，砾石多，砂性大，水土流失严重，结构松散，无水浇条件。

2. 石灰岩类钙质石质土（Ba1 3/4$\triangle_2$$I_3$，原名：多砾质沙壤表极薄层砂壤酥石棚酸性母岩强度片蚀褐土性土，俗名酥石底极薄层黑砂土），分布于防山乡、南辛镇、吴村镇低山丘陵中上部，面积为664hm²，占总耕地面积的1.4%。该土种土层浅薄，结构松散，砂性大，不抗旱，不耐涝，水土流失严重，无水浇条件，耕作困难。

## 二、粗骨土

粗骨土是在原棕壤土与褐土的基础上分离而来，面积为 2208.48$hm^2$，占总耕地面积的 4.67%，分布于董庄乡及防山乡、南辛镇、吴村镇北部低山丘陵上部，分为酸性粗骨土和钙质粗骨土两个亚类。

(一)酸性粗骨土亚类

酸性粗骨土是在原来棕壤土与褐土的基础上分离出来，面积 2532.09$hm^2$，占总耕地面积的 5.36%，分 1 个土属，3 个土种。

1. 薄层酸性岩类酸性粗骨土(Aa1 3/6$\triangle_2 I_2$，原名：多砾质沙壤表中酥石棚，酸性母岩中度片蚀棕壤性土，俗名酥石底中层砂黄土)，面积为 1337.37$hm^2$，占总耕地面积的 2.83%，分布在董庄乡的杨柳村、马家峪及吴村镇的红山一带的山地。母岩为花岗片麻岩，土地瘠薄，保肥、供肥、保水、保土性差，易受季节性干旱威胁。

2. 薄层酸性岩类酸性粗骨土(Ba1 3/6$\triangle_1 I_2$，原名：砾质沙壤表中层中壤酶石棚中度片蚀褐土性土，俗名酥石底中层黑砂土)，面积为 80.11$hm^2$，占总耕地面积的0.17%，分布于防山乡的防后山坡地及吴村镇的林家寺一带丘陵上。该土壤无水浇条件，土地瘠薄，水土流失较重，保肥、保水性差。

3. 砾石质酸性岩类酸性粗骨土(Ba1 3/5$\triangle_2 I_2$，原名：多砾质沙壤表薄层沙壤酥石棚酸性母岩中度片蚀褐土性土，俗名酥石底薄层黑砂土)，面积为 1114.61$hm^2$，占总耕地面积的 2.36%，分布于南辛镇的东长座，东、西龙泉，防山乡的胡二东、胡二北、防后、刘家村、吴村镇的河洼村西北山丘陵地。该土种 0～30cm 为砾质沙壤，土松易散，结构差，肥劲全期不足，保水、保肥性能差，无水浇条件，易受干旱威胁，水土流失严重。

(二)钙质粗骨土亚类

钙质粗骨土是在原来褐土性土的基础上分离出来，是一种薄层粗骨性土壤，主要分布于防山乡、南辛镇、吴村镇、董庄乡等乡镇的低山丘陵中上部，面积为 944.48$hm^2$，占总耕地面积的 2%，土壤剖面发育不完全，无心土层，表层以下为半风化母岩，土层浅薄，含有大量粗砂或砾石，水土流失严重，因母岩及地形部位不一，分为 3 个土种。

1. 薄层石灰岩类钙质粗骨土(Ba3 4/3$\triangle_1 I_1$，原名：砂质轻壤表中层中壤硬石底钙质母岩轻度片蚀褐土性土，俗名硬石底中层砾质红岭土)，面积为 62.17$hm^2$，占总耕地面积的 0.13%，分布于防山乡、南辛镇的坡麓梯田和近山高阶地。

2. 石灰岩类钙质粗骨土(Ba3 4/2$\triangle_1 I_2$，原名：少砾质轻壤表薄层轻壤硬石底钙质母岩中度片蚀褐土性土，俗名硬石底薄层砾质红岭土)，主要分布于防山乡、南辛镇、息陬镇等乡镇的山坡地，面积为 623.73$hm^2$，占总耕地面积的 1.32%。此种土壤土层浅薄，有少量砾石，水土流失严重，水浇条件极差。

3. 砾石质石灰岩类钙质粗骨土(Ba3 4/1$\triangle_2 I_3$，原名：多砾质轻壤表极薄层硬石底钙质母岩强度片蚀褐土性土，俗名硬石底极薄层砾质坡黄土)，面积为 258.58$hm^2$，占总耕地面积的 0.55%，分布于南辛镇的西官村、黄土村北部和东白、辛庄一带。该土种土层浅薄，无水浇条件，耕性差，水土流失严重。

三、褐土(B)

褐土是全市主要土壤类型，面积为 27248.79hm²，占总耕地面积的76.25%。在垂直谱中出现于棕壤之下，它是在高温与湿润同时发生时，黏土矿物发生淋溶淀积而形成的土壤类型。成土母质为砂页岩、石灰岩，通体一般呈褐色，通常由耕作层、淀积黏化层和钙积层 3 个基本层次组成，典型褐土的剖面中有假菌丝体。由于黏化过程的作用，心土层较黏重，并且有胶膜出现，底土层中常可发现散生的石灰结构(砂姜)，褐土表层质地多为轻壤、中壤、屑粒状结构，耕作层通气透水性较好，保水、保肥性能良好。这类土壤地下潜水一般 4～10m，水质较好，没有盐渍化威胁，根据地形和土壤剖面特征发育分为三个亚类。

(一)淋溶褐土亚类(Bc)

淋溶褐土主要分布于董庄、吴村、防山、南辛、书院等乡镇的低山丘陵地带，地形部位较褐土亚类高，面积为 4967.28hm²，占总耕地面积的 10.51%。淋溶褐土亚类主要特征是 1m 土层内无钙积层，无假菌丝体，淋溶作用强烈。剖面形态与棕壤相似，有时剖面中下部有胶膜与铁核，该亚类土壤有机质及养分含量低，地势高，水浇条件差，有干旱威胁，耕作层较浅表层质地多为轻沙壤，作物种植有局限性，土体分 3 个土种。

1. 轻壤表厚黏心洪积冲积淋溶褐土，俗名厚黏心立黄土(BC3 4/7)，面积为 3886.31hm²，占总耕地面积的 8.22%，分布于董庄乡、书院街道、吴村镇、防山乡等乡镇的丘陵及山前高地。底层有铁锰结核和锈纹、锈斑，通体无石灰反应，土壤耕层浅，无水浇条件，通气、透水性较好，保水、保肥性差。

2. 砂壤均质洪积冲积淋溶褐土，俗名坡麓透砂黄土(BC3 3/1)，面积为 755.16hm²，占总耕地面积的 1.6%，分布于吴村镇的杨院北部，董庄乡的林程店及夏庄、防山乡的无粮庄、纪庄西北部及南辛镇的长座等山前高阶地。该土为沙壤均质淋溶褐土，土松易散，宜耕作，适耕期短，漏肥水，剖面通体无石灰反应。

3. 轻壤均质洪积冲积淋溶褐土，俗名坡麓透黄土(BC3 4/1)，面积为 325.81hm²，占总耕地面积的 0.69%，分布于防山乡、吴村镇。该土种无石灰反应，土层较深厚，耕性良好，保水、保肥较好。

(二)褐土亚类(Bd)

典型褐土主要分布于南辛镇、防山乡、董庄乡等山区乡镇的低山丘陵，坡麓梯田及近山高阶地，多由石灰性母质或黄土母质发育形成。地势较高，排水条件良好，潜水位较深，通体鲜棕褐色，有假菌丝体，30cm 以下又有明显的黏化层，部分剖面有砂姜和砾石，石灰反应弱至中，其有机质含量和养分比褐土性土和淋溶褐土亚类较高，面积 3822.14hm²，占总耕地面积的 8.09%，该亚类土续分 1 个土属，6 个土种。

1. 轻壤表厚黏心洪积冲积褐土，俗名厚黏心红立土(Bd3 4/7)，分布于南辛镇、董庄乡等乡镇的坡麓梯田及近山高阶地，面积为 1426.6hm²，占总耕地面积的 3.02%。该土种有强石灰反应，生产性能较好。

2. 轻壤表厚砾石心洪积冲积褐土，俗名厚砾石心小红土(Bd3 4/8)，分布于南辛镇的黄土村的近山高阶地处，有石灰反应，多砾石，影响作物根系生长发育，耕层浅，地不平，水浇条件差，有水土流失现象。

3. 中壤均质洪积冲积褐土，俗名透二性红土(Bd3 5/1)，分布于南辛镇、息陬镇的山前倾斜平原及近山高阶地，面积为 391.02hm²，占总耕地面积的0.83%。有锈纹、锈斑和云母片，弱石灰反应。此土壤生产性能较好，无障碍因素。

4. 中壤表厚黏心洪积冲积褐土，俗名厚黏心红姜辨土(Bd3 5/7)，分布于防山乡的大官庄、土门西南部，南辛镇的刘楼村西北等近山高地及山的中下部坡麓梯田，面积为1194.47hm²，占总耕地面积的 2.53%。有中度石灰反应，有锈纹、锈斑。底层少量砾石，假菌丝多，强石灰反应。该土壤耕作层浅，质地偏黏，耕性较差。

5. 轻壤表厚砂姜腰洪积冲积褐土，俗名厚砂姜腰小红土(Bd3 4/17)，分布于董庄乡的郭家沟一带丘陵上，面积为 228.68hm²，占总耕地面积的0.48%。耕层无石灰反应，该土壤瘠薄，但易耕作。土体 70cm 以下土少砂姜多，整土时必须防止表土搬家，以免砂姜渗入耕层，影响耕作和作物生长。

6. 轻壤均质洪积冲积褐土，俗名透小红土(Bd3 4/1)，面积为 581.37hm²，占总耕地面积的 1.23%，分布于南辛镇的小烟庄村、黄土村北部，小雪街道办事处鲁贤、白杨树的南部等山前高阶地。石灰反应弱，该土种为轻壤均质褐土，土轻松散，全剖面无障碍因素，耕性好，水、气、热协调。

(三)潮褐土亚类(Bf)

潮褐土分布于市中部、西部、南部的倾斜平地上，群众称为“金黄土”、“黑黄土”、“黄土”。该亚类分布广，面积大，为 27248.79hm²，占总耕地面积的57.65%。潮褐土具有明显的褐土发育特征，又具有不同程度的潮土特征，土壤颜色较褐土暗，底土层有铁锰结核和锈纹、锈斑，有的有小型石灰结核(砂姜)，表层质地多为轻壤、中壤，土壤疏松多孔，30cm 以下质地偏重(中壤、重壤的黏化层)，耕层一般较厚(18～25cm)，耕性较好，适耕期长，适种作物广泛，既发小苗又发老苗，一般产量较高，是建设稳产高产田的基地，但有小面积的露砂地。根据土体构型中夹砂、夹黏、砂姜层等不同，划分 9 个土种。

1. 轻壤表厚中壤心冲积潮褐土，俗名小蒙金黄土(Bf4 4/18)，是全市土壤面积最大的土种，主要分布于息陬镇、小雪街道办事处、陵城镇、书院街道、时庄街道办事处等乡镇的缓岗、缓坡及微斜平地，面积为 8271.52hm²，占总耕地面积的 17.5%。该剖面通体无石灰反应，黏化层出现在 20cm 以下，30cm 以下有锈纹、锈斑和铁锰结核，是生产性能较好的土壤，适耕期长，通气性好，水气状况较协调，保水、保肥，适种于多种作物，该土种多中性至微碱性，微至无石灰反应，适宜多种有益微生物活动，是建设高产稳产田的基地。

2. 轻壤表厚黏腰冲积潮褐土，俗名厚黏腰蒙金黄土(Bf4 4/15)，面积为 2550.53hm²，占总耕地面积 5.4%，主要分布于书院街道、时庄街道办事处、陵城镇的微斜平地上。通体无石灰反应，该土种 25cm 以下有锈纹、锈斑和铁核，60cm 以下出现黏层并有胶膜，保水、保肥，35cm 以下为轻壤，易耕作，适耕期长，适种作物广，产量较高。

3. 中壤表厚黏心冲积潮褐土，俗名厚黏心二性黄土(Bf4 5/7)，面积为 7624.76hm²，占总耕地面积的 16.13%，主要分布于姚村镇、王庄镇、陵城镇、小雪街道办事处、书院街道的浅平洼地上。该土种表层土性稍紧，易起坷垃，心土层有黏盘，影响作物根系下扎。保水、保肥性能良好，增产潜力大。

4. 轻壤表厚黏心冲积潮褐土，俗名厚黏心黄土(Bf4 4/7)，面积为 4458.19hm²，占总耕地面积的9.43%,分布于吴村镇、姚村镇、王庄镇、陵城镇等乡镇的缓岗及微斜平地,土壤保水、保肥性能好。

5. 轻壤均质冲积潮褐土,俗名透黄土(Bf4 4/1),主要分布于时庄街道办事处、息陬镇、小雪街道办事处等乡镇的岗坡及微斜平地上,面积为2175.73hm²,占总耕地面积的4.6%。该土种养分含量低,极缺磷,土壤疏松宜耕作。

6. 中壤均质冲积潮褐土,俗名透二性黄土(Bf4 5/1),分布于息陬镇、陵城镇、防山乡、董庄乡等乡镇的微斜平地上,面积为947.92hm²,占总耕地面积的2.01%。通体无石灰反应,此土种无障碍层次,生产性能较好,适种作物广,增产潜力大。

7. 轻壤表厚砂心冲积潮褐土,俗名漏砂黄土(Bf4 4/6),面积为658.67hm²,占总耕地面积的1.39%。主要分布于小雪街道办事处、陵城镇、姚村镇、时庄街道办事处等乡镇的缓岗上,表层为轻壤,疏松易耕作,20cm以下漏砂、漏肥、漏水。

8. 轻壤表厚砂腰冲积潮褐土,俗名厚砂腰黄土(Bf4 4/14),面积为497.85hm²,占总耕地面积的1.05%。分布于息陬镇、小雪街道办事处、时庄街道办事处的缓坡及原古河道冲积地带。该土种0～60cm为轻壤,较疏松,耕性好,60cm以下漏沙、漏水、漏肥。

9. 砂壤均质冲积潮褐土,俗名透泡黄土(Bf4 3/1),分布于防山乡南、北陶洛之间,面积为63.62hm²,占总耕地面积的0.13%。土松易散,砂性大,肥水消耗快。

### 四、潮土(C)

潮土是在河流沉积物基础上受潜水作用而形成的一种土壤。由于地下水升降,氧化还原作用交替进行,土壤中下部呈现明显的铁锈斑纹或铁锰结核。成土母质的粗细,在平面上有分选的差异,剖面中质地层次也有明显不同。主要分布在泗河、沂河、蓼河、险河两岸的时庄街道办事处、姚村镇、王庄镇、防山乡、息陬镇等乡镇的河滩及背河洼地,地下水位在1.5m左右,100cm左右出现明显的锈纹、锈斑和铁核,土壤全剖面有弱石灰反应,土体一般为沙壤—轻壤,耕性好,蒸发强烈,排水条件差,地下潜水位高,有盐碱威胁,土壤板、湿、干、凉物理性差。漏沙是潮土的主要障碍和限制因素,其次是养分缺乏。潮土养分的有效性和土壤的生产性能低于褐土类。

本市潮土为1个潮土亚类,主要是非石灰性河潮土土属,根据土体构型分为3个土种,总面积为3741.41hm²,占总耕地面积的7.92%。

1. 轻壤均质冲积河潮土,俗名透金黄土(Cb4 4/19),分布于息陬镇、时庄街道办事处、王庄镇、防山乡、书院街道、南辛镇的泗河、沂河、蓼河、险河两旁,面积为3516.72hm²,占总耕地面积的7.44%。此种土壤全剖面为轻壤均质,耕性好,适耕期长,通气好。

2. 紧砂表厚壤心冲积河潮土,俗名厚壤心白沙土(Cb4 2/8),分布于时庄街道办事处代庄、后吕村东北部、息陬镇的元町北部,面积为124.63hm²,占总耕地面积的0.26%,由古河流泛滥的沉积物构成,冲积层次明显。该土种保水、保肥性差,土地瘠薄,土壤表层为砂土,疏松易散,下层为沙层,透气性好。

3. 轻壤表厚砂心冲积河潮土,俗名厚砂心金黄土(Cb4 4/2),面积为100.06hm²,占总耕地面积的0.22%。分布于息陬镇、王庄镇等乡镇的泗河、沂河、蓼河、险河两旁。该土体剖面中层为轻壤,耕性好,向下为紧砂,漏水、漏肥、土壤养分低缺、肥力差。

### 五、砂姜黑土(G)

砂姜黑土由耕作层、黑土层、潜育砂姜层组成，其成土母质是老的湖河沉积物，当地群众多称为“黑土”、“黑黏土”。本市砂姜黑土主要分布于陵城镇、小雪街道办事处、董庄乡、姚村镇等乡镇的碟形洼地和浅平洼地，面积为 1798.27$hm^2$，占总耕地面积的 3.8%，砂姜黑土全剖面土质都较黏重，石灰反应由弱到强，黑土层一般埋藏深度为 40～100cm，耕作层色浅淡，砂姜层出现部位一般在 60cm 左右(随地形部位变化，低洼处在 60cm 以上，较高处在 60cm 以下)。主要剖面特征：下部有埋藏的黑土层和砂姜层，浅水埋深在 1.5～3m之间，地湿、凉、板、结构差，有效养分低，缺磷，大部分表层质地黏重，耕性不良，土层中有砂姜，影响作物根系生长发育，是低产土壤。本市定为 1 个砂姜黑土亚类，1 个砂姜黑土土属，2 个土种。

1. 重壤表厚黑土心洼坡砂姜黑土，俗名黑老土(Ga2 6/3)，面积为 1623.59$hm^2$，占总耕地面积的 3.44%，分布于陵城镇、小雪街道办事处、姚村镇、吴村镇、董庄乡的洼地。该土种耕层较浅，耕性差，适耕期短，但增产潜力大。

2. 中壤表厚砂姜腰洼岗砂姜黑土，俗名厚砂姜腰黑土马干(Ga3 5/10)，分布于小雪街道办事处的后营北部及凫村、陵城镇的小厂村，面积为 174.68$hm^2$，占总耕地面积的 0.37%。

### 六、水稻土(F)

它可以由各种类型的土壤经水耕熟化而形成，与原土壤类型的成土过程和土壤属性有共性，也有特殊性，本市水稻土部分乡镇种植面积很小，时间短而不固定，种植历史较长的主要分布于鲁城街道办的南泉一带，面积为 140$hm^2$，是盛产全国驰名的曲阜香稻所在地，剖面分为耕作层(淹育层)、犁底层(隔水层、渗育层)、潜育层，已发育为老水稻土。

综上所述，全市的土种面积如表 2-3 所示，土壤分类检索如表 2-4 所示。

表 2-1 曲阜市耕地利用现状分类面积汇总表

| | | | 曲阜市（$hm^2$） | 鲁城街道办事处（$hm^2$） | 书院街道办事处（$hm^2$） | 吴村镇（$hm^2$） | 姚村镇（$hm^2$） | 陵城镇（$hm^2$） | 小雪街道办事处（$hm^2$） | 南辛镇（$hm^2$） | 时庄街道办事处（$hm^2$） | 董庄乡（$hm^2$） | 息陬镇（$hm^2$） | 王庄镇（$hm^2$） | 防山乡（$hm^2$） |
|---|---|---|---|---|---|---|---|---|---|---|---|---|---|---|---|
| 农用地 | 耕地 | 合计 | 42698.73 | 832.60 | 1742.47 | 4269.40 | 4631.27 | 4439.33 | 3653.73 | 3964.33 | 3671.47 | 4216.80 | 3329.13 | 4592.00 | 3354.87 |
| | | 水田 | 10.99 | 0.00 | 0.00 | 3.68 | 0.00 | 0.00 | 0.20 | 0.00 | 0.00 | 0.00 | 0.00 | 7.13 | 0.00 |
| | | 水浇地 | 35621.20 | 832.60 | 1646.00 | 2382.00 | 4236.67 | 4439.33 | 3500.40 | 3323.73 | 3439.33 | 2160.07 | 3329.13 | 4203.33 | 2128.60 |
| | | 旱地 | 7066.54 | 0.00 | 96.47 | 1883.72 | 394.60 | 0.00 | 153.14 | 640.60 | 232.13 | 2056.73 | 0.00 | 381.54 | 1226.27 |
| | 园地 | 合计 | 1668.00 | 0.00 | 4.00 | 354.40 | 0.00 | 80.67 | 139.60 | 146.67 | 330.47 | 293.60 | 5.87 | 94.73 | 218.00 |
| | | 果园 | 1666.67 | 0.00 | 4.00 | 354.40 | 0.00 | 80.67 | 139.60 | 145.33 | 330.47 | 293.60 | 5.87 | 94.73 | 218.00 |
| | | 茶园 | 0.00 | 0.00 | 0.00 | 0.00 | 0.00 | 0.00 | 0.00 | 1.33 | 0.00 | 0.00 | 0.00 | 0.00 | 0.00 |
| | 林地 | 合计 | 19329.90 | 850.10 | 832.30 | 2909.90 | 1102.70 | 759.00 | 779.90 | 3033.80 | 1189.60 | 2811.90 | 936.80 | 1201.40 | 2922.50 |
| | | 有林地 | 16950.00 | 778.10 | 758.40 | 2660.00 | 1045.40 | 615.00 | 669.20 | 2663.30 | 1014.40 | 2468.90 | 659.00 | 1047.50 | 2571.00 |
| | | 灌木林地 | 470.00 | 0.00 | 7.90 | 33.80 | 20.30 | 27.00 | 20.70 | 20.30 | 21.20 | 39.80 | 57.20 | 90.90 | 130.90 |
| | 草地 | 合计 | 1436.17 | 0.98 | 35.88 | 298.35 | 0.00 | 0.30 | 91.75 | 345.73 | 0.00 | 211.55 | 78.13 | 3.55 | 369.95 |
| | | 其他草地 | 1436.17 | 0.98 | 35.88 | 298.35 | 0.00 | 0.30 | 91.75 | 345.73 | 0.00 | 211.55 | 78.13 | 3.55 | 369.95 |
| 建设用地 | 城镇村及工矿用地 | 合计 | 12094.50 | 1845.07 | 923.31 | 674.15 | 760.12 | 1248.56 | 1135.90 | 878.44 | 1272.58 | 783.93 | 795.77 | 842.93 | 933.73 |
| | | 城市 | 3060.63 | 1835.49 | 418.58 | 0.00 | 0.00 | 148.99 | 104.05 | 0.00 | 435.18 | 0.00 | 0.00 | 0.00 | 118.34 |
| | | 建制镇 | 776.26 | 0.00 | 59.62 | 40.69 | 90.65 | 147.23 | 210.35 | 107.84 | 119.88 | 0.00 | 0.00 | 0.00 | 0.00 |
| | | 村庄 | 7487.59 | 0.00 | 382.86 | 585.18 | 657.69 | 946.11 | 620.48 | 694.14 | 695.60 | 723.33 | 709.69 | 776.41 | 696.09 |
| | | 采矿用地 | 502.28 | 0.00 | 38.92 | 22.69 | 0.22 | 4.09 | 150.91 | 66.72 | 12.40 | 51.18 | 69.29 | 9.55 | 76.32 |
| | | 风景名胜及特殊用地 | 267.76 | 9.58 | 23.34 | 25.59 | 11.56 | 2.14 | 50.11 | 9.75 | 9.52 | 9.42 | 16.78 | 56.98 | 42.99 |

续表

| | | | 曲阜市（$hm^2$） | 鲁城街道办事处（$hm^2$） | 书院街道办事处（$hm^2$） | 吴村镇（$hm^2$） | 姚村镇（$hm^2$） | 陵城镇（$hm^2$） | 小雪街道办事处（$hm^2$） | 南辛镇（$hm^2$） | 时庄街道办事处（$hm^2$） | 董庄乡（$hm^2$） | 息陬镇（$hm^2$） | 王庄镇（$hm^2$） | 防山乡（$hm^2$） |
|---|---|---|---|---|---|---|---|---|---|---|---|---|---|---|---|
| 建设用地 | 交通运输用地 | 合计 | 3915.93 | 35.09 | 240.22 | 296.76 | 348.04 | 545.84 | 360.92 | 277.05 | 283.74 | 441.58 | 404.90 | 341.43 | 340.36 |
| | | 铁路用地 | 353.08 | 2.84 | 40.52 | 29.17 | 60.35 | 0.00 | 34.63 | 6.13 | 0.00 | 85.77 | 42.57 | 26.67 | 24.44 |
| | | 公路用地 | 1314.32 | 5.95 | 135.86 | 27.09 | 28.73 | 353.97 | 164.89 | 37.13 | 86.30 | 135.17 | 170.87 | 87.31 | 81.05 |
| | | 农村道路 | 2248.52 | 26.29 | 63.84 | 240.50 | 258.96 | 191.87 | 161.40 | 233.78 | 197.44 | 220.64 | 191.46 | 227.45 | 234.87 |
| | 水域及水利设施用地 | 合计 | 5879.20 | 130.69 | 289.64 | 433.04 | 443.25 | 617.93 | 186.76 | 1220.17 | 456.08 | 709.70 | 234.72 | 639.37 | 517.85 |
| | | 河流水面 | 2229.81 | 102.19 | 150.62 | 116.15 | 239.74 | 93.49 | 97.97 | 149.09 | 247.51 | 294.83 | 81.52 | 441.08 | 215.61 |
| | | 水库水面 | 1248.48 | 0.00 | 0.00 | 100.84 | 0.00 | 0.00 | 0.00 | 918.22 | 0.00 | 180.11 | 0.00 | 0.00 | 49.31 |
| | | 坑塘水面 | 1242.28 | 2.03 | 39.59 | 151.20 | 53.76 | 455.77 | 48.70 | 33.94 | 89.26 | 154.45 | 16.92 | 68.93 | 127.71 |
| | | 内陆滩涂 | 378.71 | 5.07 | 74.15 | 0.00 | 39.89 | 3.14 | 7.23 | 28.50 | 56.47 | 7.00 | 93.12 | 32.78 | 31.36 |
| | | 沟渠 | 542.69 | 3.73 | 11.74 | 53.38 | 88.17 | 38.75 | 25.97 | 56.14 | 26.46 | 54.78 | 26.31 | 94.95 | 62.30 |
| | | 水工建筑用地 | 237.23 | 17.66 | 13.54 | 11.47 | 21.69 | 26.78 | 6.88 | 34.27 | 36.37 | 18.53 | 16.84 | 1.64 | 31.57 |
| 未利用地 | 其他土地 | 合计 | 2500.31 | 20.54 | 26.73 | 311.38 | 19.34 | 29.94 | 72.28 | 785.06 | 27.97 | 574.53 | 33.33 | 35.29 | 563.91 |
| | | 设施农用地 | 260.23 | 19.88 | 13.38 | 21.86 | 12.96 | 29.82 | 19.82 | 8.92 | 27.97 | 39.08 | 16.18 | 34.04 | 16.32 |
| | | 田坎 | 1200.14 | 0.67 | 3.58 | 158.97 | 0.51 | 0.12 | 8.10 | 290.65 | 0.00 | 282.43 | 9.21 | 0.45 | 445.44 |
| | | 沙地 | 22.21 | 0.00 | 0.74 | 0.00 | 5.86 | 0.00 | 0.00 | 15.61 | 0.00 | 0.00 | 0.00 | 0.00 | 0.00 |
| | | 裸地 | 1017.73 | 0.00 | 9.02 | 130.55 | 0.00 | 0.00 | 44.36 | 469.88 | 0.00 | 253.02 | 7.93 | 0.81 | 102.15 |

表 2-2 耕地土壤类型表

| 土类 | 亚类 | 土属 | 土种 | |
|---|---|---|---|---|
| | | | 全称 | 俗名 |
| 石质土 | 酸性石质土 | 酸性岩类酸性石质土 | 酸性岩类酸性石质土 | 酥石底极薄层岭砂土 |
| | 钙质石质土 | 石灰岩类钙质石质土 | 石灰岩类钙质石质土 | 酥石底极薄层黑砂土 |
| 粗骨土 | 酸性粗骨土 | 酸性岩类酸性粗骨土 | 薄层酸性岩类酸性粗骨土 | 酥石底中层砂黄土 |
| | | | 薄层酸性岩类酸性粗骨土 | 酥石底中层黑砂土 |
| | | | 砾石质酸性岩类酸性粗骨土 | 酥石底薄层黑砂土 |
| | 钙质粗骨土 | 石灰岩类钙质粗骨土 | 薄层石灰岩类钙质粗骨土 | 硬石底中层砾质红岭土 |
| | | | 石灰岩类钙质粗骨土 | 硬石底薄层砾质红岭土 |
| | | | 砾石质石灰岩类钙质粗骨土 | 硬石底极薄层砾质坡黄土 |
| 褐　土 | 淋溶褐土 | 洪冲积淋溶褐土 | 轻壤表厚黏心洪积冲积淋溶褐土 | 厚黏心立黄土 |
| | | | 砂壤均质洪积冲积淋溶褐土 | 坡麓透砂黄土 |
| | | | 轻壤均质洪积冲积淋溶褐土 | 坡麓透黄土 |
| | 褐土 | 洪积褐土 | 轻壤表厚黏心洪积冲积褐土 | 厚黏心红立土 |
| | | | 轻壤表厚砾石心洪积冲积褐土 | 厚砾石心小红土 |
| | | | 中壤均质洪积冲积褐土 | 透二性红土 |
| | | | 中壤表厚黏心洪积冲积褐土 | 厚黏心红姜瓣土 |
| | | | 轻壤表厚砂姜腰洪积冲积褐土 | 厚砂姜腰小红土 |
| | | | 轻壤均质洪积冲积褐土 | 透小红土 |
| | 潮褐土 | 石灰性潮褐土 | 轻壤表厚中壤心冲积潮褐土 | 小蒙金黄土 |
| | | | 轻壤表厚黏腰冲积潮褐土 | 厚黏腰蒙金黄土 |
| | | | 中壤表厚黏心冲积潮褐土 | 厚黏心二性黄土 |
| | | | 轻壤表厚黏心冲积潮褐土 | 厚黏心黄土 |
| | | | 轻壤均质冲积潮褐土 | 透黄土 |
| | | | 中壤均质冲积潮褐土 | 透二性黄土 |
| | | | 轻壤表厚砂心冲积潮褐土 | 漏沙黄土 |
| | | | 轻壤表厚砂腰冲积潮褐土 | 厚砂腰黄土 |
| | | | 砂壤均质冲积潮褐土 | 透泡黄土 |
| 潮　土 | 潮土 | 非石灰性河潮土 | 轻壤均质冲积河潮土 | 透金黄土 |
| | | | 紧砂表厚壤心冲积河潮土 | 厚壤心白砂土 |
| | | | 轻壤表厚砂心冲积河潮土 | 厚砂心金黄土 |
| 水稻土 | 潴育水稻土 | 潴育水稻土 | 中壤均质水稻土 | 透二性老水稻土 |
| 砂姜黑土 | 砂姜黑土 | 砂姜黑土 | 重壤表厚黑土心洼坡砂姜黑土 | 黑老土 |
| | | | 中壤表厚砂姜腰洼岗砂姜黑土 | 厚砂姜腰黑土马干 |

表 2-3　　土种面积统计表

| 土种代号 | 土种名称 | 面积（$hm^2$） | 占耕地面积比例（%） | 土种代号 | 土种名称 | 面积（$hm^2$） | 占耕地面积比例（%） |
|---|---|---|---|---|---|---|---|
| Ba1 3/4 | 酥石底极薄层黑砂土 | 664 | 1.38 | Bf4 4/14 | 厚砂腰黄土 | 497.85 | 1.04 |
| Ba1 3/5 | 酥石底薄层黑砂土 | 1114.61 | 2.32 | Bf4 5/1 | 透二性黄土 | 947.92 | 1.98 |
| Ba1 3/6 | 酥石底中层黑砂土 | 80.11 | 0.17 | Bf4 4/1 | 透黄土 | 2175.73 | 4.54 |
| Ba3 4/1 | 硬石底极薄层砾质坡黄土 | 258.58 | 0.54 | Bf4 4/18 | 小蒙金黄土 | 8271.52 | 17.25 |
| Ba3 4/2 | 硬石底薄层砾质红岭土 | 623.73 | 1.30 | Bf4 4/15 | 厚黏腰蒙金黄土 | 2550.53 | 5.31 |
| Ba3 4/3 | 硬石底中层砾质红岭土 | 62.17 | 0.13 | Bf4 4/7 | 厚黏心黄土 | 4458.19 | 9.30 |
| Bc3 4/1 | 坡麓透黄土 | 325.81 | 0.68 | Bf4 3/1 | 透泡黄土 | 63.62 | 0.13 |
| Bc3 4/7 | 厚黏心立黄土 | 3886.31 | 8.11 | Bf4 5/7 | 厚黏心二性黄土 | 7624.76 | 15.90 |
| Bc3 3/1 | 坡麓透砂黄土 | 755.16 | 1.57 | Cb4 4/19 | 透金黄土 | 3516.72 | 7.33 |
| Bd3 5/1 | 透二性红土 | 391.02 | 0.82 | Cb4 4/2 | 厚砂心金黄土 | 100.06 | 0.21 |
| Bd3 4/8 | 厚砾石心小红土 | 544.47 | 1.14 | Cb4 2/8 | 厚壤心白沙土 | 124.63 | 0.26 |
| Bd3 5/7 | 厚黏心红姜瓣土 | 1194.47 | 2.49 | Ga2 6/3 | 黑老土 | 1623.59 | 3.39 |
| Bd3 4/1 | 透小红土 | 581.37 | 1.21 | Ga3 5/10 | 厚砂姜腰黑土马干 | 174.68 | 0.36 |
| Bd3 4/7 | 厚黏心红立土 | 1426.6 | 2.98 | Fa2 5/1 | 透二性老水稻土 | 140 | 0.29 |
| Bd3 4/17 | 厚砂姜腰小红土 | 228.68 | 0.48 | Aa1 3/4 | 酥石底极薄层岭砂土 | 1544.48 | 3.22 |
| Bf4 4/6 | 漏砂黄土 | 658.67 | 1.37 | Aa1 3/6 | 酥石底中层砂黄土 | 1337.37 | 2.79 |

表 2-4 曲阜市土壤分类检索表

<table>
<tr><th colspan="2">土类</th><th colspan="2">亚类</th><th colspan="2">土属</th><th colspan="4">土种</th></tr>
<tr><th>代号</th><th>名称</th><th>代号</th><th>名称</th><th>代号</th><th>划分依据</th><th>代号</th><th>构型划分依据（分母表示）</th><th>代号</th><th>表层质地（分子表示）</th></tr>
<tr><td>A</td><td>棕壤土</td><td>a</td><td>棕壤性土</td><td>1</td><td>按基底母岩分酸性岩类（花岗岩麻岩）</td><td>4<br><br>6</td><td>按土体深度与基底性质分:极薄层酥石棚（酸石基底＜15cm）<br>中层酥石棚（30～60cm）</td><td>3</td><td>砂壤土</td></tr>
<tr><td rowspan="5">B</td><td rowspan="5">褐土</td><td rowspan="2">a</td><td rowspan="2">褐土性土</td><td>1</td><td>酸性岩类（花岗岩麻岩）</td><td>1<br>2<br>3</td><td>极薄层硬石底（土体下为硬石底＞15cm）<br>薄层硬石底（15～30cm）<br>中层硬石底（30～60cm）</td><td>3</td><td>砂壤土</td></tr>
<tr><td>3</td><td>钙质岩类（石灰、大理白云质灰岩及钙质页岩等）</td><td>4<br>5<br>6</td><td>极薄层酥石棚（酥石基底＜15cm）<br>薄层酥石棚（15～30cm）<br>中层酥石棚（30～60cm）</td><td>4</td><td>轻壤土</td></tr>
<tr><td>c</td><td>淋溶褐土</td><td>3</td><td>洪积冲积物</td><td>1<br>6<br>7<br>8</td><td>均质<br>浅位（20～60cm）厚层（＜30cm）砂<br>浅位厚层（＞30cm）黏<br>浅位厚层（＞10cm）砾石</td><td>3</td><td>砂壤土</td></tr>
<tr><td>d</td><td>褐土</td><td>4</td><td>冲积物</td><td>14<br>15</td><td>冲位（60～100cm）厚层砂<br>中位厚层黏</td><td>4</td><td>轻壤土</td></tr>
<tr><td>f</td><td>潮褐土</td><td></td><td></td><td>17<br>18</td><td>冲层厚层砂姜<br>浅位厚层黏化层（中～中壤偏黏）</td><td>5</td><td>中壤土</td></tr>
<tr><td>C</td><td>潮土</td><td>b</td><td>潮土</td><td>4</td><td>河潮土</td><td>2<br><br>8<br>19</td><td>厚砂心～浅位厚层（＜30cm）砂<br>厚壤心～浅位厚层<br>均质</td><td>2<br>4<br>3</td><td>紧砂土<br>轻壤土<br>砂壤土</td></tr>
<tr><td>F</td><td>稻土</td><td>a</td><td>水稻土</td><td>2</td><td>冲积物<br>河潮土性<br>水稻土</td><td>1</td><td>均质</td><td>5</td><td>中壤土</td></tr>
<tr><td>G</td><td>砂姜黑土</td><td>a</td><td>砂姜黑土</td><td>2<br>3</td><td>清坡岗坡</td><td>3<br>10</td><td>浅位厚层（＞30cm）黑土<br>中位厚层砂姜</td><td>5<br>6</td><td>中壤土<br>重　壤</td></tr>
</table>

# 第三节 耕地利用与管理

## 一、耕地利用现状

### (一)耕地利用状况与分布

近年来,曲阜市认真贯彻《土地法》和《基本农田保护法》,严格划定基本农田保护区,对现有耕地,结合中低产田改造、商品粮基地建设、农业综合开发、测土配方施肥、粮食资金发展项目、小麦高产创建、免耕播种、小流域治理等重大建设项目,实施土地改良利用综合治理活动。推广了秸秆还田、深耕改土、增施有机肥、配方施肥、小麦免耕播种、林田路渠综合配套及微灌、喷灌、滴灌等节水灌溉技术,有效提高了土壤肥力和抗旱能力,促进了全市农业生产的稳产、高产、高效益。为提高耕地资源利用率,着重合理调整、优化耕地利用结构,以提高经济效益为中心,以市场为导向,大力发展三高(高产、高质、高效)农业。种植业方面建成了苹果、黄金梨、葡萄、大樱桃、鲜枣、草莓、红薯、牛蒡、大蒜、食用菌、设施棚菜等十一大特色农产品生产基地。2008 年,全市耕地面积为 42699hm$^2$,其中:水田为 11hm$^2$,水浇地为 35621.2hm$^2$,旱地为7066.54hm$^2$。粮食种植面积为 64200hm$^2$,其中小麦播种面积为 32086hm$^2$,玉米播种面积为 24160hm$^2$,地瓜播种面积为 233.33hm$^2$,花生播种面积为 3186hm$^2$,棉花播种面积为 1053.33hm$^2$,瓜菜播种面积为 9000hm$^2$,如表 2-5 所示。

表 2-5　　曲阜市耕地利用现状

| 耕地 | 合计(hm$^2$) | 水田(hm$^2$) | 水浇地(hm$^2$) | 旱地(hm$^2$) |
|---|---|---|---|---|
| 曲阜市 | 42698.73 | 10.99 | 35621.2 | 7066.54 |
| 鲁城街道办事处 | 832.6 | 0 | 832.6 | 0 |
| 书院街道办事处 | 1742.47 | 0 | 1646 | 96.47 |
| 吴村镇 | 4269.4 | 3.68 | 2382 | 1883.72 |
| 姚村镇 | 1883.72 | 0 | 4236.67 | 394.6 |
| 陵城镇 | 4439.33 | 0 | 4439.33 | 0 |
| 小雪街道办事处 | 3653.73 | 0.2 | 3500.4 | 153.14 |
| 南辛镇 | 3964.33 | 0 | 3323.73 | 640.6 |
| 时庄街道办事处 | 3671.47 | 0 | 3439.33 | 232.13 |
| 董庄乡 | 4216.8 | 0 | 2160.07 | 2056.73 |
| 息陬镇 | 3329.13 | 0 | 3329.13 | 0 |
| 王庄镇 | 4592 | 7.13 | 4203.33 | 381.54 |
| 防山乡 | 3354.87 | 0 | 2128.6 | 1226.27 |

(二)耕地坡度分级状况

曲阜市耕地坡度分级状况如表 2-6 所示,划分为 5 个坡度级,其中Ⅰ级地面积为 40035.34hm²,Ⅱ级地面积为 2222.23hm²,Ⅲ级地面积为 312.62hm²,Ⅳ级地面积为 23.55hm²,Ⅴ级地面积为 104.99hm²,分别占耕地总面积的91.62%、5.2%、0.73%、0.06%、0.25%。

表 2-6　曲阜市耕地坡度分级面积汇总表

| 单位 | 总面积(hm²) | Ⅰ(≤2°) | | Ⅱ(2°~6°) | | Ⅲ(6°~15°) | | Ⅳ(15°~25°) | | Ⅴ(>25°) | |
|---|---|---|---|---|---|---|---|---|---|---|---|
| | | 面积(hm²) | 占耕地面积比例(%) | 面积(hm²) | 占耕地面积比例(%) | 面积(hm²) | 占耕地面积比例(%) | 面积(hm²) | 占耕地面积比例(%) | 面积(hm²) | 占耕地面积比例(%) |
| 全市 | 42698.73 | 40035.34 | 91.62 | 2222.23 | 5.2 | 312.62 | 0.73 | 23.55 | 0.06 | 104.99 | 0.25 |
| 鲁城街道办事处 | 832.6 | 832.6 | 100 | | | | | | | | |
| 书院街道办事处 | 1742.47 | 1719.3 | 98.67 | 23.17 | 1.38 | | | | | | |
| 吴村镇 | 4270.73 | 3986.77 | 93.35 | 239.09 | 5.6 | 33.73 | 0.79 | 9.82 | 0.23 | 1.33 | 0.03 |
| 姚村镇 | 4631.27 | 4631.27 | 100 | | | | | | | | |
| 陵城镇 | 4439.33 | 4439.33 | 100 | | | | | | | | |
| 小雪街道办事处 | 3653.73 | 3612.73 | 98.88 | 41 | 1.12 | | | | | | |
| 南辛镇 | 3964.33 | 3170.28 | 79.97 | 632.56 | 15.96 | 145.79 | 3.68 | 2.37 | 0.06 | 13.33 | 0.34 |
| 时庄乡 | 3671.47 | 3671.47 | 100 | | | | | | | | |
| 王庄镇 | 4592 | 4592 | 100 | | | | | | | | |
| 董庄乡 | 4216.8 | 3555.62 | 84.32 | 550.34 | 13.05 | 80.48 | 1.91 | 5.03 | 0.12 | 25.33 | 0.6 |
| 息陬镇 | 3329.13 | 3286.18 | 98.71 | 41.62 | 1.25 | 1.33 | 0.04 | | | | |
| 防山乡 | 3354.87 | 2537.79 | 75.64 | 735.46 | 21.92 | 51.3 | 1.53 | 6.33 | 0.19 | 24 | 0.72 |

## 二、耕地管理历史回顾

土地是农业的基础,耕地是农业生产的前提条件。一切优质高产的农作物品种及其栽培模式都必须建立在安全、肥沃、协调的土壤之上。

1980 年 8 月至 12 月,曲阜市进行了第二次土壤普查,系统划分了土壤类型,详细地分析了各种土壤类型的形成原因、存在问题以及改良利用方向,编绘了土壤图、土壤评级图、土壤表层质地及土体构型图、土壤改良利用分区图、土壤肥力图、土地利用现状图、地貌图、全氮、碱解氮含量分布图、土壤速效磷含量分布、土壤速效钾含量分布、有机质含量分布、石灰反应分布图、酸碱度分布图等 13 种图。普查主要以野外调查资料和室内化验分析数据为基础,同时引用了计委、统计局、气象局、水利局、林业局等有关单位的统计测定数据,阐述了全市土壤的发展过程及其分布规律、理化性状和存在问题,提出了因土种植、因土施肥、因土改良的意见，为全市测土配方施肥工作奠定了人力、物力和技术基础，具有重要的历史意义。并且认真总结了当时的高产田土壤条件，确定了土壤改良培肥的技术措施和目标，为以后的配方施肥、土壤改良提供了依据，直接推动了 20 世纪 90 年代开始的配方施肥工作和磷肥、钾肥、专用肥料大面积推广应用，实现了农产品产量的飞跃。

第二次土壤普查以后，曲阜市政府非常重视耕地地力调查，分别于 1992 年、1995 年、2000 年 3 次拨款或科研立项进行了有机肥使用、区域土壤养分调查，化验分析有机质、全氮、碱解氮、全磷、速效磷、速效钾等 6 个养分项目。每次项目结束后，向市政府提交《曲阜市土壤养分调查报告》，其中包括全市的土壤养分含量状况、分布规律和变化动态、影响农业生产的障碍因素以及培肥改良措施、配方施肥建议等，将有关数据资料反馈到每个乡镇，为科学施肥、培肥土壤、充分发挥土地潜力提供了科学依据。同时根据土壤养分状况，与企业合作，生产了小麦、玉米、地瓜等专用肥，为农民科学施肥奠定了基础。

近年来，结合国家生态环境建设、商品粮基地建设、农业综合开发、良种繁育基地项目、标准粮田建设项目和现代农业粮食资金发展项目等重大建设项目的开展，全市开展了新一轮土地改良利用综合治理活动。通过水库闸坝建设，最大限度地改善了山区旱地的水浇条件，同时通过封山育林、退耕还林/还果、整修地堰等综合治理措施，达到了泥土不下山、雨水不乱流、抗旱保水土、粮果双丰收的效果。平原推广秸秆过腹还田、深耕改土、林田路渠综合配套，有效地提高了土壤地力和抗旱能力，实现了全市农业生产的稳产、高产、高效益。

曲阜市自 2006 年 4 月起，成为农业部“测土配方施肥补贴项目”示范县。自项目实施以来，在农业部、省农业厅、济宁市农委领导的关心和业务部门的大力支持下，以《测土配方施肥技术规范》为工作标准，坚持“政府主导、企业参与、市场运作、农民受益、创新机制、稳步推进”的原则，整体项目实施进展顺利，圆满完成了项目所需要的各项任务，取得了良好的经济效益、社会效益和生态效益，逐步建立起科学施肥的长效机制，对落实科学发展观、保护农业生态环境、促进农民增产增收有重大的现实意义，项目的实施取得了阶段性的成果。

（一）工作指标情况

工作指标完成情况：累计采集土壤样品 8015 个，植株样品 299 个，水样 60 个，填写基本情况调查表 8015 份，施肥情况调查表 8015 份，建立土壤常年监测点 24 处，共开展了 22 个项目的检测，样品检测 8374 个，56940 项次。安排各类田间试验 82 处，其中“3414”小区试验 33 处，肥效对比试验 49 处，累计建立示范地 53 处，示范面积为 1974hm$^2$。举办各种不同类型培训班 730 期次，培训市乡技术骨干 6028 人次，培训农户 34400 人次。先后编辑印发《测土配方施肥补贴项目培训教材》一书 2000 册，《农技简报》测土配方施肥专刊 24 万份，施肥技术明白纸 20 万份，项目简介 12 万份，制作印发小麦、玉米、大蒜施肥建议卡 46 万份，达到一户一张明白纸、一户一份建议卡。与企业联合制作专题讲座、播发新闻报道 369 期次，制作系列广告并播发 3800 期次，制作各类过街宣传条幅 600 余幅，发放宣传挂图 4000 余张，刻录技术光盘 30 盘，同时组织科技人员赶乡村大集，广泛宣传测土配方施肥知识。累计推广配方肥16443.7吨，配方肥施用面积为 27400hm$^2$，指导施肥面积达到全覆盖。依据测试的土壤、植株养分状况和田间试验数据，推荐肥料配方 6 个。建立健全了布局合理、功能齐全的化验室 380m$^2$，配套购置了项目所需先进仪器设备 30 余台

(套),配齐了化验急需的药品及用具,完善了化验室排风、洗刷、温控等设施,培训了5名本科以上专职化验员,达到了“人员、仪器、药品、技术”四到位,形成了一整套较为先进而完备的土壤肥料检测系统。到目前为止,初步建立起包括土壤化验、田间试验、土样采集地基本情况调查、农户施肥情况调查等软件系统的数据录入;宣传培训、配方肥研发推广、项目实施效果百户调查等平面资料数据库也在不断完善之中。县域耕地资源信息管理系统已初步建立。

(二)工作成效情况

1. 经济效益

累计实施测土配方施肥面积160000hm$^2$,推广配方肥16443.7吨,配方肥料施用面积为27400hm$^2$,累计节本增效1.5亿元,经济效益十分显著。测土配方施肥技术的大面积推广应用,极大地提高了全市粮食综合生产能力。据统计,2008年全市粮食播种面积达到64200hm$^2$,实现总产46.66万吨,单产达到485kg,再创历史最高水平。其中小麦种植面积为32066hm$^2$,平均单产达到433.6kg,总产达到$2.09\times10^8$kg,被农业部授予“全国粮食生产先进县”称号。

2. 社会效益

项目的实施,一是摸清了全市土壤养分状况,进行了大量肥效试验、配方肥对比试验和示范,初步建立起主要作物测土配方施肥推荐指标体系。配方肥的大面积推广和应用,实现了农业生产的节本增效,广泛深入的科技培训和宣传,逐步改变了广大农民的施肥观念,农民的科技意识明显增强,改变了过去不分土壤类型、不分作物、不分地力盲目施肥、单一施肥和过量施肥的习惯,施用配方肥料逐步成为广大群众的自觉行为。同时,有效地拉动了农资市场,市场上化肥品种结构显著改善,农民切实得到了实惠,直接受益农户达到10万余户。项目实施的过程成为加强农业科技基础设施建设的过程,也成为广泛培训人才的过程,大量技术参数的获得和测土配方施肥数据库的建立,为科研、教学和促进农业的可持续发展提供了资料。二是为土肥推广工作开创了新局面。自从第二次土壤普查以来,土肥工作受人员和经费的限制,化验室难以正常运转,业务工作一直徘徊不前,但测土配方施肥工程实施后,各方面条件都有了较大改善。人员力量加强,办公条件改善,化验室先进仪器设备齐全,化验能力明显提高,土肥站自身得到发展壮大,为土肥工作的开展打下了坚实基础。

3. 生态效益

测土配方施肥技术的推广应用,使化肥利用率得到了大幅度提高。其中在小麦上,氮肥、磷肥、钾肥的利用率分别提高4.6%,3.8%,3.7%;在夏玉米上,氮肥、磷肥、钾肥的利用率分别提高8.5%、3.6%和4.6%。由于按方施肥,作物的营养也相对均衡,个体健壮,抗逆能力增强,作物的生理性病害减少,提高了农产品品质,减少了肥料投入,特别是氮肥的投入量下降,降低了肥料的面源污染,有力地保护了农业生态环境,促进了农业的可持续发展。

## 三、耕地障碍因素分析

(一)山区水土流失严重,土层浅薄养分低

曲阜市北、东、东南三面边缘是低山丘陵区,土层浅薄,一般土层覆盖厚度为5~40

cm，水土流失严重，养分缺乏，面积为 1501.8hm²，占总耕地面积的 3.52%（石质山岭除外），多为石渣土。5～40cm 以下为岩石底，无水浇条件，干旱威胁严重。土地瘠薄，作物所需营养元素极缺，产量低而不稳。特别是近山地段，土层浅又夹砾石，耕作困难，近年来通过农田基本建设、中低产田改造，虽有一定改观，但仍然是全市农业生产发展的重大障碍。

（二）涝洼地涝、黏、湿、板，物理性状不良

涝洼地、煤矿塌陷地地势低洼，潜水位高，耕性差，水、肥、气、热不协调，共 5953hm²，占总耕地面积的 13.5%。通常地下水位 1～2m，有短期的积水、内涝现象。土壤水、肥、气、热不协调。物理性状不良，直接影响着农作物的生长。土壤质地黏重，养分含量低，释放转化慢。土壤有砂姜散生和黑土层分布，耕性差，适耕期短，容重较高，有效孔隙少，结构性差。湿胀干缩，作物产量不稳，对作物的种植有较强的选择性。

（三）重用轻养，忽视培肥地力

近年来，由于种植技术水平的提高和化肥施用量的增加，粮食产量随之连年上升。但就目前土壤养分含量和协调关系来看，重用轻养、只用不养的种植方法不适应于培肥地力。全市大部分土壤采用两年三熟和一年两熟、三熟，土壤没有休闲的机会。年复一年地种植小麦一玉米，没有采取适当轮作换茬，作物吸收的养分需要量大而单纯，而在补给上，则远远不能满足要求，造成土壤肥力提高迟缓，不少地块甚至有下降的趋势。随着化肥施用量的逐年增加，农家肥的施用量从质量和数量上并没有相应地提高。作物带走多，造成土壤肥力收支不平衡，土壤有机质的含量降低，导致土壤保肥、保水性能降低。据化验分析，全市缺乏有机质的耕地面积为 11986.67hm²，占总耕地面积的 28.07%，有机质含量小于 10g/kg 的面积为 3129.84hm²，占总耕地面积的 7.33%。

（四）土壤养分供应不协调

据全市土壤化验结果分析，土壤养分协调的面积为 675.45hm²，仅占耕地总面积的 1.58%，土壤主要养分不协调现象在全市范围内非常普遍。曲阜市有 32167.531hm² 的耕地碱解氮低于 75mg/kg，占总耕地面积的68.07%，碱解氮处于相对缺乏状态。有 27813.07hm² 的耕地速效钾低于 100mg/kg，占全市总耕地面积的 58.85%。土壤微量元素中，耕层有效硼属缺乏区，全市有 45949.69hm² 处于临界值以下，占耕地总面积的 97.22%。有效磷处于中等水平状态，这与 20 世纪 90 年代以来持续较高强度施用二铵、复合肥有关，从而使全市大多数土壤有效磷含量处于比较高的水平。由此可见，全市土壤养分含量不足，特别是氮、钾两元素失调和硼元素缺乏。

（五）耕层质地不良

据第二次土壤普查，全市耕层质地过黏的土壤（表层质地为重壤）面积为 1623.6hm²，占总耕地面积的 3.44%。这类土壤质地不良，通透性差，水、肥、气、热不协调，耕性不好，养分转化和释放慢，不利于作物的吸收和利用。过砂的土壤面积为 5531.53hm²，占总耕地面积的 7.9%。这类土壤质地不良，团粒结构差，养分含量低，特别是有机质缺乏，保水、保肥性差。

（六）土体构型不良

据第二次土壤普查结果，全市除各乡镇分布的轻壤黏腰、轻壤均质、中壤均质面积为

18885.23hm²，占总耕地面积的39.96%，其他大部分土壤各有不相同的障碍层次。轻壤黏心、中壤黏心、中壤砂姜腰面积为15269.53hm²，占耕地总面积的39.3%。这种土壤虽然能保肥、保水，但养分释放转化慢，心土层板黏沉实，透性差，不利于作物的根系下扎。特别是深根作物的生长发育受到抑制，汛期有㵾涝威胁。砂壤砂心、砂壤砂腰、砂壤均质面积为2474.62hm²，占总耕地面积的5.02%。这类土壤漏水、漏肥，养分含量低，不利于作物的根系生长和发育。此外零星分布在境内的东、东南、北三面各乡镇沙石山和石质山岭之下的不同地段上的薄、中层面积共有434.73hm²，占总耕地面积的9.2%。这类土壤，土层浅、薄并夹砾石，结构性差，作物生长所需要的养分含量低，没水浇条件，土地不平整，水土流失严重。

## 四、耕地施肥状况分析

### （一）有机肥施肥现状

曲阜市主要的种植作物为：小麦、玉米、花生、大豆、棉花、地瓜、蔬菜、果树、桑等，有机肥主要施用在蔬菜、果树、小麦、花生上。施肥情况调查表明，有半数以上的农户基本不使用有机肥，很少有农户在玉米上施有机肥。重用轻养，有机肥用量严重偏低，已经严重制约了耕地质量的稳步提高。2008年以来，依靠现代农业粮食产业资金发展项目，全市共推广商品有机肥1.1万吨，农民的有机肥施用观念有一定的转变。目前有机肥的品种主要有商品有机肥、人粪尿、猪粪尿、牛粪尿、羊粪尿、鸡粪、鸭粪；猪圈粪、牛栏肥、羊圈粪、沼气肥；麦秸、玉米秸；豆饼、酒糟、酱油渣、醋渣、粉渣；草木灰、沟泥等。

有机肥以商品有机肥、猪圈粪、鸡粪、人粪尿、猪粪尿、牛粪尿、羊粪尿、鸡粪为主，并以做基肥使用为主。

### （二）化肥施用现状

#### 1. 化肥使用总量

2008年全市化肥用量2.92万吨（折纯）：氮肥8261吨，磷肥2726吨，钾肥3274吨，复混肥（复合肥）及大量元素冲施肥料14946吨，有机无机肥料4000吨；全市化肥实物用量8.8万吨。全市耕地亩平均使用化肥（折纯）44.2kg，折实物用量91.4kg/667m²。种植主要作物用肥量（折纯）：小麦20kg/667m²，玉米21kg/667m²。

#### 2. 农民施肥现状

在小麦种植上，部分亩施土杂肥1500kg左右，但施用有机肥越来越少，复合肥40～50kg作基肥，于耕翻时进行撒施，对生长较弱的一般于起身后、拔节期随浇水撒施尿素10～15kg作为追肥；在种植玉米上很少使用有机肥和中微量元素肥料，氮、磷、钾以尿素和复合肥为主，一般亩施40%(30-5-5)的复合肥40～50kg，在喇叭口期采用“一炮轰”方式施用，个别有用50～75kg碳铵或20～30kg尿素于喇叭口期做追肥；但随着测土配方施肥在全市的开展和推广，农民施肥习惯有了很大改变，农民开始注重科学施肥、配方用肥，中国农科院组织的对我市承担的农业部“测土配方施肥补贴项目”进行“百户问卷调查”结果表明，对测土配方施肥技术的认知度达98.7%，根据技术指导施肥和应用配方肥的农户达到95%以上，对实施测土配方施肥项目的满意率为100%。

(三)历史施用化肥数量、粮食产量的变化趋势

1. 历年施用化肥数量

据统计局资料,1980 年,全市化肥施用量每耕亩平均为 19kg(折纯),1990 年每耕亩平均为 20.9kg(折纯),2000 年每耕亩平均为 36.9kg(折纯),2005 年,全市每耕亩平均为 45.9kg(折纯),2006 年,全市每耕亩平均为 48.1kg(折纯),2007 年,全市每耕亩平均为 49.4kg(折纯),达到历史最高水平,2008 年,全市每耕亩平均为 44.2kg(折纯)。20 世纪 80 年代以来,特别是进入新世纪后,随着新品种、新技术的推广应用和复种指数的提高(曲阜市 2008 年复种指数为 176%)以及产量的提高,土壤耗肥也随之加大,再加上盲目施肥,施肥数量连年增加,2007 年达到最高。虽然 2006 年全市开始实施了农业部"测土配方施肥补贴项目",但由于农民的施肥观念根深蒂固,再加上施肥基数大,农民对测土配方施肥认识不清,普遍存在观望心理,2006、2007 年施肥数量仍略有上升,但增幅明显降低,进入 2008 年后,随着测土配方施肥的进一步深入,农民的施肥观念开始转变,逐步认识到了科学施肥的重要性,施肥量开始出现明显下降。

目前,每年每亩使用化肥总量已由 20 世纪 80 年代初的 19kg 增加到 44.2kg,如表 2-7 和图 2-1 所示。

表 2-7　　历年平均施肥情况表

| 年　份 | 1980 | 1990 | 1991 | 1993 | 1995 | 2000 | 2001 |
|---|---|---|---|---|---|---|---|
| 化肥使用量折纯(kg/hm$^2$) | 285 | 313.5 | 330 | 360 | 552 | 553.5 | 658.9 |
| 年　份 | 2002 | 2003 | 2004 | 2005 | 2006 | 2007 | 2008 |
| 化肥使用量折纯(kg/hm$^2$) | 696 | 633 | 648 | 688.5 | 721.5 | 741 | 663 |

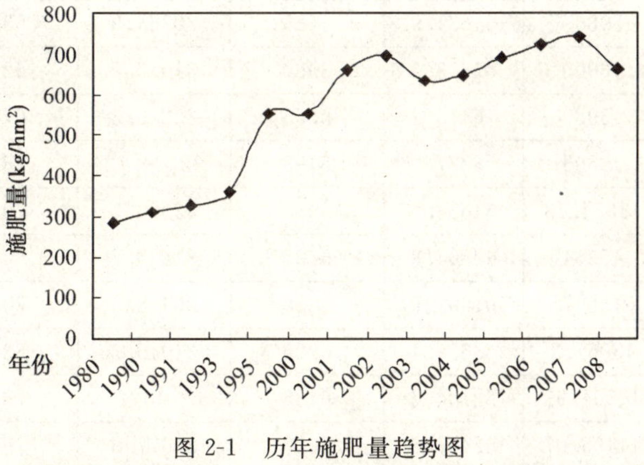


图 2-1　历年施肥量趋势图

2. 历年粮食产量变化趋势

根据曲阜市统计局提供的数据，历年冬小麦、玉米单产情况如表 2-8 所示。近几年来，粮食生产量，从年度对比来看(见图 2-2)，1980～1996 年粮食产量周年递增，由于新品种的推广和肥料投入的加大；1996 年达到历史最高水平；1997～2000 年粮食总产量周年递减，单产有所增长，但增长缓慢，主要是由于倡导结构调整，播种面积下降；2001～2007 年粮食产量又再次周年递增，主要是因为国家逐步重视粮食生产，一系列惠农政策从 2003 年以来陆续出台，特别是良种补贴、粮食直补、测土配方施肥项目的实施，大大提高了群众的种粮积极性，粮食播种面积逐渐增大，总产量稳步提高，2007 年总产量达到 49.1 万吨，我市于 2008 年获得了“全国粮食生产先进县”荣誉称号。

**表 2-8　重点粮食作物历年总产情况表**

| 年份 | 粮食总产 (kg) | 耕地面积 ($hm^2$) | 粮播面积 ($hm^2$) | 冬小麦 | | 夏玉米 | |
|---|---|---|---|---|---|---|---|
| | | | | 单产 ($kg/hm^2$) | 种植面积 ($hm^2$) | 单产 ($kg/hm^2$) | 种植面积 ($hm^2$) |
| 1980 | 223270000 | 48156.4 | 74940 | 2985 | 27360 | 4410 | 16326.7 |
| 1981 | 234757800 | 48015.3 | 60579.6 | 3660 | 26378.6 | 4432.5 | 18363.5 |
| 1982 | 237435000 | 47806.7 | 56414.6 | 3330 | 25129 | 4995 | 18614.2 |
| 1983 | 222040400 | 47586.7 | 59605.5 | 3712.5 | 27246.1 | 3660 | 19749.4 |
| 1984 | 278071300 | 47213.3 | 61294.8 | 4237.5 | 31733 | 5085 | 16979.5 |
| 1985 | 281750200 | 46973.3 | 63806.7 | 4342.5 | 32505.9 | 4770 | 17929.7 |
| 1986 | 300634000 | 46726.7 | 67476.3 | 4425 | 33340.6 | 4800 | 19138.4 |
| 1987 | 307060400 | 46413.3 | 68762.7 | 4455 | 33751.8 | 5025 | 19879.3 |
| 1988 | 283116600 | 46126.7 | 66456.2 | 3960 | 32328.9 | 5265 | 19521.6 |
| 1989 | 291841400 | 45986.7 | 64631.9 | 4425 | 30334.9 | 5325 | 20147 |
| 1990 | 308731000 | 46000 | 63853.3 | 3990 | 31046.7 | 6210 | 20266.7 |
| 1991 | 357405000 | 45980 | 64080 | 5055 | 32233.3 | 6780 | 20980 |
| 1992 | 382321000 | 45803 | 62778 | 5493 | 32324.72 | 7842 | 20553.54 |
| 1993 | 406838000 | 45654.73 | 64688.5 | 5505 | 32000.3 | 7995 | 21729 |
| 1994 | 397310000 | 45364 | 62804.8 | 5625 | 31425.7 | 8025 | 20982.4 |
| 1995 | 399142000 | 45067 | 61691.5 | 5820 | 30468.5 | 8055 | 21931.9 |
| 1996 | 436254000 | 45067.2 | 63639.1 | 6225 | 31045.3 | 8340 | 24187.1 |
| 1997 | 414671000 | 44561.93 | 62104.7 | 6435 | 301422 | 7830 | 23878.2 |
| 1998 | 389464000 | 44405.07 | 62487.6 | 5220 | 29677.9 | 7920 | 25245.6 |
| 1999 | 420425000 | 43980.73 | 63720 | 5850 | 31303.6 | 8055 | 25534 |
| 2000 | 385127000 | 43684.73 | 61944.3 | 5010 | 30936.8 | 8130 | 24531.5 |
| 2001 | 319259000 | 43566.93 | 60826.9 | 4035 | 30283.7 | 6675 | 24740.3 |
| 2002 | 322930000 | 43425 | 59516.5 | 5160 | 30052.8 | 5910 | 24848 |

续表

| 年份 | 粮食总产（kg） | 耕地面积（$hm^2$） | 粮播面积（$hm^2$） | 冬小麦 | | 夏玉米 | |
|---|---|---|---|---|---|---|---|
| | | | | 单产（$kg/hm^2$） | 种植面积（$hm^2$） | 单产（$kg/hm^2$） | 种植面积（$hm^2$） |
| 2003 | 317340000 | 42897 | 57496.2 | 5280 | 29174.1 | 5910 | 24134.2 |
| 2004 | 329768000 | 42896 | 50502.2 | 6180 | 23156 | 7275 | 24346.1 |
| 2005 | 376120000 | 42934 | 56911.1 | 6345 | 28369.7 | 7155 | 259454 |
| 2006 | 382228000 | 42862 | 59714.3 | 6195 | 29737.2 | 6870 | 27508.8 |
| 2007 | 384657000 | 42699 | 62319.5 | 5880 | 31213 | 6705 | 28728.5 |
| 2008 | 466591334 | 44046 | 64197.8 | 6504 | 32089.5 | 8205 | 30829.4 |

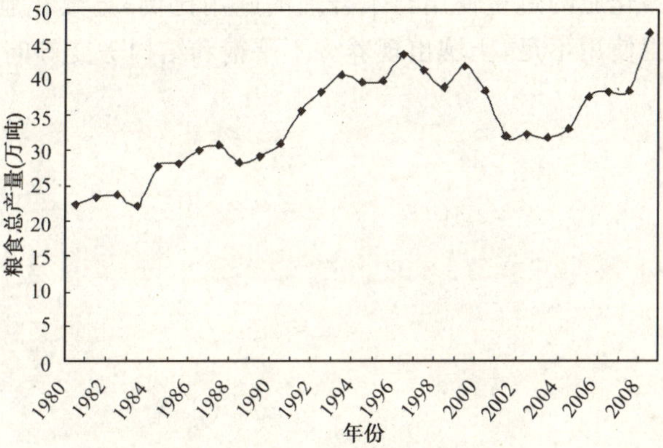


图 2-2 历年两次产量趋势图

## 五、大量元素氮、磷、钾比例及利用率

由于撒施、过量施肥等不合理现象比较突出，导致资源浪费严重，肥料利用率偏低，造成生产成本增高。全市氮、磷、钾使用比例为 1∶0.58∶0.62，项目实施前，全市氮肥平均利用率为 35.2%，磷肥（$P_2O_5$）平均利用率为 12%，钾肥（$K_2O$）平均利用率为 26.1%。

## 六、施肥实践中存在的主要问题

（一）重用轻养，有机肥用量逐年减少

长期以来，曲阜市在耕地开发利用上重利用、轻培肥，在化肥施用上重化肥、轻有机肥，虽然全市化肥的施用量逐年增加，但有机肥投入量却逐年减少，且投入的化肥以氮、磷肥为主，粮田有半数以上的农户基本不使用有机肥。这主要是因为有机肥虽然养分含量全，肥效持久，但由于养分含量低，肥力释放慢，肥效不显著，加之 20 世纪 60～70 年代增施氮肥，20 世纪 80 年代补施磷肥所带来的显著的增产效果，使农民在认识上存在误区：使用化肥能增产，有机肥施不施都行。另一方面，随着乡镇企业的发展，农民收入增加，喂猪养牛的少了，有机肥的来源也随之减少，质量也大大下降。

（二）肥料使用方法不当

突出表现在肥料做基肥使用时存在深度不够，普遍存在撒施现象，部分区域农户在追施玉米复合肥料时还一撒了之；大棚蔬菜则过度冲施肥料。碳铵撒施后易挥发；尿素虽然较稳定，但在水分含量适当时，温度越高，分解越快，30℃时 2 天就能完全转化为碳酸铵，在土壤表面或土壤中形成游离氨，挥发损失。磷、钾肥撒施表面，不易被根系吸收，肥料利用率大大降低。

（三）土壤养分不平衡

耕层土壤碱解氮增幅较大，由第二次土壤普查的平均 48mg/kg，上升至 78.6mg/kg；有效磷增加幅度最大，由第二次土壤普查的平均 6.86mg/kg，上升至41.8mg/kg，比第二次土壤普查增加了34.94mg/kg，部分高产田和蔬菜地磷素存在富积现象；速效钾含量增长不均匀，部分乡镇土壤速效钾含量呈下降趋势。综合以上数据说明，氮、磷肥用量普遍偏高，钾肥用量偏低，这与多年来持续增施氮肥以及 20 世纪 90 年代以来持续较高强度施用二铵、复合肥有关。化肥的过量使用与不合理的施用比例，导致化肥资源浪费、化肥利用率低，再加上有机肥使用不足，土壤出现养分不平衡和结构劣变等问题。

# 第三章　耕地地力调查方法与内容

## 第一节　准备工作

### 一、组织准备

（一）成立领导小组

曲阜市是全国测土配方施肥补贴项目2006年的试点县和耕地地力评价项目县，为保证配方施肥和耕地地力评价工作的顺利开展，在专业人员不足、参考资料不全的情况下，边干、边学、边摸索，研究制定了具体的工作思路和实施方案，并向市委、市政府分管领导做了专题汇报，得到了领导的高度重视。2006年6月8日，曲阜市委以[2006]19号文成立了曲阜市测土配方施肥领导小组，领导小组由市委副书记任组长，市人大、市政府、市政协分管领导任副组长，市农业局、财政局、广电局、科技局、国土局、水利局、统计局、环保局、工商局、质监局局长和各乡镇乡镇长为主要成员的曲阜市测土配方施肥项目工作领导小组。领导小组下设办公室，办公室设在市农业局，局长任办公室主任，分管局长任副主任，负责项目实施的具体工作和日常组织协调。

领导小组负责组织协调、资金安排、工作落实、检查监督等，领导小组多次召开会议，研究制定了工作方案，细化工作任务，明确目标责任。国土局、水利局、民政局、统计局等相关部门积极配合，在资料收集、人员安排、样品采集等方面发挥了非常重要的作用，为项目工作顺利开展奠定了良好基础。

（二）成立技术小组

市农业局同时成立了技术指导小组，由局长任组长，副局长任副组长，农技中心副主任及各站站长为成员，负责相关的技术工作。在具体工作上，建立了局长亲自抓，分管局长靠上抓，土肥站长具体抓，重大问题及时会商的领导机制。同时，从全局抽调项目所需专业骨干人员（共16人）重新充实调整到土肥站，并按项目需求又分为野外调查采样、化验分析、田间试验、数据资料汇总4个小组，各小组实行岗位目标责任制，并有专人负责，层层分解责任，确保各项工作落到实处。

其中，针对野外调查采样工作量大、时间紧、任务重的特殊情况，又从各科室抽调技术骨干培训后分8组同时进行调查采样工作，同时保证每组至少有1～2名土肥站人员提供技术保障。化验分析组则是由老、中、青3个年龄组人员担任，以确保旧仪器的正常使用和新仪器、新技术的应用与推广，并分别选派5名骨干人员多次参加了省、市两级组织的化验培训班，以确保如期保质、保量完成土壤与植株等样品的检测任务。田间试验组则是由农学、植保等专业人员组成，负责各项试验的组织实施，为配方施肥等提供技术依据。数据资料汇总组由了解曲阜土壤等状况的专家、土化专业研究生和计算机专业人才组成，主要负责空间和属性数据库资料的搜集和整理、野外调查资料校核整理、相关化验试验示范数据的录入、各种数据库和耕地资源管理信息系统的建立、耕地地力及环境质量评价、各种文字资料和成果图件的编写编绘等工作。

(三)确立技术依托单位

根据部、省文件精神和工作要求，我们选择山东农业大学资源与环境学院、天地亚太国土遥感公司为技术依托，在项目实施过程中建立了“以县为主、上下联动、横向联合”的工作机制。明确项目县、技术依托单位、省土肥站各自的职责分工，四年来，在省、市土肥站的统一领导下，有效地组织了省、市、县技术力量共同参与，极大地推进了耕地地力评价工作的开展。

### 二、物质准备

(一)电子计算机应用设备

高配置电脑、数据汇总系统、数据库平台、耕地资源管理信息系统及相关的 GIS 等软硬件。

(二)野外调查所需物资

采样工具：塑料袋、木铲、取土器、农户基本情况调查表、施肥情况调查表、取土标签、铅笔、橡皮、手持式 GPS 卫星定位仪等。

(三)分析化验仪器设备

原子吸收仪、全自动凯式定氮仪、火焰光度计、双光束紫外分光光度计、超纯水等先进的仪器设备 30 余台(套)，配齐了化验急需的药品及用具，完善了化验室排风、洗刷、温控等设施。

### 三、资料准备

收集整理的空间数据包括①土地利用现状图，②地形图(1∶300000)，③行政区划图，④灌溉分区图(该图由室内汇总组人员和国土局相关人员在 2006 年曲阜市土地利用现状图上勾绘而成)，⑤土壤图，⑥地貌图，⑦耕地地力评价调查点点位图。收集整理的属性数据包括①县、乡、村名编码表，②土壤类型代码表，③近三年小麦、玉米、花生、果树等农作物单产、总产、种植面积统计资料，④农村及农业生产基本情况资料(县、乡、村土地情况、人口情况、农作物布局、国民生产总值等)，⑤耕地地力评价调查点基本情况及土壤样品化验结果数据，⑥土壤志，⑦曲阜市志，⑧曲阜县农业区划，⑨气象资料，⑩村级基本情况。

# 第二节　土壤样品的布点与采集

## 一、样品布点

（一）布点原则

布点要综合考虑多方面的因素：一是保证采样点具有典型性和代表性，同时兼顾空间分布的均匀性，二是根据不同采样目的确定采样点位置和采样点数的分配。

（二）布点方法

把1∶300000的曲阜市土壤图与最新的1∶300000的土地利用现状图相结合，根据种植制度、各类作物面积、产量水平、采样季节分配等因素确定布点数量和点位，并在图上标注采样编号。各采样点数和点位确定后，再根据土壤类型、种植作物种类、采样季节等因素进行平衡调整，力求点位均匀分布，形成采样点位图。

## 二、样品采集

（一）采样时间

在前茬作物收获后或下茬作物播种施肥前采集，一般在秋后。设施蔬菜在凉棚期采集，果园在果品采摘后的第一次施肥前采集。

（二）采样方法

根据采样点位图，到点位所在的村庄，首先向农户了解本村的主要作物种植及产量情况，确定具有代表性的田块，田块面积要求在1亩以上。

每个采样点的取土深度及采样量均匀一致，土样上层和下层的比例相同。取样器垂直于地面入土，深度相同。用取土铲取样时，先铲出一个垂直耕层断面，再平行于断面取土；全部样品均用特制的不锈钢取土铲采样。采样的同时填写采样地块调查表和施肥情况调查表，并尽量完善表格内容，空缺信息于室内结合原土壤普查的资料补齐。

修正采样点位：在确定的田块中央用GPS定位仪进行定位，同时依据坐标室内修正原来确定的点位，并标注。

采样工具：不锈钢取土铲和木铲。

方法采用：一是科学划分取样单元，保证每个采样单元的土壤尽可能均匀一致；二是保证足够多的采样点，以使混合样品能代表采样单元的土壤特性；三是采用合理的采样路线，根据原则采用"S"形或梅花形布点采样；四是避开特殊部位，采样点的分布要尽量均匀，避开田埂、沟边、肥堆等特殊部位。布点综合采样目的（农化样、施肥调查、田间试验、田间示范、其他）、作物种类、土壤类型、肥力高低、地形地貌、工作进度等方面的因素，大田作物考虑土壤类型和肥力水平，蔬菜地考虑设施类型、蔬菜种类、种植年限等，果园考虑树龄、长势等；考虑不同时期（春季、夏季、秋季）采样点数的分配。"S"法、"X"法或棋盘法，均匀随机采取15～20个采样点。蔬菜地按照沟、垄面积比例一般以3∶7确定沟、垄取土点位的数量。果园在树冠范围内由树干向外的2/3处采集，选择8～10棵树，每棵树对角采两点。

采样深度：粮田为 0～20cm，蔬菜地为 0～25cm，果园为 0～40cm。

采样密度：用于耕地地力评价的点位为 2176 个，平均每 19.62$hm^2$ 一个土样。

采土量：采集的每个分样点土壤，用手掰碎，挑出根系、秸秆、石块、虫体等侵入体和结核、沙姜等新生体，充分混合后，四分法留取混合土样 1.0kg 及田间试验和耕地地力评价的为 2kg。

标签填写：每一土样都用铅笔填写两张标签，土袋内外各具一张。标签内容为：野外统一编号、邮政编码、采样时间、采样地点及方位、采样点农户姓名、采样位置、采样深度、采样点数、采样点 GPS 数据、联系电话、采样人等。

## 第三节　土壤样品的制备

### 一、样品处理

（一）风干样品

从野外采回的土壤样品要及时放在样品盘上，摊成薄薄的一层，置于干净整洁的室内通风处自然风干，严禁暴晒，并注意防止酸、碱等气体及灰尘的污染。风干过程中要经常翻动土样并将大土块捏碎以加速干燥，同时剔除土壤以外的侵入体。

（二）样品的处理

1. 一般化学分析试样

将风干后的样品平铺在制样板上，用木棍或塑料棍碾压，并将植物残体、石块等侵入体和新生体剔除干净，细小易断的植物须根采用静电吸附的方法清除。压碎的土样要全部通过 2mm 孔径筛，未过筛的土粒必须重新碾压过筛，直至全部样品通过 2mm 孔径筛为止。通过 2mm 孔径筛的土样可供 pH、盐分、交换性能及有效养分项目的测定。将通过 2mm 孔径筛的土样用四分法取出一部分继续研磨，使之全部通过 0.25mm 孔径筛，供有机质、全氮、碳酸钙等项目的测定。

2. 微量元素分析试样

用于微量元素分析的土样，其处理方法同一般化学分析样品，但在采样、风干、研磨、过筛、运输、储存等诸环节不要接触金属器具，避免污染。如采样、制样使用木、竹或塑料工具，过筛使用尼龙网筛等，通过 2mm 尼龙网筛的样品可用于测定土壤有效态微量元素。

（三）样品的保存

风干后的土样按照不同的分析要求研磨过筛，充分混匀后，装入样品袋中备用。瓶内外各放标签一张，写明编号、采样地点、土壤名称、采样深度、样品粒径、采样日期、采样人及制样时间、制样人等项目。制备好的样品要妥为储存，避免日晒、高温、潮湿和酸碱等气体的污染。全部分析工作结束，分析数据核实无误后，试样一般还要保存 3～12 个月，以备查询。少数有价值需要长期保存的样品，须保存于广口瓶中，用蜡封好瓶口。

# 第四节　植株样品的采集与制备

## 一、采样要求

植株样品分析的可靠性受样品数量、采集方法及分析部位影响，因此，采样应具有：

代表性：采集样品能符合群体情况，采样量一般为1kg。

典型性：采样的部位能反映所要了解的情况。

适时性：根据研究目的，在不同生长发育阶段，定期采样。

粮食作物一般在成熟后收获前采集籽实部分及秸秆；发生偶然污染事故时，在田间完整地采集整株植株样品；水果及其他植株样品根据研究目的确定采样要求。

植株样品的采集应注意样品的代表性，它不但代表植株生长好坏，也要代表植株的部位和生长发育的时期。采集样品的原则是选取具有代表性的平均样品。在试验区和大田采样时，应选生长情况、生长势、高度、植物生育期都一致的样品，作为分析材料。具体采样时，可先将试验区或大田按两个对角线为采样路线，在这两条路线上选10～30个点进行采样，所采取样株组成一个混合样品。

样品采集后，首先对样品进行洗涤，避免泥土、肥料、农药的污染。可用湿布擦净表面的污物，也可以用0.1%～0.3%洗衣粉之类的洗涤剂溶液洗涤，再用蒸馏水淋净，但不可用过多的水长时间浸泡。

## 二、采集前准备工作

选择具有采集经验、明确采集方法和要领、对采集区域农业环境情况熟悉的技术人员负责采样，同时要备有采样区域的地形图、土壤分布图、污染源分布图、粮食作物分布图、交通行政图等，准备采样工具、采样袋（布袋、纸袋或塑料袋）、采集记录等。进行野外实地考察，调查各种环境因素，核实合理布点。发现问题立即纠正、制定采样计划。

## 三、样品采集

（一）粮食作物

采用多点取样，采样时要避开田边5m，按梅花形或“S”形采样法采集。在采样区内采取10个样点的样品组成一个混合样。采样量根据检测项目而定，籽粒样品一般为1kg左右，装入纸袋，植株样品要采集完整植株，重量2kg左右，用塑料袋包扎好。

（二）水果样品

水果样品采摘时要注意树龄、长势、载果数量等。平原区果园一般采用对角线法布点采样，由采样区的一角向另一角引一对角线，在此线上等距离布设采样点，采样点多少根据采样区域面积、地形及检测目的确定。丘陵区果园按不同海拔高度均匀布点，采样点一般不少于10个。采样时应在果树的上、中、下、内、外部及果实着生方位（东南西北）均匀采摘果实，将各点采摘的果品进行充分混合，按四分法缩分，根据检测项目要求，最后分取所需份数，每份1kg左右，分别装入袋内，贴好标签，扎紧袋口备用。

(三)蔬菜样品

蔬菜按叶菜、根菜、瓜果分为三类，根据需要确定采样对象。蔬菜地采样可按对角线或"S"形法布点，采样点不少于10个，采样量根据样本个体大小确定，一般每个点的采样量不少于1kg。从多个点采集的蔬菜样，按四分法缩分每份约1kg，分别装入袋内，贴好标签，扎紧袋口备用。

采样标签上包括采样序号、采样地点、样品名称、作物品种、土壤名称(或当地俗名)、成土母质、地形地势、耕作制度、前茬作物及产量、化肥农药使用情况、灌溉水源、采样点地理位置简图。果树要记载树龄、长势、载果数量等，同时还应标明采样人和采样时间。

### 四、植株样品处理与保存

粮食籽实样品及时晒干脱粒，充分混匀后用四分法缩分至所需量。当需要洗涤时，注意时间不宜过长并及时风干。为了防止样品变质、虫咬，需要定期进行风干处理，使用不污染样品的工具和筛，将麦粒、玉米粒等籽实粉碎，过0.5mm筛，制成待测样品。测定重金属元素含量时，不要使用金属器械如钢制粉碎机、金属筛等，推荐使用竹、木和石质、瓷质、塑料制品。完整的植株样品先洗干净，根据不同污染物和粮食作物生物学特性差异，采用能反映特征的植株部位，用不污染待测元素的工具剪碎样品，充分混匀，用四分法缩分至所需量，制成鲜样或于60℃烘箱中烘干后粉碎备用。采集的新鲜水果、蔬菜、植株样品若不能马上进行测定，应暂时放入冰箱保存。

## 第五节 样品分析与质量控制

### 一、样品分析

项目实施以来，化验室建设得到加强，建成了有九大功能空间配套的高标准化验室，面积由原来的96$m^2$达到了现在的320$m^2$，完善了化验室排风、洗刷、温控等设施。新增化验仪器设备60余台(套)，主要有原子吸收分光光度计、凯式定氮仪、火焰光度计、双光速紫外分光光度计、超纯水器、恒温加热消煮炉、酸度计、数字电导率仪、磁力加热搅拌器、数字恒温油浴锅、往复式振荡器、高温电炉、土壤粉碎机等。试剂药品则是从济南等省招标企业购买，药品质量得到保证。专职化验人员由原来的5人增加到12人，其中，推广研究员1名，高级农艺师1名，农艺师6名，助理农艺师4名，人员结构合理，常规化验日检测能力达到300项次以上，完全可以满足测土配方施肥批量检测的要求。目前，已检测土样8061个，共计18项56940项次。并且所有的测试数据已全部录入数据库。

### 二、分析项目与方法

样品的室内分析是了解土壤理化性状的重要手段，根据农业部《测土配方施肥技术规范》测试分析项目的要求，曲阜市确定本次测土配方施肥采样调查与质量评价要求化验分析项目为土壤理化性状19项，各项目分析方法有国家标准或部颁标准的，以国家标准或部颁标准为首选分析方法。

从田间采来的土壤样品，经样品管理员核查标签，编上统一的室内检验编号，并登记检验台帐，土壤样品及时送至专门的土壤样品风干室进行风干处理。方法是将土壤样品弄成碎块平铺在干净的白纸上，摊成薄层放于地板上风干，风干后的土样放到样品制备室进行磨细过筛处理，处理过的土样装入样品袋，并标上样品检验编号、粒径及分析项目，放入样品橱等待检验员领取。土样测定项目及测定方法如表 3-1 所示。

表 3-1　土样测定项目及测定方法表

| 分析项目 | 依　据 | 测定方法 |
|---|---|---|
| pH | 土壤分析技术规范 | 电位法 |
| 有机质 | 土壤分析技术规范 | 重铬酸钾—硫酸溶液—油浴法 |
| 全磷 | 土壤分析技术规范 | 氢氧化钠熔融—钼锑抗比色法 |
| 有效磷 | 土壤分析技术规范 | 碳酸氢钠浸提—钼锑抗比色法 |
| 速效钾 | 土壤分析技术规范 | 乙酸铵浸提—火焰光度法 |
| 全氮 | 土壤分析技术规范 | 凯氏蒸馏法 |
| 碱解氮 | 土壤分析技术规范 | 碱解扩散法 |
| 全钾 | 土壤分析技术规范 | 碱熔—火焰光度法 |
| 缓效钾 | 土壤分析技术规范 | 硝酸浸提—火焰光度法 |
| 有效性铜 | 土壤分析技术规范 | DTPA 浸提—原子吸收法 |
| 有效性锌 | 土壤分析技术规范 | DTPA 浸提—原子吸收法 |
| 有效性铁 | 土壤分析技术规范 | DTPA 浸提—原子吸收法 |
| 有效性锰 | 土壤分析技术规范 | DTPA 浸提—原子吸收法 |
| 有效硼 | 土壤分析技术规范 | 沸水浸提—姜黄素比色法 |
| 交换性钙 | 土壤分析技术规范 | 乙酸铵交换—原子吸收法 |
| 交换性镁 | 土壤分析技术规范 | 乙酸铵交换—原子吸收法 |
| 有效硫 | 土壤分析技术规范 | 磷酸盐—乙酸提取—硫酸钡比浊法 |
| 有效钼 | 土壤分析技术规范 | 草酸—草酸铵浸提—极谱法 |
| 容重 | 土壤分析技术规范 | 环刀法 |

## 三、质量控制

(一)校准曲线

为消除温度或其他因素影响，每批样品（磷、钾的测定）均需作标准曲线，与样品同条件操作。标准系列设置 6 个以上的浓度点，根据浓度和吸光值绘制标准曲线，标准曲线的相关系数的绝对值大于 0.999，则该标准曲线可判断为合格。

(二)空白试验值

每次在测定样品的同时，需平行测定至少 2 个空白试验，平行测定的试验值相对偏差不得大于50%。

（三）平行双样的测定

每批测定样品控制在30～60个，随机抽取10%～20%的样品进行平行双样测定。当平行双样测定的偏差不符合要求时，除对不合格者重新做平行双样测定外，应再增加10%～20%的平行双样，如此累计，直至允许误差符合要求。

（四）测试过程加参比样

每批样品测试的同时，加入省统一发放的参比样品，在同一条件下测定其含量，计算每批参比样的检测结果，看是否在允许范围内，超出范围的该批样品重新测定。

（五）常规检测质量控制

当常规检测样品测定值发现异常时，应随机抽取一定数量样品进行重复测定，进一步确定测定结果的可靠性。样品测定完成后，必须检查数据记录是否准确，计算有无差错，结果是否符合等，原始记录上应有检验人、校核人、审核人三级签字。数据整理时要按统计分析的方法，剔除可疑值，有效数字的处理要根据每次测试的计算结果进行保留，要注意平行测定及内插参比样是否超差，应做到及时整理数据、及时发现问题、及时更正。

（六）定期考核

用标准样品或已知数据的样品定期对检验人员进行实际操作考核，并检查质量控制的基础试验和日常检查工作中是否进行质量控制。

# 第二篇　耕地地力分析与评价

## 第四章　耕地土壤理化性状及评价

按照农业部制定的《测土配方施肥技术规范》，以常规测试方法为主，对土壤样品的理化指标进行了测定，根据不同区域、土壤类型、种植制度、作物种类、施肥情况等因素，结合第二次土壤普查结果，对各项测试数据进行汇总、分析和评价，查明了曲阜市土壤养分状况及其变化情况。

此次耕地地力调查结合本市种植业结构特点，在全市耕地和果树蔬菜地共选取有代表性样点2176个(其中粮田1796个点，果树195个点，菜地119个点，大蒜66个点)，对土壤有机质、pH、大中微量元素进行了系统检测。通过系统分析汇总，充分掌握了全市耕地、园地土壤的养分状况、分布范围、面积和变化趋势，为指导全市农业生产提供了基础数据。

### 第一节　土壤pH和有机质

#### 一、土壤pH

对2176个土壤样品测试pH进行统计分析，全市土壤pH平均为6.63，属微酸性反应，变幅为4.1～8.8。依据山东省土壤酸碱度的分级标准，耕层土壤pH分级及面积统计如表4-1所示。全市碱性土壤占耕地面积的15.32%，中性土壤占49.9%，酸性土壤占34.38%，强酸性土壤占0.41%。

表4-1　　耕层土壤pH分级及面积

| 级　别 | Ⅰ | Ⅱ | Ⅲ | Ⅳ | Ⅴ |
|---|---|---|---|---|---|
| 含量范围 | >8.5 | 7.5～8.5 | 6.5～7.5 | 5.5～6.5 | 4.5～5.5 |
| 等级面积($hm^2$) | 0 | 7240.49 | 23583.71 | 16249.75 | 189 |
| 占总耕地面积比例(%) | 0 | 15.32 | 49.9 | 34.38 | 0.4 |

不同利用类型土壤的 pH 平均值：粮田地块为 6.76，变幅为 4.5～8.8，蔬菜地块为 6.43，变幅为 4.05～6.43，果园为 6.36，变幅为 4.14～6.36，大蒜地块为 6.89，变幅为 5.0～8.35，如表 4-2 所示。果园和菜地 pH 略低于粮田，其原因：一是菜地土壤特别是设施菜地土壤浇水次数多，用水量大，致使淋溶作用强，钙、镁等碱基离子易淋失，土壤酸度增加；二是大量酸性肥料的施用，高浓度氮、磷、钾肥投入多，钙、镁等中、微量元素投入很少，造成土壤养分失调，使土壤胶粒中的钙、镁等碱基元素很容易被氢离子置换。

表 4-2 不同土地利用类型 pH

| 土地利用类型 | 平均值 | 最小 | 最大 | 标准差 | 变异系数(%) | 置信区间(95%) |
|---|---|---|---|---|---|---|
| 粮田 | 6.76 | 4.5 | 8.8 | 0.79 | 11.69 | 6.73～6.80 |
| 菜地 | 6.43 | 4.05 | 6.43 | 0.77 | 11.98 | 6.29～6.57 |
| 果园 | 6.36 | 4.14 | 6.36 | 0.85 | 13.36 | 6.24～6.48 |

## 二、有机质

有机质是土壤的重要组成部分，与土壤的发生演变、肥力水平和许多属性都有密切的关系。土壤有机质中含有作物生长所需的各种养分，可直接或间接地为作物生长提供氮、磷、钾、钙、镁、硫和各种微量元素，有机质具有改善土壤理化性状，影响和制约土壤结构形成及通气性、渗透性、缓冲性、交换性能和保水、保肥性能，是评价耕地地力的重要指标，对耕作土壤来说，培肥的中心环节就是增施各种有机肥，实行秸秆还田，保持和提高土壤有机质含量。

据 2176 个参评土样化验数据显示，全市土壤有机质变化范围为 3.30～28.5g/kg，平均值为 13.1g/kg，比第二次土壤普查时的 8.6g/kg 提高 4.5g/kg。按照山东省土壤养分含量分级标准，耕地土壤有机质含量如表 4-3 所示。含量在Ⅱ级(15～20g/kg)，Ⅲ级(12～15g/kg)、Ⅳ级(10～12g/kg)水平的耕地分别占总耕地面积的 17.29%、53.98%、20.77%，而Ⅴ、Ⅵ级仅占 6.76%、0.57%，说明曲阜市土壤有机质含量属普遍较高水平。按照山东省土壤养分分级参考指标，低于 8g/kg 的有机质含量为较低水平，我市只有占总耕地面积 0.57%的耕地有机质含量较低。

表 4-3 耕层土壤有机质含量分级及面积

| 级 别 | Ⅰ | Ⅱ | Ⅲ | Ⅳ | Ⅴ | Ⅵ |
|---|---|---|---|---|---|---|
| 含量范围(g/kg) | ＞20 | 15～20 | 12～15 | 10～12 | 8～10 | 6～8 |
| 等级面积($hm^2$) | 297.87 | 8169.95 | 25511.36 | 9818.06 | 3196.98 | 268.73 |
| 占总耕地面积比例(%) | 0.63 | 17.29 | 53.98 | 20.77 | 6.76 | 0.57 |

不同利用类型土壤有机质含量：粮田地块有机质含量平均为 13.4g/kg，变幅为 3.30～28.5g/kg，蔬菜地块有机质含量平均为 11.94g/kg，变幅为 4.5～24.1g/kg，果园有机

质含量平均为10.88g/kg，变幅为4.8～25.8g/kg，大蒜地块有机质含量平均为13.6g/kg，变幅为5.6～18.4g/kg，如表4-4所示。粮田有机质含量比菜地和果园高的主要原因：一是因为基本农田虽然有机肥投入相对较少，但由于自20世纪90年代以来，大力推行小麦高留茬、玉米秸秆粉碎还田、覆草种植、过腹还田等多种行之有效的秸秆还田方式，使农田土壤有机质含量逐步提高。二是曲阜的蔬菜生产以露地菜为主，蔬菜生产受市场因素影响较大，种植规模、品种、种植地变化频繁，在有机肥投入不足、培肥措施不延续的情况下，高复种、高产出带来了土壤有机质的过度消耗，菜地土壤有机质含量整体比粮田略低。粮田中有机质含量远远高于果园中有机质，主要是因为人们对有机肥料的使用还不够重视，在果园上的使用量还比较低。

**表4-4　不同土地利用类型有机质含量**

| 土地利用类型 | 平均值(g/kg) | 最小(g/kg) | 最大(g/kg) | 标准差(g/kg) | 变异系数(%) | 置信区间(95%) |
|---|---|---|---|---|---|---|
| 粮田 | 13.40 | 3.3 | 28.5 | 3.02 | 22.65 | 13.27～13.55 |
| 菜地 | 11.94 | 4.5 | 24.1 | 3.17 | 26.55 | 11.37～12.51 |
| 果园 | 10.88 | 4.8 | 25.8 | 3.43 | 31.53 | 10.39～11.37 |

## 第二节　土壤大量元素状况

### 一、土壤全氮及碱解氮

(一)土壤全氮

据2176个参评土样化验数据显示：曲阜市耕层土壤全氮含量为0.77g/kg，变幅为0.10～4.20g/kg，比第二次土壤普查时的0.58g/kg，提高0.19g/kg。按照山东省土壤养分含量的分级标准，耕地土壤全氮含量如表4-5所示。含量在Ⅳ级(0.75～1.0g/kg)水平的最多为24141.64hm$^2$，占总耕地面积的51.08%；其次是Ⅴ级(0.5～0.75g/kg)水平的为18332.47hm$^2$，占总耕地面积的38.79%，含量在Ⅰ级、Ⅱ级、Ⅲ级、Ⅵ级、Ⅶ级水平的耕地都比较少，仅占耕地总面积的0.03%、0.24%、5.75%、3.97%、0.14%，这说明曲阜市土壤全氮含量处于中等含量水平。

**表4-5　耕层土壤全氮含量分级及面积**

| 级　别 | Ⅰ | Ⅱ | Ⅲ | Ⅳ | Ⅴ | Ⅵ | Ⅶ |
|---|---|---|---|---|---|---|---|
| 含量范围(g/kg) | >1.5 | 1.2～1.5 | 1.0～1.2 | 0.75～1.0 | 0.5～0.75 | 0.3～0.5 | <0.3 |
| 等级面积(hm$^2$) | 15.95 | 111.48 | 2718.47 | 24141.64 | 18332.47 | 1874.73 | 68.19 |
| 占总耕地面积比例(%) | 0.03 | 0.24 | 5.75 | 51.08 | 38.79 | 3.97 | 0.14 |

各种作物地块全氮含量平均：粮田地块全氮含量平均为0.78g/kg，变幅为3.3～28.5g/kg，蔬菜地块全氮含量平均为0.70g/kg，变幅为4.5～24.1g/kg，果园全氮含量平均为0.62g/kg，变幅为4.8～25.8g/kg，大蒜地块全氮含量平均为0.87g/kg，变幅为0.55～1.34g/kg(见表4-6)。

表4-6 不同土地利用类型全氮含量

| 土地利用类型 | 平均值(g/kg) | 最小(g/kg) | 最大(g/kg) | 标准差(g/kg) | 变异系数(%) | 置信区间(95%) |
|---|---|---|---|---|---|---|
| 粮 田 | 0.78 | 3.3 | 28.5 | 0.24 | 30.77 | 0.77～0.79 |
| 菜 地 | 0.70 | 4.5 | 24.1 | 0.24 | 34.29 | 0.66～0.75 |
| 果 园 | 0.62 | 4.8 | 25.8 | 0.26 | 41.94 | 0.59～0.66 |

(二)土壤碱解氮

土壤中的氮素主要以有机态存在，约占土壤全氮量的90%，而这些土壤氮素主要以大分子化合物的形式存在于土壤有机质中，作物很难吸收利用，属迟效性氮。其余部分则以小分子有机态或铵态、硝态和亚硝态等无机态氮存在，一般占土壤全氮含量的10%以下，可以被植物直接吸收利用。

土壤中铵态氮和硝态氮是被作物直接吸收的无机态氮，也称速效氮，通常用碱解法测定其含量，故又称碱解氮。它的含量水平常作为衡量土壤供氮水平的指标。耕地土壤碱解氮含量与全氮量呈显著正相关，但受人为施肥的影响较大。

土壤碱解氮的含量水平常作为衡量土壤供氮水平的指标。碱解氮含量与全氮量呈明显正相关。

据1063个参评土样化验数据显示：曲阜市土壤耕层碱解氮平均为79mg/kg，变幅为17～150mg/kg，比第二次土壤普查时的46mg/kg，提高33mg/kg。按照山东省土壤养分含量的分级标准，耕地土壤碱解氮含量如表4-7所示。含量在Ⅳ级、Ⅴ级和Ⅵ级水平的为最多，分别为9804.61hm$^2$、23695.49hm$^2$、8032.94hm$^2$，占总耕地面积的20.74%、50.14%、17.0%；含量在Ⅰ级、Ⅱ级、Ⅲ级、Ⅶ级、Ⅷ级水平的耕地都比较少，仅占耕地总面积的0.27%、1.63%、9.30%、0.90%、0.03%。按照山东省土壤养分分级参考指标，碱解氮低于80mg/kg为较低含量水平，曲阜市有约32167.53hm$^2$的耕地处于较低水平，占总耕地面积的68.07%，在全市各乡镇均有分布，其中，董庄乡、吴村镇、南辛镇、防山乡、小雪镇丘陵坡地、旱薄地碱解氮缺乏。全市耕地碱解氮含量整体处于相对缺乏状态。

表4-7 耕层土壤碱解氮含量分级及面积

| 级 别 | Ⅰ | Ⅱ | Ⅲ | Ⅳ | Ⅴ | Ⅵ | Ⅶ | Ⅷ |
|---|---|---|---|---|---|---|---|---|
| 含量范围(mg/kg) | >150 | 120～150 | 90～120 | 75～90 | 60～75 | 45～60 | 30～45 | <30 |
| 等级面积(hm$^2$) | 125.34 | 769.1 | 4396.36 | 9804.61 | 23695.49 | 8032.94 | 424.32 | 14.78 |
| 占总耕地面积比例(%) | 0.27 | 1.63 | 9.3 | 20.74 | 50.14 | 17 | 0.9 | 0.03 |

各种作物地块碱解氮平均含量差异很大，含量最大的为菜地，平均为110mg/kg，变幅为37～563mg/kg，其次是大蒜地块，平均为98mg/kg，变幅为64～234mg/kg，粮田平均为66mg/kg，变幅为24～150mg/kg，果园平均为97mg/kg，变幅为17～462mg/kg(见表4-8)。

表4-8 不同土地利用类型碱解氮含量(mg/kg)

| 土地利用类型 | 平均值(mg/kg) | 最小(mg/kg) | 最大(mg/kg) | 标准差(mg/kg) | 变异系数(%) | 置信区间(95%) |
|---|---|---|---|---|---|---|
| 粮田 | 66 | 24 | 150 | 17.21 | 26.08 | 65.02～67.62 |
| 菜地 | 110 | 37 | 563 | 78.52 | 71.38 | 96.15～124.66 |
| 果园 | 97 | 17 | 462 | 64.72 | 66.72 | 88.24～106.38 |

## 二、土壤有效磷

据2176个参评土样化验数据显示：全市土壤有效磷含量平均为41.8mg/kg，变幅为0.74～438.3mg/kg，与第二次土壤普查时的6.6mg/kg相比提高幅度很大，提高35.2mg/kg。按照山东省土壤养分含量的分级标准，耕地土壤有效磷含量如表4-9所示。有效磷含量较丰富，含量在Ⅲ级、Ⅳ级、Ⅴ级水平的分别为为7880.62hm$^2$、20788.98hm$^2$、11448.17hm$^2$，三者合计占总耕地面积的84.88%含量在Ⅰ级水平的面积最小，占总耕地面积的0.41%，主要是蔬菜地，含量处于Ⅷ级水平的耕地也比较少，仅占耕地总面积的1.31%。按照山东省土壤养分分级参考指标，有效磷低于15mg/kg为较低水平，则全市只有占总耕地面积5.48%的耕地处于较低水平，主要分布在董庄乡西北及南辛镇东部。全市有效磷含量处于中等含量水平。

表4-9 耕层土壤有效磷含量分级及面积

| 级别 | Ⅰ | Ⅱ | Ⅲ | Ⅳ | Ⅴ | Ⅵ | Ⅶ | Ⅷ |
|---|---|---|---|---|---|---|---|---|
| 含量范围(mg/kg) | >120 | 80～120 | 50～80 | 30～50 | 20～30 | 15～20 | 10～15 | 5～10 |
| 等级面积(hm$^2$) | 195.37 | 1376.04 | 7880.62 | 20788.98 | 11448.17 | 2985.01 | 1969.42 | 619.34 |
| 占总耕地面积比例(%) | 0.41 | 2.91 | 16.67 | 43.99 | 24.22 | 6.32 | 4.17 | 1.31 |

各种作物地块有效磷平均含量水平较高，粮田为35.2mg/kg，变幅为0.7～215.4mg/kg，菜地为78.8mg/kg，变幅为3.0～340.4mg/kg，果园为72.44mg/kg，变幅为3.0～438.3mg/kg。大蒜地块为68.9mg/kg，变幅为16.0～162.2mg/kg(见表4-10)。

表4-10 不同土地利用类型有效磷含量(mg/kg)

| 土地利用类型 | 平均值(mg/kg) | 最小(mg/kg) | 最大(mg/kg) | 标准差(mg/kg) | 变异系数(%) | 置信区间(95%) |
|---|---|---|---|---|---|---|
| 粮田 | 35.2 | 0.7 | 215.4 | 23.71 | 67.36 | 34.10～36.30 |
| 菜地 | 78.8 | 3.0 | 340.4 | 61.13 | 77.58 | 67.70～89.90 |
| 果园 | 72.44 | 3.0 | 438.3 | 74.44 | 102.76 | 62.01～82.89 |

### 三、土壤速效钾及缓效钾

(一)土壤速效钾

土壤速效钾含量是衡量土壤供钾水平的重要指标。土壤速效钾包括被土壤胶体吸附的钾和土壤溶液中的钾,一般占土壤全钾量的1%～2%,它能在短期内被作物吸收,土壤速效钾含量受人为耕作因素影响较大。不同土壤类型、土壤质地与土壤钾素,特别是速效钾的含量有明显的相关关系,土壤钾素容量和供钾水平主要取决于土壤黏粒含量。地势平坦、耕层质地适宜、有良好水浇条件的土壤,由于土体结构好,有机质含量高,加之施肥量较高,速效钾含量相对较高。山丘地区瘠薄地的土壤,由于质地差,受水浇条件、耕作制度、肥料使用少等因素影响,速效钾含量较低。

据2176个参评土样化验数据显示:全市耕层土壤速效钾含量平均为103mg/kg,变幅为11～842mg/kg,比第二次土壤普查时的91mg/kg,增加12mg/kg。按照山东省土壤养分含量的分级标准,属中等偏低水平,土壤速效钾含量分级与面积如表4-11所示。含量在Ⅵ级(75～100mg/kg)水平的面积最大,占总耕地面积的35.52%,含量在Ⅶ级(50～75mg/kg)的面积次之,占总耕地面积的21.25%。全市87.85%的耕地土壤有效钾含量为50～150mg/kg,有2.03%的耕地速效钾含量属极低水平,为Ⅷ级(<50mg/kg)。按照山东省土壤养分分级参考指标,速效钾含量低于75mg/kg为较低水平,则全市有11025.55hm$^2$,占总耕地面积23.33%的耕地处于较低水平,主要分布在南辛镇、陵城镇和董庄乡。全市速效钾整体含量处于中偏低水平。

表4-11 耕层土壤速效钾含量分级及面积

| 级 别 | Ⅰ | Ⅱ | Ⅲ | Ⅳ | Ⅴ | Ⅵ | Ⅶ | Ⅷ |
|---|---|---|---|---|---|---|---|---|
| 含量范围(mg/kg) | >300 | 200～300 | 150～200 | 120～150 | 100～120 | 75～100 | 50～75 | <50 |
| 等级面积(hm$^2$) | 36.08 | 1473.57 | 3248.71 | 5541.25 | 9150.28 | 16787.52 | 10043.29 | 982.26 |
| 占总耕地面积比例(%) | 0.08 | 3.12 | 6.87 | 11.72 | 19.36 | 35.52 | 21.25 | 2.08 |

不同土地利用类型,土壤速效钾含量也不同。粮田平均为95mg/kg,变幅为11～497mg/kg,果树平均为145mg/kg,变幅为41～445mg/kg,蔬菜为139mg/kg,变幅为51～842mg/kg,大蒜为145mg/kg,变幅为60～492mg/kg。粮田速效钾平均含量处于较低水平,大蒜、果树和蔬菜地块比粮田速效钾含量分别高50mg/kg、49mg/kg、44mg/kg(见表4-12)。

表4-12 不同土地利用类型速效钾含量

| 土地利用类型 | 平均值(mg/kg) | 最小(mg/kg) | 最大(mg/kg) | 标准差(mg/kg) | 变异系数(%) | 置信区间(95%) |
|---|---|---|---|---|---|---|
| 粮 田 | 95 | 11 | 497 | 46.75 | 49.21 | 92.98～97.31 |
| 菜 地 | 139 | 51 | 842 | 105.95 | 76.22 | 119.6～158.07 |
| 果 园 | 145 | 41 | 445 | 86.23 | 59.47 | 132.74～156.91 |

(二)土壤缓效钾

土壤缓效钾主要指被2∶1型层状黏土矿物层间和颗粒边缘的一部分钾,它是反映土壤钾潜力的主要指标,是土壤速效钾的直接给源和后备,在土壤中的含量通常为50～750mg/kg,占土壤全钾量的2%～8%。据2176个参评土样化验数据显示:全市耕层土壤缓效钾含量平均为904mg/kg,变幅为135～5051mg/kg。按照山东省土壤养分含量的分级标准,土壤缓效钾含量分级与面积如表4-13所示。全市各级别缓效钾含量分布比较均匀,Ⅱ级(900～1200mg/kg)和Ⅳ级(500～750mg/kg)含量水平的面积大,分别为12411.79hm²、12783.76hm²,占总耕地面积的26.26%、27.05%,Ⅴ级(300～500mg/kg)的含量最低,面积最小,占耕地面积的11.10%,这些主要分布在王庄镇、南辛镇、和姚村镇的西北部、吴村镇的中西部。

表4-13　　耕层土壤缓效钾含量分级及面积

| 级　别 | Ⅰ | Ⅱ | Ⅲ | Ⅳ | Ⅴ |
|---|---|---|---|---|---|
| 含量范围(mg/kg) | ＞1200 | 900～1200 | 750～900 | 500～750 | 300～500 |
| 等级面积(hm²) | 9181 | 12411.79 | 7639.3 | 12783.76 | 5247.1 |
| 占总耕地面积比例(%) | 19.43 | 26.26 | 16.16 | 27.05 | 11.1 |

不同土地利用类型,缓效钾含量也不同。粮田平均为908mg/kg,变幅为135～2298mg/kg,果树平均为791mg/kg,变幅为274～1975mg/kg,蔬菜为824mg/kg,变幅为364～1372mg/kg,大蒜为1237mg/kg,变幅为561～1782mg/kg(见表4-14)。

表4-14　　不同土地利用类型缓效钾含量

| 土地利用类型 | 平均值(mg/kg) | 最小(mg/kg) | 最大(mg/kg) | 标准差(mg/kg) | 变异系数(%) | 置信区间(95%) |
|---|---|---|---|---|---|---|
| 粮　田 | 908 | 135 | 2298 | 398.23 | 43.86 | 889.2～926.2 |
| 菜　地 | 824 | 364 | 1372 | 226.31 | 27.46 | 782.6～864.7 |
| 果　园 | 791 | 274 | 1975 | 275.72 | 34.86 | 752.3～829.7 |

## 第三节　土壤中量元素状况

### 一、土壤交换性钙

土壤中的钙以多种形态存在,主要以碳酸盐形式为主,其含量高低与土壤的酸碱性、盐基饱和度、土壤结构、土壤交换性能、各种养分的有效性有密切关系,是划分土壤类型的重要指标之一,在生产实际中有重要作用。通常用交换性钙作为土壤钙有效性的划分标准。钙是作物生长必需的营养元素之一,从土壤交换性钙含量看,不存在缺钙土壤。据研究报道,土壤交换性钙对防治苹果的腐烂病和保鲜储存有重要作用,但是在土壤交换性钙含量过高的情况下，钙营养过剩，往往会导致土壤中其他营养元素有效性降低和 pH 的升高，不利于某些嗜酸作物的生长。

土壤交换性钙对磷素和微量元素的有效性以及存在形态有很大影响，在石灰性土壤上，磷以磷酸钙盐为主，其含量一般占无机磷总量的 50%以上，并且土壤交换性盐含量愈高，磷酸钙盐含量也高，无机磷总量也高。在富含交换性钙的土壤里，磷酸钙盐以磷酸三钙、磷酸八钙、磷酸十钙形式存在，磷素养分被固定量也就愈大。所以在富含交换性钙的土壤上，应采取穴施或沟施磷肥，以减少磷素养分的固定。土壤交换性钙含量增加可使土壤 pH 提高，除了可以提高钼的有效性以外，其他微量元素都降低了有效性。另一方面，交换性盐含量增加，土壤中的铁、锰、锌、铜都可以和交换性钙结合，生成难溶性的交换性盐，降低了它们的有效性。钙对硼的影响，除了生成溶解度很小的含钙硼酸盐外，更重要的是钙的存在促进了其他元素对硼的固定。

通过对 184 个参评土壤样品进行分析测试，全市耕层土壤交换性钙含量平均为 3279mg/kg，变幅为 1050～16301mg/kg。按照山东省耕地土壤养分分级标准，耕层土壤交换性钙含量分级如表 4-15 所示。曲阜市耕地土壤交换性钙含量多属Ⅲ级、Ⅳ级水平，两者占总耕地面积的 70.46%。含量属Ⅱ级、Ⅴ级的分别占 12.42%、13.10%。在农业生产中，未发现缺钙现象。

表 4-15 耕层土壤交换性钙含量分级及面积

| 级 别 | Ⅰ | Ⅱ | Ⅲ | Ⅳ | Ⅴ | Ⅵ | Ⅶ |
|---|---|---|---|---|---|---|---|
| 含量范围(mg/kg) | >6000 | 4000～6000 | 3000～4000 | 2500～3000 | 2000～2500 | 1500～2000 | <1500 |
| 等级面积($hm^2$) | 876.41 | 5872.12 | 19417.96 | 13888.14 | 6193.2 | 982.91 | 32.22 |
| 占总耕地面积比例(%) | 1.85 | 12.42 | 41.08 | 29.38 | 13.1 | 2.08 | 0.07 |

粮田耕层土壤交换性钙含量为 3081mg/kg，变幅为 1050～5099mg/kg，果园土壤交换性钙为 3170mg/kg，变幅为 1523～6610mg/kg，菜地为 3477mg/kg，变幅为 1696～11064mg/kg，大蒜田为 3103mg/kg，变幅为 2227～3980mg/kg(见表 4-16)。

表 4-16 不同土地利用类型交换性钙含量

| 土地利用类型 | 平均值(mg/kg) | 最小(mg/kg) | 最大(mg/kg) | 标准差(mg/kg) | 变异系数(%) | 置信区间(95%) |
|---|---|---|---|---|---|---|
| 粮 田 | 3081 | 1050 | 5099 | 1279 | 41.51 | 2831～3331 |
| 菜 地 | 3477 | 1696 | 11064 | 2010 | 57.81 | 2586～4368 |
| 果 园 | 3170 | 1523 | 6610 | 1270 | 40.06 | 2774～3566 |

## 二、土壤交换性镁

通过对 184 个参评土壤样品进行分析测试，全市土壤交换性镁含量平均为 431 mg/kg，变幅为 105～959mg/kg。按照山东省耕层土壤交换性镁含量的分级标准，曲阜市土壤交换性镁含量分级与面积如表 4-17 所示。属Ⅱ级含量水平的面积最大，为 31855.94hm²，占总耕地面积的 67.40%，属Ⅲ级含量水平的次之，占总耕地面积的 27.62%，全市土壤交换性镁含量处于较丰富水平，在农业生产中未发现缺镁现象。

表 4-17　耕层土壤交换性镁含量分级及面积

| 级　别 | Ⅰ | Ⅱ | Ⅲ | Ⅳ | Ⅴ | Ⅵ |
|---|---|---|---|---|---|---|
| 含量范围(mg/kg) | >0.6 | 0.4～0.6 | 0.3～0.4 | 0.25～0.3 | 0.2～0.25 | 0.15～0.2 |
| 等级面积(hm²) | 1340.18 | 31855.94 | 13053.36 | 858.9 | 104.13 | 50.44 |
| 占总耕地面积比例(%) | 2.84 | 67.4 | 27.62 | 1.82 | 0.22 | 0.11 |

不同的土地利用类型，交换性镁含量也有不同，粮田土壤交换性镁含量为440mg/kg，变幅为 105～849mg/kg，果园为 409mg/kg，变幅为164～621mg/kg。菜地为 449mg/kg，变幅为 250～959mg/kg(见表 4-18)。

表 4-18　不同土地利用类型交换性镁含量

| 土地利用类型 | 平均值(mg/kg) | 最小(mg/kg) | 最大(mg/kg) | 标准差(mg/kg) | 变异系数(%) | 置信区间(95%) |
|---|---|---|---|---|---|---|
| 粮　田 | 440 | 105 | 849 | 142.56 | 32.40 | 412.3～467.5 |
| 菜　地 | 449 | 250 | 959 | 168.41 | 37.51 | 374.5～523.8 |
| 果　园 | 409 | 164 | 621 | 118.58 | 28.99 | 372.2～446.1 |

## 三、土壤有效硫

通过对 208 个参评土壤样品进行分析测试，全市耕地土壤有效硫含量平均为 17.4mg/kg，变幅为 3.3～139.1mg/kg。按照山东省耕层土壤有效硫含量的分级标准，曲阜市土壤有效硫含量分级与面积如表 4-19 所示。土壤有效硫含量属Ⅵ级水平的为最多，为 36007.66hm²，占总耕地面积的 76.19%，其次为Ⅶ级，占总耕地面积的 13.53%，这两者占总耕地面积的 89.72%。这说明全市耕地土壤交换性硫基本都处于较低水平，施用含硫化肥并未对土壤硫含量造成影响。

表 4-19　耕层土壤有效硫含量分级及面积

| 级　别 | Ⅰ | Ⅱ | Ⅲ | Ⅳ | Ⅴ | Ⅵ | Ⅶ |
|---|---|---|---|---|---|---|---|
| 含量范围(mg/kg) | >100 | 75～100 | 60～75 | 45～60 | 30～45 | 15～30 | <15 |
| 等级面积(hm²) | 79.86 | 215.78 | 272.65 | 652.48 | 3639.43 | 36007.66 | 6395.09 |
| 占总耕地面积比例(%) | 0.17 | 0.46 | 0.58 | 1.38 | 7.7 | 76.19 | 13.53 |

不同的土地利用类型，土壤有效硫含量也有不同。粮田土壤有效硫含量为 11.1mg/kg，变幅 3.3～83.1mg/kg，果园平均为 23.0mg/kg，变幅为 5.8～69.9mg/kg，菜地平均为 33.8mg/kg，变幅为 9～139.1mg/kg。菜地平均有效硫含量最高，比粮田、果园分别高 22.7mg/kg、11.3mg/kg。这主要是因为菜地中大量使用含硫复合肥，长期种植

蔬菜，土壤酸化严重，所以菜地中有效硫含量比较高(见表4-20)。

表 4-20 不同土地利用类型有效硫含量

| 土地利用类型 | 平均值(mg/kg) | 最小(mg/kg) | 最大(mg/kg) | 标准差(mg/kg) | 变异系数(%) | 置信区间(95%) |
|---|---|---|---|---|---|---|
| 粮田 | 11.1 | 3.3 | 83.1 | 8.22 | 74.05 | 9.53～12.63 |
| 菜地 | 33.8 | 9.0 | 139.1 | 32.71 | 96.78 | 20.56～46.98 |
| 果园 | 23.0 | 5.8 | 69.9 | 16.91 | 73.52 | 18.45～27.51 |

## 第四节 土壤微量元素状况

### 一、土壤有效锌

据2176个参评土样化验数据显示：全市耕层土壤有效锌含量平均为1.20mg/kg，变幅为0.02～8.20mg/kg。按照山东省耕层土壤有效锌含量的分级标准，曲阜市土壤有效锌含量分级与面积如表4-21所示。全市土壤有效锌含量大部分处于Ⅱ级(1.0～3.0 mg/kg)水平，有29143.58hm$^2$，占总耕地面积的61.66%。处于缺锌的为Ⅳ级，占总耕地面积的1.10%。全市土壤锌含量大部分处于中等偏上水平，基本无缺锌耕地。

表 4-21 耕层土壤有效锌含量分级及面积

| 级别 | Ⅰ | Ⅱ | Ⅲ | Ⅳ |
|---|---|---|---|---|
| 含量范围(mg/kg) | >3.0 | 1.0～3.0 | 0.5～1.0 | 0.3～0.5 |
| 等级面积(hm$^2$) | 212.93 | 29143.58 | 17385.74 | 520.71 |
| 占总耕地面积比例(%) | 0.45 | 61.66 | 36.79 | 1.1 |

各种作物地块有效锌平均含量：粮田土壤有效锌含量为1.11mg/kg，变幅为0.02～6.30mg/kg，果园平均为1.47mg/kg，变幅为0.14～5.33mg/kg，菜地平均为1.60 mg/kg，变幅为0.17～5.69mg/kg，大蒜地平均为2.02mg/kg，变幅为0.39～4.26mg/kg (见表4-22)。

表 4-22 不同土地利用类型有效锌含量

| 土地利用类型 | 平均值(mg/kg) | 最小(mg/kg) | 最大(mg/kg) | 标准差(mg/kg) | 变异系数(%) | 置信区间(95%) |
|---|---|---|---|---|---|---|
| 粮田 | 1.11 | 0.02 | 6.30 | 0.61 | 54.95 | 1.08～1.14 |
| 菜地 | 1.60 | 0.17 | 5.69 | 1.18 | 73.75 | 1.39～1.82 |
| 果园 | 1.47 | 0.14 | 5.33 | 1.27 | 86.39 | 1.29～1.65 |

### 二、土壤有效铜

据2176个参评土样化验数据显示：全市耕层土壤有效铜含量平均为1.78mg/kg，变幅为 0.23 ～16.05mg/kg。按照山东省耕层土壤有效铜含量的分级标准，曲阜市土壤有效铜含量分级与面积如表 4-23 所示。全市土壤有效铜含量大部分处于Ⅱ级（1.0～1.8mg/kg）水平，有 34099.45hm²，占总耕地面积的 72.15%，处于Ⅰ级水平的占总耕地面积的 25.04%。以 0.2mg/kg 为临界值，全市耕地土壤有效铜含量属丰富区，仅有 2.81%的耕地处于较低水平。

表 4-23 耕层土壤有效铜含量分级及面积

| 级 别 | Ⅰ | Ⅱ | Ⅲ |
|---|---|---|---|
| 含量范围（mg/kg） | ＞1.8 | 1.0～1.8 | 0.2～1.0 |
| 等级面积（hm²） | 11835.48 | 34099.45 | 1328.02 |
| 占总耕地面积比例（%） | 25.04 | 72.15 | 2.81 |

各种作物地块有效铜平均含量：粮田土壤有效铜含量为 1.59mg/kg，变幅为 0.23～16.05mg/kg，果园平均为 3.18mg/kg，变幅为 0.41 ～ 15.40mg/kg，菜地平均为 2.19mg/kg，变幅为 0.62 ～ 10.28mg/kg，大蒜地平均为 2.17mg/kg，变幅为 0.83～5.91mg/kg。果园有效铜平均含量远远高于耕地和菜地，比耕地和菜地分别高 1.55 mg/kg、0.95mg/kg。这是因为果园中大量使用含有铜的农药如波尔多液等，造成果园中有效铜含量增加（见表 4-24）。

表 4-24 不同土地利用类型有效锌含量

| 土地利用类型 | 平均值（mg/kg） | 最小（mg/kg） | 最大（mg/kg） | 标准差（mg/kg） | 变异系数（%） | 置信区间（95%） |
|---|---|---|---|---|---|---|
| 粮 田 | 1.59 | 0.23 | 16.05 | 0.96 | 60.38 | 1.54～1.63 |
| 菜 地 | 2.19 | 0.62 | 10.28 | 1.53 | 69.86 | 1.91～2.47 |
| 果 园 | 3.18 | 0.41 | 15.40 | 2.84 | 89.31 | 2.79～3.58 |

### 三、土壤有效铁

据 2176 个参评土样化验数据显示：全市耕层土壤有效铁含量平均为 17.27mg/kg，变幅为 0.77～37.21mg/kg。按照山东省耕层土壤有效铁含量的分级标准，曲阜市土壤有效铁含量分级与面积如表 4-25 所示。全市土壤有效铁含量大部分处于Ⅱ级（10～20mg/kg）水平，有 35573.37hm²，占总耕地面积的 75.27%，处于Ⅰ级水平的占总耕地面积的 20.56%。以 4.5mg/kg 为临界值，全市耕地土壤有效铁含量属丰富区，仅有 0.04%的耕地处于较低水平。

表 4-25 耕层土壤有效铁含量分级及面积

| 级 别 | Ⅰ | Ⅱ | Ⅲ | Ⅳ |
|---|---|---|---|---|
| 含量范围(mg/kg) | >20 | 10～20 | 4.5～10 | 2.5～4.5 |
| 等级面积($hm^2$) | 9717.72 | 35573.37 | 1952.18 | 19.69 |
| 占总耕地面积比例(%) | 20.56 | 75.27 | 4.13 | 0.04 |

各种作物地块有效铁平均含量：粮田土壤有效铁含量为17.77mg/kg，变幅为2.83～37.21mg/kg，果园平均为13.91mg/kg，变幅为1.04～32.56mg/kg，菜地平均为15.01mg/kg，变幅为1.36～28.62mg/kg，大蒜地平均为17.30mg/kg，变幅为6.73～25.97mg/kg(见表4-26)。

表 4-26 不同土地利用类型有效铁含量

| 土地利用类型 | 平均值(mg/kg) | 最小(mg/kg) | 最大(mg/kg) | 标准差(mg/kg) | 变异系数(%) | 置信区间(95%) |
|---|---|---|---|---|---|---|
| 粮 田 | 17.77 | 2.83 | 37.21 | 5.33 | 29.99 | 17.52～18.02 |
| 菜 地 | 15.01 | 1.36 | 28.62 | 6.40 | 42.64 | 13.85～16.17 |
| 果 园 | 13.91 | 1.04 | 32.56 | 7.05 | 50.68 | 12.85～14.84 |

## 四、土壤有效锰

据2176个参评土样化验数据显示：全市耕层土壤有效锰含量平均为17.40mg/kg，变幅为3.23～28.64mg/kg。按照山东省耕层土壤有效锰含量的分级标准，曲阜市土壤有效锰含量分级与面积如表4-27所示。全市土壤有效锰含量大部分处于Ⅱ级(15～30mg/kg)水平，有38976.53$hm^2$，占总耕地面积的82.47%，处于Ⅲ级水平的有8286.42$hm^2$，占总耕地面积的17.53%。

表 4-27 耕层土壤有效锰含量分级及面积

| 级 别 | Ⅰ | Ⅱ | Ⅲ |
|---|---|---|---|
| 含量范围(mg/kg) | >30 | 15～30 | 5～15 |
| 等级面积($hm^2$) | 0 | 38976.53 | 8286.42 |
| 占总耕地面积比例(%) | 0 | 82.47 | 17.53 |

各种作物地块有效锰平均含量：粮田土壤有效锰含量为17.51mg/kg，变幅为3.44～28.64mg/kg，菜地平均为17.45mg/kg，变幅为5.02～25.82mg/kg，果园平均为16.47mg/kg，变幅为3.23～25.77mg/kg(见表4-28)。

表 4-28 不同土地利用类型有效锰含量

| 土地利用类型 | 平均值(mg/kg) | 最小(mg/kg) | 最大(mg/kg) | 标准差(mg/kg) | 变异系数(%) | 置信区间(95%) |
|---|---|---|---|---|---|---|
| 粮 田 | 17.51 | 3.44 | 28.64 | 3.66 | 20.90 | 17.34～17.68 |
| 菜 地 | 17.45 | 5.02 | 25.82 | 4.08 | 23.38 | 16.70～18.19 |
| 果 园 | 16.47 | 3.23 | 25.77 | 4.69 | 28.48 | 15.81～17.12 |

## 五、土壤有效硼

通过对 904 个参评土壤样品进行分析测试，全市耕层土壤有效硼含量平均为 0.31mg/kg，变幅为 0.01～0.82mg/kg。按照山东省耕层土壤有效硼含量的分级标准，曲阜市土壤有效硼含量分级与面积如表 4-29 所示。全市土壤有效硼含量大部分处于Ⅳ级(0.2～0.5mg/kg)水平，有 43735.67hm$^2$，占总耕地面积的 92.54%。以 0.5mg/kg 为临界值，曲阜市土壤耕层有效硼属硼缺乏区，全市有 45949.69hm$^2$ 处于临界值以下，占总耕地面积的 97.22%。

表 4-29 耕层土壤有效硼含量分级及面积

| 级 别 | Ⅰ | Ⅱ | Ⅲ | Ⅳ | Ⅴ |
|---|---|---|---|---|---|
| 含量范围(mg/kg) | ＞2.0 | 1.0～2.0 | 0.5～1.0 | 0.2～0.5 | ＜0.2 |
| 等级面积(hm$^2$) | 0 | 0 | 1313.26 | 43735.67 | 2214.02 |
| 占总耕地面积比例(%) | 0 | 0 | 2.78 | 92.54 | 4.68 |

各种作物地块有效硼平均含量：粮田土壤有效硼含量为 0.30mg/kg，变幅为 0.065～0.82mg/kg，果园平均为 0.35mg/kg，变幅为 0.05～1.25mg/kg，菜地平均为 0.38 mg/kg，变幅为 0.14～0.75mg/kg，大蒜地平均为 0.30mg/kg，变幅为 0.01～0.55mg/kg(见表 4-30)。

表 4-30 不同土地利用类型有效硼含量

| 土地利用类型 | 平均值(mg/kg) | 最小(mg/kg) | 最大(mg/kg) | 标准差(mg/kg) | 变异系数(%) | 置信区间(95%) |
|---|---|---|---|---|---|---|
| 粮 田 | 0.30 | 0.065 | 0.82 | 0.11 | 36.67 | 0.29～0.31 |
| 菜 地 | 0.38 | 0.14 | 0.75 | 0.15 | 39.47 | 0.34～0.41 |
| 果 园 | 0.35 | 0.05 | 1.25 | 0.22 | 62.86 | 0.31～0.39 |

## 六、土壤有效钼

通过对 184 个参评土壤样品进行分析测试，全市耕层土壤有效钼含量平均为 0.18mg/kg，变幅为 0.01～0.51mg/kg。按照山东省耕层土壤有效钼含量的分级标准，曲阜市土壤有效钼含量分级与面积如表 4-31 所示。以 0.15mg/kg 为临界值，全市土壤有效钼含量有 17182.29hm$^2$ 处于钼缺乏区，占总耕地面积的 36.36%。

表 4-31 耕层土壤有效钼含量分级及面积

| 级 别 | Ⅰ | Ⅱ | Ⅲ | Ⅳ | Ⅴ |
|---|---|---|---|---|---|
| 含量范围(mg/kg) | >6 | 0.2～0.3 | 0.15～0.2 | 0.1～0.15 | <0.1 |
| 等级面积(hm$^2$) | 3187.2 | 17163.79 | 9729.67 | 8927.45 | 8254.84 |
| 占总耕地面积比例(%) | 6.74 | 36.32 | 20.59 | 18.89 | 17.47 |

各种作物地块有效钼平均含量：粮田土壤有效钼含量为 0.19mg/kg，变幅为 0.01～0.51mg/kg，果园平均为 0.16mg/kg，变幅为 0.01～0.499mg/kg，菜地平均为 0.11mg/kg，变幅为 0.003～0.297mg/kg，大蒜地平均为 0.26mg/kg，变幅为 0.006～0.509mg/kg(见表 4-32)。

表 4-32 不同土地利用类型有效钼含量

| 土地利用类型 | 平均值(mg/kg) | 最小(mg/kg) | 最大(mg/kg) | 标准差(mg/kg) | 变异系数(%) | 置信区间(95%) |
|---|---|---|---|---|---|---|
| 粮 田 | 0.19 | 0.01 | 0.51 | 0.14 | 73.68 | 0.17～0.22 |
| 菜 地 | 0.11 | 0.003 | 0.297 | 0.094 | 85.45 | 0.067～0.15 |
| 果 园 | 0.16 | 0.01 | 0.499 | 0.15 | 93.75 | 0.11～0.21 |

## 第五节 土壤主要物理性状

### 一、土壤质地

土壤中各粒级土粒的配合比例称为土壤质地或土壤的机械组成，它常常决定土壤的蓄水、导水、保肥、供肥、保温、导温和耕性等重要因素。成土母质的机械组成也直接影响着土壤质地构成。土壤质地与物理性质均有密切关系。土壤颗粒大小及其排列的疏密程度影响着水分、空气和热量的运动，也影响着养分的转化，机械组成基本相似的土壤具有类似的肥力特征，质地不同的土壤其耕性好坏、生产性能的优劣、土壤养分含量的高低均不相同。

曲阜市耕地土壤质地从沙质土到黏土均有不同面积的分布，分布面积较大的为轻壤和中壤。其中，轻壤面积为 29366.49hm$^2$，占总耕地面积的62.13%，中壤面积为 10332.86hm$^2$，占总耕地面积的 21.86%。主要分布在倾斜平地和微斜平地上，各乡镇都有分布，类型多是潮棕壤、潮褐土、棕壤、普通褐土和普通潮土。这两种土壤质地是较理想的质地，同时含有适量的砂粒、粉粒和黏粒，物理性黏粒多为 22%～39%，容重为 1.25～1.30g/cm$^3$，总孔隙度在 50%以上，毛管孔隙为 40%左右，通气孔隙在 10%以上，由于土壤水和空气矛盾的统一，所以在性质上兼具沙质土和黏质土的优点，养分含量高，保水、保肥、供水、供肥性强，水、肥、气、热协调，适于各种作物生长。

全市砂壤和砂土面积为 5940.01hm²，其中，砂壤土面积为 3731.53hm²，砂土面积为 2208.48hm²，分别占总耕地面积的 7.90%和 4.67%。这两类土壤主要分布在低山丘陵的中上部及泗河、沂河两侧，险河沿岸的微斜平地上也有少量分布。这两种质地的土壤疏松，孔隙大，通气孔隙多，不保水、不保肥，土层无结构，水土流失严重，养分贫瘠、肥力低。砂土不适于农用，应搞好水土保持，发展林果生产，砂壤土易发小苗、不发老苗，适种地瓜和花生，这种质地的土壤均属于低产田。

重壤土在全市所占面积较小，约为 1623.59hm²，占总耕地面积的 3.44%，主要分布在浅平洼地和河间洼地，土壤多为湿潮土和砂姜黑土。土壤质地黏重，物理性黏粒含量在 25%以上。固、液、气三相比例不协调，土壤通气性、透水性差，持水性强，吸湿水和凋萎含水量高，有效水含量低，土温低，土壤有明显的湿涨性，干时龟裂，群众形容这类质地的土壤特点是"天晴一把刀，落雨一团糟"。因为土质黏重，结持力强，耕性不良，适耕期短，翻耕后土垡大。这种土壤的保肥、保水能力较强，土壤养分含量高，但供肥能力弱，作物一般没有脱肥现象（见表 4-33）。

表 4-33 土壤质地类型面积统计表

| 质地类型 | 砂 壤 | 砂 土 | 轻 壤 | 中 壤 | 重 壤 |
|---|---|---|---|---|---|
| 面积（hm²） | 3731.53 | 2208.48 | 29366.49 | 10332.86 | 1623.59 |
| 占耕地总面积（%） | 7.90 | 4.67 | 62.13 | 21.86 | 3.44 |

## 二、土体构型

土体构型指各土层排列组合的状况，即土壤质地的层次性。它对土壤中水、肥、气、热诸因素有限制和调节作用。根据调查，全市共有 16 类型，其中均质型和上松下实的"蒙金型"的土体是一种理想的构型，主要有轻壤黏腰、轻壤均质、中壤均质，面积为 16558.06hm²，占总耕地面积的 39.96%。这类土壤分布在全市各乡镇倾斜平原的微斜平地上，土壤类型大都是潮棕壤、潮褐土。表层质地为轻壤或中壤，不砂不黏，上松下实耕层容重多在 1.20～1.35g/cm³，总孔隙度在 50%以上，通气孔隙为 10%左右，适于各种作物生长发育，是曲阜市主要的高产、稳产田。夹砂型的土体构型主要有轻壤黏心、中层、中壤黏心、中壤砂姜腰、轻壤砂腰，面积为 10456.41hm²，占总耕地面积 40.7%。这类构型的土壤全市面积最大，在全市均有分布，土壤类型大都是棕壤性土、褐土性土、黏均质湿潮土和水稻土，土体中有障碍层，是进行土体改良的主要土类。最差为薄层型土体，主要类型有薄层、砂壤砂心、轻壤砂心、重壤砂姜腰、轻壤砂姜腰、中壤砂姜腰、砂壤均质、砂壤砂腰，面积为 8432.29hm²，占总耕地面积的 17.84%。这些构型有的土体浅薄或土体紧实，限制了作物根系下扎，有的质地太砂，漏水漏肥，有的质地黏重，通透性不良（见表 4-34）。

表 4-34 土体构型面积统计表

| 土体构型 | 砂壤均质 | 薄层 | 砂壤砂腰 | 轻壤黏心 | 中壤均质 | 轻壤均质 | 砂壤砂心 | 中层 |
|---|---|---|---|---|---|---|---|---|
| 面积($hm^2$) | 2156.14 | 4205.4 | 129.19 | 9733.55 | 9735.09 | 6599.63 | 89.29 | 142.28 |
| 占总耕地面积(%) | 4.56 | 8.90 | 0.27 | 20.59 | 20.60 | 13.96 | 0.19 | 0.30 |
| 土体构型 | 中壤黏心 | 轻壤砂腰 | 重壤砂姜腰 | 轻壤砂心 | 轻壤砂姜腰 | 轻壤黏腰 | 砂壤黏心 | 中壤砂姜腰 |
| 面积($hm^2$) | 8819.24 | 368.66 | 1623.59 | 669.45 | 228.68 | 2550.53 | 37.55 | 174.68 |
| 占总耕地面积(%) | 18.66 | 0.78 | 3.44 | 1.42 | 0.48 | 5.40 | 0.08 | 0.37 |

## 三、土壤容重

土壤容重指在自然条件下单位体积的土壤干重，土壤孔隙状况包括总孔隙度和各种孔隙(即毛管孔隙和通气孔隙，通气孔隙包括非活性孔隙)的分配比例。它们是衡量土壤肥力水平的重要指标。土壤容重和孔隙状况与土壤质地、结构、有机质含量和耕作管理水平有密切关系。土壤容重是土壤松紧程度和耕性好坏的标志之一，容重为1.00～1.5 $g/cm^3$较为适宜。在全市采集88个土壤样品中，对土壤容重进行测定得出，曲阜市耕层土壤容重平均为1.54$g/cm^3$，土壤容重略微偏高，与第二次土壤普查时的1.42$g/cm^3$相比，提高了0.12$g/cm^3$，且变幅较大，为1.31～1.75$g/cm^3$。在这88个测定样品中，容重在1.31～1.40$g/cm^3$的为8个，1.40～1.50$g/cm^3$的为25个，1.5$g/cm^3$以上的为55个，占到统计样品的62.5%(见表4-35)。

表 4-35 不同土壤类型土壤容重

| 土壤类型 | 潮土 | 褐土 | 粗骨土 | 砂姜黑土 | 石质土 |
|---|---|---|---|---|---|
| 平均容重($g/cm^3$) | 1.53 | 1.54 | 1.52 | 1.56 | 1.60 |
| 变幅范围($g/cm^3$) | 1.39～1.61 | 1.31～1.75 | 1.37～1.72 | —— | 1.60～1.62 |

## 四、土壤孔隙度

土壤孔隙度是指土壤中孔隙的容积占整个土壤容重的百分数。土壤孔隙大体可分为非活性孔隙、毛管孔隙和通气孔隙。

影响耕地土壤孔隙状况的因素除有机质和质地外，还有土壤松紧状况和结构。一般有机质高和结构好的土壤疏松、孔隙度适中。黏土的孔隙度大，一般为45%～60%，但以毛管孔隙和非活性孔隙为主，通气孔隙较少，因此透气性差是黏土的主要矛盾。砂土的孔隙度小，一般为33%～45%，但以通气孔隙居多，毛管孔隙较少，缺少水分是砂土的主要矛盾。中壤的孔隙度居中，一般为45%～52%，既有一定的空气通道，也有较多的毛管孔隙，水和空气的关系协调。一般认为适合作物生长发育的土壤孔隙指标：耕层土壤孔隙度为50%～56%，通气孔隙度为10%以上；土体内的孔隙垂直分布为上虚下实为好，上虚有利于通气透水和种子发芽，下实有利于保水、保肥和扎稳根系。

曲阜市耕层土壤的孔隙度一般为40%～52%，平均值为47.97%，通气孔隙度为12%～15%，毛管孔隙度为25%～40%。由于人为耕作，耕地表层比较疏松，基本适于作物生长。但不同的土壤类型、不同的土层深度、不同的有机质含量、不同的耕作方式，使土壤的各种孔隙度各不相同(见表4-36)。

表4-36　不同土壤类型土壤孔隙度

| 土壤类型 | 样本数 | 平均容重(g/cm³) | 总孔隙度(%) | 通气孔隙度(%) | 毛管孔隙度(%) |
|---|---|---|---|---|---|
| 潮　土 | 10 | 1.53 | 51.8 | 12.20 | 39.60 |
| 褐　土 | 70 | 1.54 | 51.32 | 14.52 | 36.80 |
| 粗骨土 | 4 | 1.52 | 43.96 | 11.78 | 32.18 |
| 砂姜黑土 | 1 | 1.56 | 51.9 | 14.43 | 37.47 |
| 石质土 | 3 | 1.6 | 40.7 | 15.00 | 25.70 |

曲阜市主要土壤类型的容重和孔隙状况有以下特点：一是各土类的容重普遍偏大，总孔隙度偏小，通气孔隙所占比例小，不同类型的孔隙配比不协调；二是耕层的容重小于心土层，总孔隙度和通气孔隙度大于心土层，心土层通气孔隙度一般在10.0%以下；三是各土类相比，棕壤、褐土的容重、总孔隙度以及各种孔隙分配比较协调，砂姜黑土容重过大，通气孔隙度偏小，不利于作物生长，在各种质地潮土中，砂土和黏土的容重偏大，总孔隙度偏小，砂土的通气孔隙度高，毛管孔隙度低，黏土则相反，壤质潮土的容重和孔隙状况比较适宜。这说明全市土壤有些紧实，应增施有机肥，改善土体结构，增加土壤的通透性。

# 第五章　耕地地力分析

本次耕地地力分析按照农业部耕地质量调查和评价的规程及相关标准，结合当地实际情况，选取了对耕地地力影响较大、区域内变异明显、在时间序列上具有相对稳定性、与农业生产有密切关系的12个因素，建立评价指标体系。以土壤图与土地利用现状图叠加形成评价单元，应用模糊综合评判方法，通过综合分析，将全区耕地共划分为6个等级，根据评价结果进行耕地地力的系统分析。

## 第一节　耕地地力等级及空间分布

### 一、耕地地力等级面积

利用MAPGIS软件，对评价图属性库进行操作，检索统计耕地各等级的面积和图幅总面积。以2008年曲阜市总耕地面积42699hm² 为基准，按面积比例平差，计算出各耕地地力等级面积。

曲阜市总耕地面积为42699hm²，主要以一级地为主，耕地面积为20453.27hm²，占总耕地面积的47.90％；其次是二级地和三级地，耕地面积为12509.50hm²，占总耕地面积的29.30％；四级地、五级地和六级地面积较少，各占耕地总面积的7.71％、7.15％、7.94％(见表5-1)。

**表5-1　　曲阜市耕地地力评价结果面积统计**

| 等　级 | 一级地 | 二级地 | 三级地 | 四级地 | 五级地 | 六级地 | 总　计 |
|---|---|---|---|---|---|---|---|
| 面积(hm²) | 20453.27 | 6441.81 | 6067.69 | 3293.77 | 3053.67 | 3388.79 | 42699 |
| 百分比(％) | 47.90 | 15.09 | 14.21 | 7.71 | 7.15 | 7.94 | 100 |

### 二、耕地地力空间分布分析

(一)耕地地力等级分布

一级地和二级地主要分布在曲阜市的西部和西南部，微地貌类型为微斜平地、倾斜平地和河谷平地，还有少量的浅平洼地和近山阶地，属于高产田区，主要分布在时庄街道办事处、陵城镇、小雪街道办事处、姚村镇、息陬镇和书院街道办事处等西部几个镇。区域内农业基础设施均配套成型，测土配方施肥工程也首先在这一区域展开。三级地和四级地分布比较零散，主要是分布在一级地和二级地的边沿地带。微地貌类型以倾斜平地、河谷平地、微斜平地为主，还有少量的坡麓梯田、河谷梯田、岭冈梯田等，属于只要加大资金投入，完善基础设施，改善生产条件，产量就能大幅提高的中产田类型，有一定的开发潜力。主要集中在姚村镇、王庄镇、董庄乡、吴村镇和南辛镇，还有少部分分布在息陬镇、陵城镇和防山乡。五级地和六级地主要分布于曲阜市的北部和东南部地区，其大部分分布在董庄乡、吴村镇、防山乡和南辛镇。在北部呈现大面积分布，在东南部呈现分散型分布。微地貌类型为坡麓梯田、岭坡梯田、河谷梯田和近山高阶地，还有少部分的荒坡岭和石质山岭。此地区的坡度明显比前几级地的坡度大，部分地区甚至高达 25°。该区域农田土层比较薄，肥力低，灌溉水平处于本市的最低水平，还有部分未利用土地，属于低产田类型。

从等级的分布地域特征可以看出，等级的高低与地貌类型、土壤类型及海拔高度之间存在着密切的关系，呈现明显的地域分布规律：随着耕地地力等级的提高，地貌类型沿着微斜平地→倾斜平地→河谷平地→坡麓梯田→河谷梯田→岭坡梯田→荒岭坡→石质山岭方向变化。土壤类型由褐土、淋溶褐土、潮褐土到河潮土、砂姜黑土再到褐土性土、棕壤性土向着石质土、粗骨土转化。

（二）耕地地力等级的行政区域划分

将全市耕地地力等级分布图与曲阜市行政区划图进行叠置分析，从耕地地力等级行政区域分布数据库中，按权属字段检索出各等级的记录，统计出 1～6 级地在各乡镇的分布状况（见表 5-2）。

从表 5-2 中可以看出，一、二级耕地所占比例较高的乡镇为陵城镇、时庄街道办事处、息陬镇、小雪街道办事处、书院街道办事处和王庄镇；三、四级耕地所占比例较高的乡镇为王庄镇、吴村镇和南辛镇等；五、六级耕地所占比例较高的乡镇主要为吴村镇、董庄乡、防山乡和南辛镇等。

表 5-2　　曲阜市耕地地力等级行政区域分布

| 乡　镇 | | 一级地 | 二级地 | 三级地 | 四级地 | 五级地 | 六级地 | 合　计 |
|---|---|---|---|---|---|---|---|---|
| 吴村镇 | 面积($hm^2$) | 32.2 | 288.23 | 1661.64 | 420.39 | 643.64 | 486.67 | 3532.77 |
| | 百分比(%) | 0.91 | 8.16 | 47.04 | 11.9 | 18.22 | 13.78 | |
| 董庄乡 | 面积($hm^2$) | 500.63 | 550.1 | 672.15 | 728.5 | 913.6 | 992.81 | 4357.79 |
| | 百分比(%) | 11.49 | 12.62 | 15.42 | 16.72 | 20.96 | 22.78 | |
| 王庄镇 | 面积($hm^2$) | 1070.89 | 2068.13 | 1108.73 | 1026.76 | 0 | 0 | 5274.51 |
| | 百分比(%) | 20.3 | 39.21 | 21.02 | 19.47 | 0 | 0 | |
| 姚村镇 | 面积($hm^2$) | 2965.6 | 961.31 | 804.4 | 81.14 | 0 | 0 | 4812.45 |
| | 百分比(%) | 61.62 | 19.98 | 16.71 | 1.69 | 0 | 0 | |
| 防山乡 | 面积($hm^2$) | 776.36 | 272.67 | 431.12 | 440.32 | 457.45 | 1642.11 | 4020.03 |
| | 百分比(%) | 19.31 | 6.78 | 10.72 | 10.95 | 11.38 | 40.85 | |
| 书院街道办事处 | 面积($hm^2$) | 1206.64 | 76.29 | 31.6 | 0 | 0 | 0 | 1314.53 |
| | 百分比(%) | 91.79 | 5.8 | 2.4 | 0 | 0 | 0 | |

续表

| 乡 镇 | | 一级地 | 二级地 | 三级地 | 四级地 | 五级地 | 六级地 | 合 计 |
|---|---|---|---|---|---|---|---|---|
| 时庄街道办事处 | 面积($hm^2$) | 3260.01 | 0 | 0 | 0 | 0 | 0 | 3260.01 |
| | 百分比(%) | 100 | 0 | 0 | 0 | 0 | 0 | |
| 鲁城街道办事处 | 面积($hm^2$) | 686.49 | 0 | 0 | 0 | 0 | 0 | 686.49 |
| | 百分比(%) | 100 | 0 | 0 | 0 | 0 | 0 | |
| 陵城镇 | 面积($hm^2$) | 4239.75 | 242.18 | 0 | 0 | 0 | 0 | 4481.92 |
| | 百分比(%) | 94.6 | 5.4 | 0 | 0 | 0 | 0 | |
| 小雪街道办事处 | 面积($hm^2$) | 1961.69 | 373.49 | 0 | 57.71 | 13.37 | 0 | 2406.25 |
| | 百分比(%) | 81.52 | 15.52 | 0 | 2.4 | 0.56 | 0 | |
| 息陬镇 | 面积($hm^2$) | 2883.88 | 151.3 | 13.52 | 5.46 | 0 | 0 | 3054.16 |
| | 百分比(%) | 94.42 | 4.95 | 0.44 | 0.18 | 0 | 0 | |
| 南辛镇 | 面积($hm^2$) | 869.13 | 1458.11 | 1344.53 | 533.49 | 1025.61 | 267.2 | 5498.07 |
| | 百分比(%) | 15.81 | 26.52 | 24.45 | 9.7 | 18.65 | 4.86 | |

## 第二节 耕地地力等级分述

### 一、一级地

(一)面积与分布

一级地综合评价指数高于 0.91，耕地面积为 20453.27$hm^2$，占总耕地面积的 47.90%，为曲阜市面积最大的一级。其中，水浇地面积为 20358.5$hm^2$，占一级地面积的 99.54%，旱地面积为 94.78$hm^2$，占一级地面积的 0.46%(见表 5-3)。

表 5-3 各利用类型一级地面积

| 利用类型 | 评价单元(个) | 面积($hm^2$) | 占总耕地面积(%) | 占一级地面积(%) |
|---|---|---|---|---|
| 灌溉水田 | 0 | 0 | 0 | 0 |
| 水浇田 | 984 | 20358.5 | 47.68 | 99.54 |
| 旱 地 | 5 | 94.78 | 0.22 | 0.46 |
| 合 计 | 989 | 20453.27 | 47.9 | 100 |

一级地主要分布于陵城镇、时庄街道办事处、姚村镇、息陬镇、小雪街道办事处和书院街道办事处，南辛镇、防山乡和鲁城街道办事处等乡镇(办事处)也有零星分布，吴村镇一级地的分布极为稀少。其中陵城镇的一级地的面积最大，达 4239.75$hm^2$，占陵城镇耕地总面积的 94.60%。时庄街道办事处和鲁城街道办事处境内全部为一级地。此区主要熟

制为一年两熟，主要种植小麦、玉米等粮食作物，小麦亩产为450～500kg，玉米亩产为550～650kg。

（二）主要属性分析

一级地土壤类型以潮褐土和潮土为主。微地貌类型以微斜平地、倾斜平地、河谷平地为主。耕层质地为轻壤和中壤。土体构型大多是均质和黏腰，其特点是上松下黏，无明显障碍层次，特别适合耕地，保水、保肥效果好。坡度分布为0°～3°，地势平坦，土层厚，土壤理化性状良好，可耕性强，农田水利设施十分完善，灌溉保证率高达100%。土壤养分含量较高，除土壤有效硼处于中偏下水平外，其他养分含量如土壤有机质、氮、磷、钾和中微量元素都处于中等或偏上水平，主要养分含量如表5-4所示。

表5-4 一级地主要养分含量

| 项　目 | 有机质(g/kg) | 全氮(g/kg) | 碱解氮(mg/kg) | 有效磷(mg/kg) | 速效钾(mg/kg) | 有效锌(mg/kg) | 有效硼(mg/kg) | 有效铁(mg/kg) | 交换性钙(mg/kg) | 有效硫(mg/kg) |
|---|---|---|---|---|---|---|---|---|---|---|
| 平均值 | 13.8 | 0.79 | 77 | 45.4 | 107 | 1.33 | 0.32 | 17.88 | 3030 | 20.7 |
| 范围值 | 8.2～21.9 | 0.39～1.59 | 43～182 | 10.0～219.1 | 42～332 | 0.45～3.59 | 0.05～0.76 | 6.58～27.17 | 1590～6770 | 11～36.6 |
| 含量水平 | 中等 | 中等 | 中等 | 中偏上 | 中偏上 | 较高 | 中偏下 | 中等 | 中等 | 中等 |

（三）存在问题

一级地存在问题：一是该地区属全市经济较发达地区，人们历来较注重二、三产业，农业投入比例明显低于二、三产业投入；二是土壤肥力与高产、高效农业的需求还有一定差距，有些养分含量相对较低；三是施肥、用药种类与比例不合理，缺乏针对性，盲目性较大，潮土富含碳酸钙，pH较高，应注意使用磷肥的效果，在施用大量氮、磷的情况下，应注意施用钾肥，有机质含量不高，应该适当增施有机肥；四是由于经济发达，工矿企业较多，点源污染程度有所加重。

（四）合理利用

一级地是全市综合性能最好的耕地，各项评价指标均属良好型。土层厚，排灌性好，易于耕作，养分含量高，保肥、保水，适于各种作物生长。利用方向是发展高产、优质、高效农业，如无公害蔬菜基地、日光温室、反季节瓜果栽培等。为此，应搞好以下工作：

1. 增加农业投入。应充分利用国家强农惠农政策，如千亿斤粮食产能提升、世行开发、科技入户、配方施肥等工程项目的实施，加大稳产、高产农田建设，大力宣传推广现代农业生产技术，转变农业生产方式，努力提升农业综合生产能力。

2. 培肥地力，增施有机肥，增加土壤有机质含量。实施平衡施肥，防止土壤污染，适量补施微肥，提高耕地质量。

3. 加大检测力度，确保农业灌溉、施肥、用药安全，推广现代农业生产模式。

4. 改善种植结构，提高复种指数，合理配置粮食与经济作物、林业和牧业，以提高其效益。

利用方向应科学规划，严格控制建设用地，加强保护，做到用地养地，可持续利用。

## 二、二级地

### (一)面积与分布

二级地综合评价指数为0.84～0.91,耕地面积为6441.81hm$^2$,占全市总耕地面积15.08%。其中水浇地面积为6337.05hm$^2$,占二级耕地面积的98.37%;旱地面积为100.16hm$^2$,占二级耕地面积的1.55%;灌溉水田面积为4.6hm$^2$,占二级耕地面积的0.07%(见表5-5)。

表5-5 各利用类型二级地面积

| 利用类型 | 评价单元(个) | 面积(hm$^2$) | 占总耕地面积(%) | 占二级地面积(%) |
|---|---|---|---|---|
| 灌溉水田 | 1 | 4.6 | 0.01 | 0.07 |
| 水浇田 | 279 | 6337.05 | 14.84 | 98.37 |
| 旱 地 | 7 | 100.16 | 0.23 | 1.55 |
| 合 计 | 287 | 6441.81 | 15.08 | 100 |

二级耕地主要分布在王庄镇、南辛镇和姚村镇,董庄乡、小雪街道办事处、陵城镇、吴村镇、息陬镇、书院街道办事处和防山乡也有少量分布,时庄街道办事处和鲁城街道办事处境内无二级地的分布。其中以王庄镇分布面积最大,为2068.13hm$^2$,占二级耕地面积的32.10%,占王庄镇耕地总面积的39.21%。二级地是除一级地之外,曲阜市耕地面积最大的一级地。此区主要熟制为一年两熟,主要种植小麦、玉米等粮食作物,小麦亩产为400～450kg,玉米亩产为500～550kg。

### (二)主要属性分析

二级地土壤类型以潮褐土为主,其间还有潮土、淋溶褐土和砂姜黑土。微地貌类型以河谷平地、倾斜平地和微斜平地为主。耕层质地主要为轻壤和中壤,还有少量重壤的分布。土体构型为均质、黏心和黏腰,障碍层次主要为砂姜,其保水、保肥的效果也比较好。坡度分布为0.2°～3°,地势平坦,土层厚,土壤理化性状良好,可耕性强,农田水利设施比较完善,灌溉保证率大部分在75%以上,只有少部分是55%的水平。土壤养分含量均比较理想,不过与一级地相比,有效磷、速效钾和有效锌的含量有明显的下降,其他养分含量相差不大(见表5-6)。

表5-6 二级地主要养分含量

| 项 目 | 有机质(g/kg) | 全氮(g/kg) | 碱解氮(mg/kg) | 有效磷(mg/kg) | 速效钾(mg/kg) | 有效锌(mg/kg) | 有效硼(mg/kg) | 有效铁(mg/kg) | 交换性钙(mg/kg) | 有效硫(mg/kg) |
|---|---|---|---|---|---|---|---|---|---|---|
| 平均值 | 13.6 | 0.82 | 72 | 39.2 | 97 | 1.09 | 0.33 | 16.06 | 3400 | 23.2 |
| 范围值 | 7.8～23.4 | 0.44～1.64 | 49～160 | 12.2～122.5 | 36～199 | 0.44～2.86 | 0.13～0.55 | 6.02～26.39 | 1500～11230 | 10.6～88.7 |
| 含量水平 | 中等 | 中偏上 | 中等 | 中等 | 中偏下 | 中偏下 | 中偏上 | 中等 | 中等 | 中等 |

(三)存在问题

二级地主要存在问题:一是部分耕地环境质量欠佳,灌溉条件参差不齐,有些地区的灌溉水平仅为55%;二是土壤存在黏土障碍层,由于长期在同一深度运行机械耕作,已形成了通透性不良的犁底层,不利于作物根系的伸展;三是砂姜黑土耕作层质地黏重,适耕期短,耕作困难,土壤冷湿,受内涝威胁。

(四)合理利用

合理利用的措施:加强农田水利设施的建设,保证农田的灌溉水平;增施有机肥料,实行秸秆直接还田或过腹还田,不断培肥地力;采取深耕,破除犁底层,形成深厚的土层,以利于植物根系的生长;改良土壤质地和构型,同时与农田基础建设相结合,扩大肥源,培肥土壤;改善种植结构,提高复种指数,合理配置粮食与经济作物、林业和牧业,合理轮作,调剂养分,余缺互补,以提高产值和效益。

利用方向是适度发展塑料大棚、日光室等设施栽培,生产名、特、优、新的无公害或绿色蔬菜。

## 三、三级地

(一)面积与分布

三级地综合评价指数为0.76～0.84,耕地面积为6067.69hm$^2$,占全市总耕地面积的14.21%。其中水浇地面积为5349.38hm$^2$,占三级耕地面积的88.16%;旱地面积为718.31hm$^2$,占三级耕地面积的11.84%(见表5-7)。

表5-7 各利用类型三级地面积

| 利用类型 | 评价单元(个) | 面积(hm$^2$) | 占总耕地面积(%) | 占三级地面积(%) |
|---|---|---|---|---|
| 灌溉水田 | 0 | 0 | 0 | 0 |
| 水浇地 | 240 | 5349.38 | 12.53 | 88.16 |
| 旱 地 | 24 | 718.31 | 1.68 | 11.84 |
| 合 计 | 264 | 6067.69 | 14.21 | 100 |

三级耕地主要分布在吴村镇、南辛镇、王庄镇和姚村镇,防山乡、书院街道办事处和息陬镇也有少量的分布,时庄街道办事处、陵城镇、鲁城街道办事处和小雪街道办事处境内无三级地的分布。此区主要熟制为一年两熟,主要种植小麦、玉米等粮食作物,小麦亩产为390～430kg,玉米亩产为450～500kg。

(二)主要属性分析

三级地土壤类型以潮褐土为主,其间还有褐土、淋溶褐土和砂姜黑土。微地貌类型以倾斜平地和河谷平地为主,近山阶地、河谷梯田、坡麓梯田和岭岗梯田等为次微地貌类型。耕层质地主要以轻壤和中壤为主,还有少量的重壤质地。坡度大部分分布范围是0～3°,地势平坦,土层厚,土壤理化性质较好,可耕性较强,灌溉水平比较差,大部分分布在55%和75%的水平上,还有少量的处在35%水平上。土体构型大部分为黏心和均质,其保水、保肥的能力很好。小部分地区存在障碍层次,主要是夹砂、浅黏和砂姜。土壤养分与一级地和二级地相比，各种养分均有所下降，尤其是土壤碱解氮含量下降最多，主要养分含量如表 5-8 所示。

表 5-8 三级地主要养分含量

| 项 目 | 有机质(g/kg) | 全氮(g/kg) | 碱解氮(mg/kg) | 有效磷(mg/kg) | 速效钾(mg/kg) | 有效锌(mg/kg) | 有效硼(mg/kg) | 有效铁(mg/kg) | 交换性钙(mg/kg) | 有效硫(mg/kg) |
|---|---|---|---|---|---|---|---|---|---|---|
| 平均值 | 13.1 | 0.76 | 67 | 36.4 | 92 | 1.02 | 0.3 | 16.17 | 3290 | 23.3 |
| 范围值 | 8.4～23.9 | 0.39～1.17 | 46～116 | 10.2～207 | 43～241 | 0.40～2.57 | 0.17～0.48 | 6.06～26.93 | 1850～12250 | 10.7～89.2 |
| 含量水平 | 中偏下 | 中等 | 中偏下 | 偏低 | 偏低 | 中偏下 | 中等 | 中等 | 中等 | 中偏上 |

(三)存在问题

一是耕地大平小不平，地块微有倾斜；二是土壤的各养分含量比较低；三是灌溉水平低，大部分仅能达到 55％的水平以上；三是同二级地一样，形成了一个坚硬的犁底层，不利于植物根系的伸展。

(四)合理利用

合理利用措施：一是大搞农田基本建设，维护和建设水利设施，大力推广节水灌溉，提高灌溉保证率；二是平田整地，深翻改土，加深耕层厚度，改善土壤物理性状；三是增施有机肥料和微肥，提高土壤环境质量。

利用方向是适度发展塑料大棚、日光室等设施栽培，生产名、特、优、新的无公害或绿色蔬菜。

## 四、四级地

(一)面积与分布

四级地综合评价指数为 0.65～0.76，耕地面积为 3293.77hm²，占全市总耕地面积的 7.71％。其中水浇地面积为 2771.58hm²，占四级耕地面积的 84.15％；旱地面积为 522.19hm²，占四级耕地面积的 15.85％(见表 5-9)。

表 5-9 各利用类型四级地面积

| 利用类型 | 评价单元(个) | 面积(hm²) | 占总耕地面积(％) | 占四级地面积(％) |
|---|---|---|---|---|
| 灌溉水田 | 0 | 0 | 0 | 0 |
| 水浇地 | 140 | 2771.58 | 6.49 | 84.15 |
| 旱 地 | 35 | 522.19 | 1.22 | 15.85 |
| 合 计 | 175 | 3293.77 | 7.71 | 100 |

四级地主要分布王庄镇、董庄乡、南辛镇、防山乡和吴村镇，姚村镇、小雪街道办事处

和息陬镇有少量分布，时庄街道办事处、陵城镇、书院街道办事处和鲁城街道办事处境内没有四级地的分布。此区主要熟制为一年两熟，主要种植小麦、玉米等粮食作物，小麦亩产为370～420kg，玉米亩产为430～480kg。

(二)主要属性分析

四级地位于曲阜市东部的狭长地带和西北部少部分区域，土壤类型主要为淋溶褐土、褐土、潮褐土。其微地貌类型主要是近山高阶地、岭岗梯田和坡麓梯田，还有部分是倾斜平地、河谷平地、近山阶地、河谷梯田和岭坡梯田。耕层质地以轻壤为主，还有部分砂壤和中壤。土体构型比较复杂，黏心和均质居多，还有少部分的砂姜腰。其障碍层次主要是夹砂和浅黏，还有部分是砂姜。坡度分布范围比较广，为0.5°～15°，大部分坡度分布在3°左右。地势比较平坦，土层厚度较厚，对于保水、保肥有良好的效果。灌溉保证率很低，大部分分布在35%～55%，还有少部分地区的灌溉保证率为0。与三级地相比较，四级地除速效钾变化不大外，其余养分均有所降低，有机质、有效磷下降幅度比较大，主要养分含量如表5-10所示。

**表5-10　　四级地主要养分含量**

| 项目 | 有机质(g/kg) | 全氮(g/kg) | 碱解氮(mg/kg) | 有效磷(mg/kg) | 速效钾(mg/kg) | 有效锌(mg/kg) | 有效硼(mg/kg) | 有效铁(mg/kg) | 交换性钙(mg/kg) | 有效硫(mg/kg) |
|---|---|---|---|---|---|---|---|---|---|---|
| 平均值 | 12.2 | 0.73 | 67 | 34.7 | 93 | 1 | 0.27 | 17.18 | 3400 | 22.8 |
| 范围值 | 8.3～20.0 | 0.43～1.17 | 42～120 | 10.0～307 | 47～307 | 0.35～3.95 | 0.09～0.48 | 5.45～39.59 | 1860～15870 | 11.7～81.0 |
| 含量水平 | 偏低 | 中等 | 中偏下 | 偏低 | 偏低 | 中偏下 | 中偏下 | 中等 | 中等 | 中偏上 |

(三)存在问题

四级地存在的问题：一是灌溉保证率较低，缺乏完善的灌溉设施；二是土壤中的各养分含量低于全市的中等水平；三是含有比较明显的障碍层次，尤其是夹砂和砾石对农业的影响最大；四是有些地区的坡度比较大，不利于机械化耕作。

(四)改良利用

修建完善的灌溉设施，大力发展节水灌溉工程，提高降水的利用率；重视化肥的施用，尤其是大量元素氮、磷、钾的施用，提高土壤的养分含量，还要适当地增加有机肥的施用，以改善土地的结构；调整种植业结构，大力发展旱作农业，利用环境好、无污染的特点，引导鼓励农民发展果品生产。

利用方向是适度发展塑料大棚、日光室等设施栽培，生产名、特、优、新的无公害或绿色蔬菜。

## 五、五级地

### (一)面积与分布

五级地综合评价指数为 0.50～0.65，耕地面积为 3053.67$hm^2$，占全市总耕地面积的 7.15%，其中旱地面积为 1976.86$hm^2$，占五级耕地面积的 64.44%，水浇地面积为 1085.8$hm^2$，占五级耕地面积的 35.56%(见表 5-11)。

表 5-11 各利用类型五级地面积

| 利用类型 | 评价单元(个) | 面积($hm^2$) | 占总耕地面积(%) | 占五级地面积(%) |
|---|---|---|---|---|
| 灌溉水田 | 0 | 0 | 0 | 0 |
| 水浇地 | 61 | 1085.8 | 2.54 | 35.56 |
| 旱　地 | 90 | 1967.86 | 4.61 | 64.44 |
| 合　计 | 151 | 3053.67 | 7.15 | 100 |

五级地主要分布在南辛镇、董庄乡和吴村镇，防山乡和小雪街道办事处也有少量分布，时庄街道办事处、陵城镇、姚村镇、息陬镇、王庄镇、书院街道办事处和鲁城街道办事处无五级地的分布。此区主要熟制为一年两熟或一年一熟，主要种植小麦、玉米等粮食作物和花生，小麦亩产为 360～410kg，玉米亩产为 410～450kg，花生亩产为 220～270kg。

### (二)主要属性分析

五级地位于曲阜市北部和东南部的丘陵区，土壤类型以粗骨土和石质土为主，还有少量的褐土和淋溶褐土。微地貌类型以坡麓梯田、河谷梯田、岭坡梯田和近山高阶地为主。耕层质地以沙壤和轻壤为主，还有少部分的重壤和砂土。障碍层次主要是砾质。坡度比较大，主要分布为 5°～15°，不利于耕种。此地区的灌溉水平，大部分在 0～35%，只有少量的在 55%水平。但是因为地处丘陵区土层薄，不利于农作物的种植。与第四级地相比较，有机质含量明显降低，其他养分相差不大，有些还有上涨的趋势(见表 5-12)。

表 5-12 五级地主要养分含量

| 项　目 | 有机质(g/kg) | 全氮(g/kg) | 碱解氮(mg/kg) | 有效磷(mg/kg) | 速效钾(mg/kg) | 有效锌(mg/kg) | 有效硼(mg/kg) | 有效铁(mg/kg) | 交换性钙(mg/kg) | 有效硫(mg/kg) |
|---|---|---|---|---|---|---|---|---|---|---|
| 平均值 | 12.0 | 0.7 | 70 | 34.6 | 97 | 1.12 | 0.27 | 16.8 | 3540 | 22.1 |
| 范围值 | 6.5～18.1 | 0.30～1.07 | 36～150 | 6.2～170.3 | 46～206 | 0.59～3.28 | 0.12～0.51 | 4.31～24.88 | 1860～14310 | 10.8～73.3 |
| 含量水平 | 偏低 | 中偏下 | 中等 | 偏低 | 偏低 | 中等 | 中偏下 | 中等 | 中等 | 中等 |

### (三)存在问题

该区大多处于丘陵地带，土层薄，砾石比较多；灌溉水平低，不能保证作物的正常生长；坡度比较大，土壤的粒级结构不合理，养分含量低。

（四）改良利用

改良利用措施：修筑梯田，增厚活土层，增施有机肥，改善土壤环境，提高雨水利用率，地面覆盖，节水灌溉。

利用方向是整修梯田，营造水土保持林，提高综合控制水能力；因地制宜调整种植业结构，发展耐旱、耐瘠薄作物，利用环境好、无污染的特点，引导鼓励农民发展优质杂粮、果品生产。

## 六、六级地

（一）面积与分布

六级地综合评价指数为综合评价指数为低于 0.50，耕地面积为 3388.79hm$^2$，占全市耕地总面积的 7.94%，其中旱地面积为 3208.15hm$^2$，占六级耕地面积的 94.67%，水浇地面积为 180.65hm$^2$，占六级耕地面积的 5.33%（见表 5-13）。

**表 5-13　各利用类型六级地面积**

| 利用类型 | 评价单元（个） | 面积（hm$^2$） | 占总耕地面积（%） | 占六级地面积（%） |
|---|---|---|---|---|
| 灌溉水田 | 0 | 0 | 0 | 0 |
| 水浇地 | 8 | 180.65 | 0.42 | 5.33 |
| 旱　地 | 141 | 3208.15 | 7.51 | 94.67 |
| 合　计 | 149 | 3388.79 | 7.93 | 100 |

六级的主要分布在防山乡和董庄乡，吴村镇和南辛镇也有少量分布，其他各镇均无六级地的分布。此区主要熟制为一年两熟或一年一熟，主要种植小麦、玉米等粮食作物和花生，小麦亩产为 340～390kg，玉米亩产为 390～430kg，花生亩产为 200～250kg。

（二）主要属性分析

六级地位于曲阜市的西北部和东南部地区，土壤类型为粗骨土和石质土。这些土壤大多数是初育土壤，其所含植物所需的速效养分含量不高，耕层质地为轻壤、砂壤和砂土，土层极薄，不适合农业的发展。微地貌类型主要以坡麓梯田和岭坡梯田为主，还有少量的荒坡岭、近山高阶地和沟谷梯田坡。障碍层次主要是中层。坡度在全市范围内较高，主要分布为 3°～25°，有少部分地区在 10°以上，不利于耕种。由于此级地主要分布在丘陵，灌溉条件很差，灌溉保证率几乎为零。与以上等级相比，有效磷和速效钾有明显的下降，全氮、碱解氮也有明显的下降。主要养分含量如表 5-14 所示。

表 5-14 六级地主要养分含量

| 项 目 | 有机质(g/kg) | 全氮(g/kg) | 碱解氮(mg/kg) | 有效磷(mg/kg) | 速效钾(mg/kg) | 有效锌(mg/kg) | 有效硼(mg/kg) | 有效铁(mg/kg) | 交换性钙(mg/kg) | 有效硫(mg/kg) |
| --- | --- | --- | --- | --- | --- | --- | --- | --- | --- | --- |
| 平均值 | 11.9 | 0.64 | 63 | 26.3 | 86 | 1.12 | 0.26 | 16.09 | 3030 | 20.7 |
| 范围值 | 6.7～19.1 | 0.16～1.05 | 30～110 | 3.3～67.6 | 23～168.9 | 0.43～2.94 | 0.09～0.44 | 5.19～30.29 | 1590～6770 | 11.0～36.6 |
| 含量水平 | 偏低 | 低 | 低 | 低 | 低 | 中偏下 | 中偏下 | 中偏下 | 低 | 低 |

(三)存在问题

六级地大多处于山岭地带，土壤大多是初育土壤，风化程度轻，养分含量低，土层薄，土层中夹杂的砾石比较多。

(四)改良利用

应大力鼓励农民发展果业和林业，也可通过对其进行覆土来增加土层厚度，不过会耗费更多的人力和物力；多施用有机肥，改善其土粒结构，促进其风化程度；修建高标准的梯田，保持水土。

# 第六章　耕地地力评价

耕地是土地的精华，是农业生产中不可替代的重要生产资料，是保持社会和国民经济可持续发展的重要资源。保护耕地是我国的基本国策之一。因此，及时掌握耕地资源的数量、质量及其变化，对于合理规划和利用耕地、切实保护耕地有十分重要的意义。在全面的野外调查和室内化验分析，获取大量耕地地力相关信息的基础上，我们进行了曲阜市耕地地力的综合评价，评价结果对于摸清全市耕地地力的现状及问题，为耕地资源的高效和可持续利用提供了重要的科学依据。

## 第一节　评价的原则、依据及流程

### 一、评价的原则、依据

(一)评价的原则

耕地地力就是耕地的生产能力，是在一定区域内、一定的土壤类型上，耕地的土壤理化性状、所处自然环境条件、农田基础设施及耕作施肥管理水平等因素的总和。根据评价的目的要求，在曲阜市耕地地力评价中，遵循的基本原则是：

1. 综合因素研究与主导因素分析相结合原则

土地是一个自然经济综合体，是人们利用的对象，对土地质量的鉴定涉及自然和社会经济多个方面，耕地地力也是各类要素的综合体现。所谓综合因素研究，是指对地形地貌、土壤理化性状、相关社会经济因素之总体进行全面的研究、分析与评价，以全面了解耕地地力状况。主导因素是指对耕地地力起决定作用的、相对稳定的因子，在评价中要着重对其进行研究分析。因此，把综合因素与主导因素结合起来进行评价，则可以对耕地地力作出科学准确的评定。

2. 共性评价与专题研究相结合原则

曲阜市耕地利用存在果园、农田等多种类型，土壤理化性状、环境条件、管理水平等等不一，因此，耕地地力水平有较大的差异。考虑市内耕地地力的系统、可比性，针对不同的耕地利用等状况，应选用统一的、共同的评价指标和标准，即耕地地力的评价不针对某一特定的利用类型。另外，为了了解不同利用类型的耕地地力状况及其内部的差异情况，则对有代表性的主要类型如蔬菜地等进行专题的深入研究。这样，共性的评价与专题研究相结合，使整个的评价和研究具有更大的应用价值。

3. 定量和定性相结合的原则

土地系统是一个复杂的灰色系统，定量和定性要素共存，相互作用，相互影响。因此，为了保证评价结果的客观合理，宜采用定量和定性评价相结合的方法。在总体上，为了保证评价结果的客观合理，尽量采用定量评价方法，对可定量化的评价因子如有机质等养分含量、土层厚度等按其数值参与计算，对非数量化的定性因子如土壤表层质地、土体构型等则进行量化处理，确定其相应的指数，并建立评价数据库，以计算机进行运算和处理，尽量避免人为随意性因素影响。在评价因素筛选、权重确定、评价标准、等级确定等评价过程中，尽量采用定量化的数学模型，在此基础上则充分运用人工智能和专家知识，对评价的中间过程和评价结果进行必要的定性调整。定量与定性相结合，从而保证了评价结果的准确合理。

4. 采用卫星遥感和 GIS 支持的自动化评价方法原则

自动化、定量化的土地评价技术方法是当前土地评价的重要方向之一。近年来，随着计算机技术，特别是 GIS 技术在土地评价中的不断应用和发展，基于 GIS 技术进行自动定量化评价的方法已不断成熟，使土地评价的精度和效率大大提高。本次耕地地力评价工作采用最新 SPOT5 卫星遥感数据提取和更新耕地资源现状信息，通过数据库建立、评价模型及其与 GIS 空间叠加等分析模型的结合，实现了全数字化、自动化的评价流程，在一定的程度上代表了当前土地评价的最新技术方法。

（二）评价的依据

耕地地力是耕地本身的生产能力，因此，耕地地力的评价要依据与此相关的各类自然和社会经济要素，具体包括三个方面。

1. 耕地地力的自然环境要素

自然环境要素包括耕地所处的地形地貌条件、水文地质条件、成土母质条件以及土地利用状况等。

2. 耕地地力的土壤理化要素

土壤理化要素包括土壤剖面与土体构型、耕层厚度、质地、容重等物理性状，有机质、N、P、K 等主要养分、微量元素、pH、交换量等化学性状。

3. 耕地地力的农田基础设施条件

农田基础设施条件包括耕地的灌排条件、水土保持工程建设、培肥管理条件等。

## 二、评价流程

整个评价可分为三个方面的主要内容，按先后的次序分别为：

（一）资料工具准备及数据库建立：即根据评价的目的、任务、范围、方法，收集准备与评价有关的各类自然及社会经济资料，进行资料的分析处理。选择适宜的计算机硬件和 GIS 等分析软件，建立耕地地力评价基础数据库。

（二）耕地地力评价：划分评价单元，提取影响地力的关键因素并确定权重，选择相应评价方法，制定评价标准，确定耕地地力等级。

（三）评价结果分析：依据评价结果，量算各等级耕地面积，编制耕地地力分布图，分析耕地地力问题，提出耕地资源可持续利用的措施建议。

评价的工作流程如图 6-1 所示。

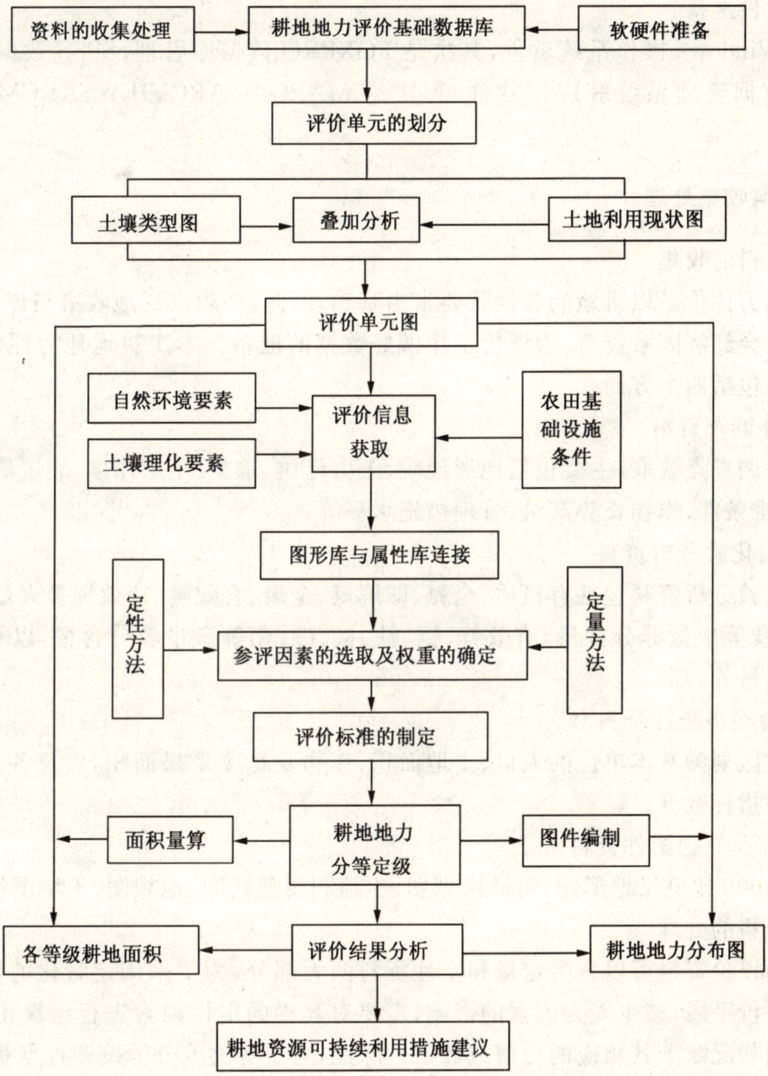


图 6-1　曲阜市耕地地力评价流程图

## 第二节　软硬件准备、资料收集处理及基础数据库的建立

### 一、软硬件准备

(一)硬件准备

硬件主要包括高档微机、A0 幅面数字化仪、A0 幅面扫描仪、喷墨绘图仪等。微机主要用于数据和图件的处理分析，数字化仪、扫描仪用于图件的输入，喷墨绘图仪用于成果

图的输出。

(二)软件准备

一是 Windows 操作系统软件,其次是 FOXPRO 数据库管理、SPSS 数据统计分析/ACCESS 数据管理系统等应用软件,再次是 MAPGIS、ARCVIEW、ARCMAP 等 GIS 软件。

## 二、资料收集处理

(一)资料的收集

耕地地力评价是以耕地的各性状要素为基础,因此,必须广泛地收集与评价有关的各类自然和社会经济因素资料,为评价工作做好数据的准备。本次耕地地力评价收集获取的资料主要包括四个方面。

1. 野外调查资料

按野外调查点获取,主要包括地形地貌、土壤母质、水文、土层厚度、表层质地、耕地利用现状、灌排条件、作物长势产量、管理措施水平等。

2. 室内化验分析资料

室内化验分析资料包括有机质、全氮、碱解氮、全磷、有效磷、速效钾等大量养分含量,交换性钙、镁等中量养分含量,有效锌、铜、铁、锰、硼、钼等微量养分含量,以及 pH、土壤污染元素含量等。

3. 社会经济统计资料

以行政区划为基本单位的人口、土地面积、作物及蔬菜瓜果面积,以及各类投入产出等社会经济指标数据。

4. 基础及专题图件资料

1∶300000 比例尺地形图、行政区划图、土地利用现状图、地貌图、土壤图等。

(二)资料的处理

获取的评价资料可以分为定量和定性资料两大部分,为了采用定量化的评价方法和自动化的评价手段,减少人为因素的影响,需要对其中的定性因素进行定量化处理,根据因素的级别状况赋予其相应的分值或数值。除此,对于各类养分等按调查点获取的数据,则需要进行插值处理,生成各类养分图。

1. 定性因素的量化处理

土壤表层质地:考虑不同质地类型的土壤肥力特征,以及与植物生长发育的关系,赋予不同质地类别以相应的分值(见表 6-1)。

**表 6-1　　土壤表层质地的量化处理**

| 质地类别 | 中壤 | 轻壤 | 重壤 | 砂壤 | 砂土 |
|---|---|---|---|---|---|
| 分　值 | 100 | 95 | 80 | 70 | 55 |

土体构型:首先以土层质地类别和其在土体中的部位对各类土体构型进行归纳,根据不同的土体构型对植物生长发育的影响,赋予不同土体构型以相应的分值(见表 6-2)。

表 6-2　　土体构型的量化处理

| 土体构型 | 中壤均质 | 中壤黏腰 | 轻壤黏腰 | 轻壤均质 | 中壤黏心 | 中壤砂姜腰 | 中壤砂腰 | 重壤均质 | 轻壤砂心 | 砂壤砂心 | 中层 | 薄层 |
|---|---|---|---|---|---|---|---|---|---|---|---|---|
| 分值 | 100 | 95 | 95 | 90 | 85 | 85 | 80 | 60 | 60 | 50 | 30 | 10 |

地貌类型:根据不同的地貌类型对耕地地力及作物生长的影响,赋予其相应的分值(见表 6-3)。

表 6-3　　地貌类型的量化处理

| 地貌类型 | 缓平坡地 | 山前倾斜平地 | 山前缓平地 | 缓岗 | 浅平洼地 | 槽状洼地 | 河谷高地 | 河漫滩 | 河谷梯田 | 近山阶地 | 坡麓梯田 | 荒坡岭 |
|---|---|---|---|---|---|---|---|---|---|---|---|---|
| 分值 | 100 | 97 | 95 | 93 | 90 | 87 | 84 | 80 | 60 | 40 | 20 | 10 |

障碍状况:考虑影响曲阜市耕地地力的主要障碍状况,将其障碍状况归纳为不同的类型,并根据其对耕地地力的影响程度进行量化处理(见表 6-4)。

表 6-4　　障碍状况的量化处理

| 障碍状况 | 无障碍 | 浅黏 | 夹砂或砂姜 | 砾质 | 石渣土 |
|---|---|---|---|---|---|
| 分　值 | 100 | 90 | 80 | 60 | 40 |

2. 各类养分专题图层的生成

对于土壤有机质、氮、磷、钾、锌、硼、钼等养分数据,首先按照野外实际调查点进行整理,建立了以各养分为字段、以调查点为记录的数据库。之后,进行了土壤采样样点图与分析数据库的连接,在此基础上对各养分数据进行自动的插值处理。

分别对比了在 MAPGIS 和 ARCVIEW 环境中的插值结果,发现 ARCVIEW 环境中的插值结果线条更为自然圆滑,符合实际。因此,本研究中所有养分采样点数据均在 ARCVIEW 环境下操作,利用其空间分析模块功能对各养分数据进行自动的插值处理,经编辑处理,自动生成各土壤养分专题栅格图层。后续的耕地地力评价也以栅格形式进行,与矢量形式相比,能够将各评价要素信息精确到栅格(像元)水平,保证了评价结果的准确。图 6-2 和图 6-3 为在 ARCVIEW 下插值生成的曲阜市土壤有机质、全氮含量分布栅格图。

图 6-2 曲阜市土壤有机质含量栅格图

图 6-3 曲阜市土壤全氮含量栅格图

3. 曲阜市数字高程模型和坡度图的生成

利用曲阜市 1∶300000 地形图，扫描输入后进行矢量化，获得等高线及高程信息，自动插值生成曲阜市数字高程模型（DEM），在此基础上生成曲阜市地形坡度，经编辑处理后形成坡度图和三维地势图，如图 6-4 所示。

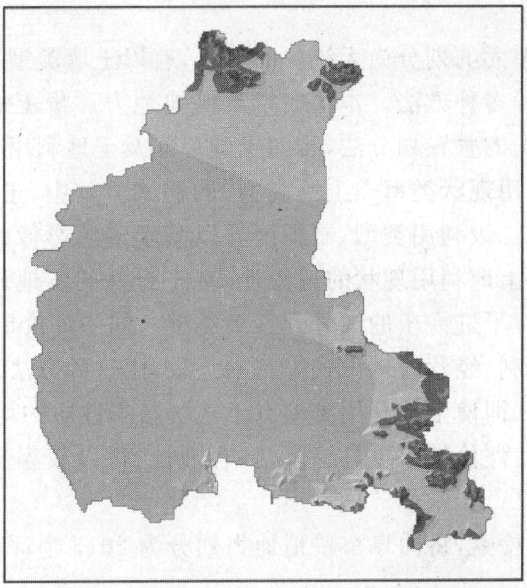

图 6-4 曲阜市三维地势图

### 三、基础数据库的建立

（一）基础属性数据库建立

为更好地对数据进行管理和为后续工作提供方便，将采样点基本情况信息、农业生产情况信息、土壤理化性状化验分析数据、土壤污染元素化验分析数据等信息，以调查点为基本数据库记录进行属性数据库的建立，作为后续耕地地力评价工作的基础。

（二）基础专题图图形库建立

将扫描矢量化及插值等处理生成的各类专题图件，在 ARCVIEW 和 MAPGIS 软件的支持下，分别以栅格形式和点、线、区文件的形式进行存储和管理，同时将所有图件统一转换到相同的地理坐标系统下，以进行图件的叠加等空间操作，各专题图图斑属性信息通过键盘交互式输入或通过与属性库挂接读取，构成基本专题图图形数据库。图形库与基础属性库之间通过调查点相互连接。

## 第三节 评价单元的划分及评价信息的提取

### 一、评价单元的划分

评价单元是由对土地质量具有关键影响的各土地要素组成的空间实体，是土地评价的最基本单位、对象和基础图斑。同一评价单元内的土地自然基本条件、土地的个体属性和经济属性基本一致。不同土地评价单元之间，既有差异性，又有可比性。耕地地力评价就是要通过对每个评价单元的评价，确定其地力级别，把评价结果落实到实地和编绘的土地资源图上。因此，土地评价单元划分的合理与否，直接关系到土地评价的结果以及工作量的大小。

目前,对土地评价单元的划分尚无统一的方法,有以土壤类型、以土地利用类型、以行政区划单位、以方里网等多种方法。本次曲阜市耕地地力评价土地评价单元的划分采用土壤图、土地利用现状图的叠置划分法,相同土壤单元及土地利用现状类型的地块组成一个评价单元,即"土地利用现状类型—土壤类型"的格式。其中,土壤类型划分到土种,土地利用现状类型划分到二级利用类型,制图区界以基于遥感影像的曲阜市最新土地利用现状图为准。为了保证土地利用现状的现势性,基于野外的实地调查对耕地利用现状进行了修正,其中菜地进行了进一步的细分到三级类型。同一评价单元内的土壤类型相同,利用方式相同,交通、水利、经营管理方式等基本一致,用这种方法划分评价单元可以反映单元之间的空间差异性,即使土地利用类型有了土壤基本性质的均一性,又使土壤类型有了确定的地域边界线,使评价结果更具综合性、客观性,可以较容易地将评价结果落实到实地。

通过图件的叠置和检索,将曲阜市耕地地力划分为 2015 个评价单元。

### 二、评价信息的提取

影响耕地地力的因子非常多,并且它们在计算机中的存储方式也不相同,因此,如何准确地获取各评价单元评价信息是评价中的重要一环。鉴于此,舍弃直接从键盘输入参评因子值的传统方式,采取将评价单元与各专题图件叠加采集各参评因素的信息。具体的做法是:按唯一标志原则为评价单元编号;在 ARCVIEW 环境下生成评价信息空间库和属性数据库;在 ARCMAP 环境下从图形库中调出各化学性状评价因子的专题图,与评价单元图进行叠加,计算出各因子的均值;保持评价单元几何形状不变,在耕地资源管理信息系统中直接对叠加后形成的图形的属性库进行"属性提取"操作,以评价单元为基本统计单位,按面积加权平均汇总评价单元立地条件评价因子的分值。

由此,得到图形与属性相连的、以评价单元为基本单位的评价信息,为后续耕地地力的评价奠定了基础。

## 第四节　参评因素的选取及其权重确定

正确地进行参评因素的选取并确定其权重,是科学地评价耕地地力的前提,直接关系到评价结果的正确性、科学性和社会可接受性。

### 一、参评因素的选取

参评因素是指参与评定耕地地力等级的耕地的诸属性。影响耕地地力的因素很多,在本次曲阜市耕地地力评价中根据曲阜市的区域特点遵循主导因素原则、差异性原则、稳定性原则、敏感性原则,采用定量和定性方法相结合,进行参评因素的选取。

(一)系统聚类方法

系统聚类方法用于筛选影响耕地地力的理化性质等定量指标,通过聚类将类似的指标进行归并,辅助选取相对独立的主导因子。利用 SPSS 统计软件进行了土壤养分等化学性状的系统聚类。

从图 6-5 中可以看出氯离子、全盐、硝态氮、全氮、交换性钙、有效硅、交换性镁、有效硼、有效钼、有效铁、有效锰、有效锌、有效铜、有效硫聚为一组，有效磷、速效钾、碱解氮、缓效钾聚为一组，有机质为一组，pH 为一组。

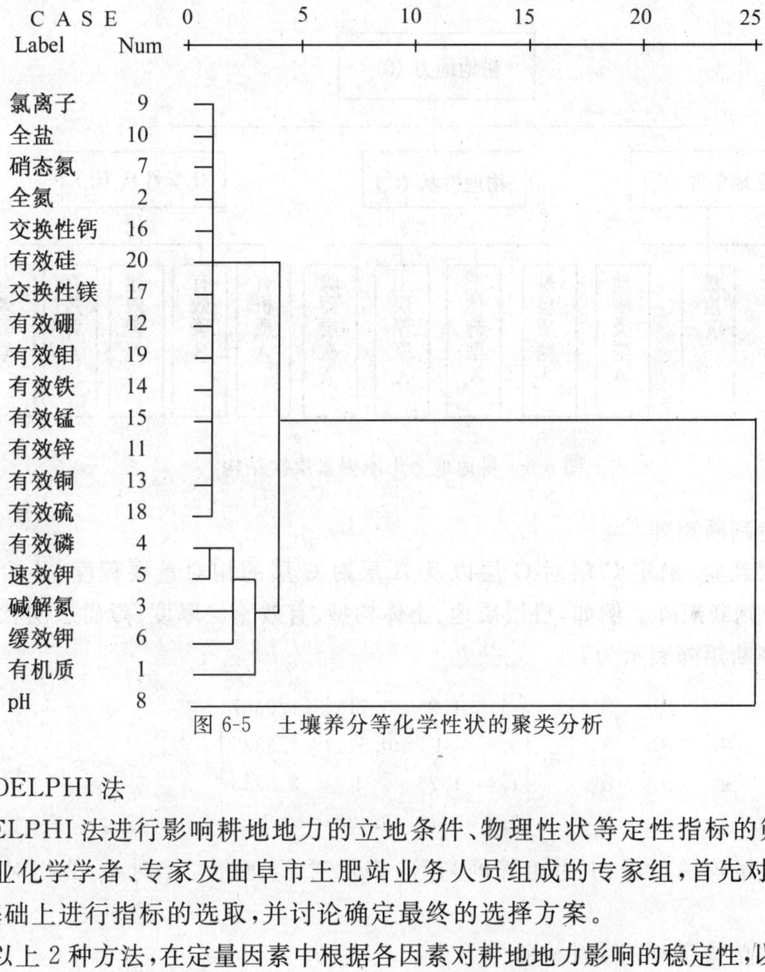

图 6-5 土壤养分等化学性状的聚类分析

(二)DELPHI 法

用 DELPHI 法进行影响耕地地力的立地条件、物理性状等定性指标的筛选，确定了由土壤农业化学学者、专家及曲阜市土肥站业务人员组成的专家组，首先对指标进行分类，在此基础上进行指标的选取，并讨论确定最终的选择方案。

综合以上 2 种方法，在定量因素中根据各因素对耕地地力影响的稳定性，以及营养元素的全面性，在聚类分析第一组中选取有效锌、有效硼为参评因素，第二组中选取有效磷、速效钾为参评因素，第三组选取有机质为参评因素。结合专家组选择结果，最后确定灌溉保证率、坡度、地形地貌、耕层质地、剖面构型、障碍层状况、土层厚度、有机质、大量元素(速效钾、有效磷)、微量元素(有效锌、有效硼)等 12 项因素作为耕地地力评价的参评指标。

## 二、权重的确定

在耕地地力评价中，需要根据各参评因素对耕地地力的贡献确定权重。确定权重的方法很多，本评价中采用层次分析法(AHP)来确定各参评因素的权重。

层次分析法(AHP)是在定性方法基础上发展起来的定量确定参评因素权重的一种系统分析方法，这种方法可将人们的经验思维数量化，用以检验决策者判断的一致性，有利于实现定量化评价。

AHP 法确定参评因素的步骤如下：

（一）建立层次结构

耕地地力为目标层（G 层），影响耕地地力的立地条件、物理性状、化学性状为准则层（C 层），再把影响准则层中各元素的项目作为指标层（A 层），其结构关系如图 6-6 所示。

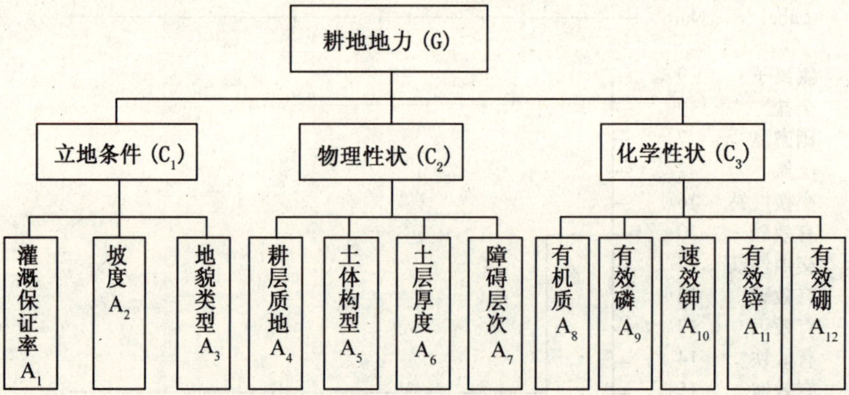


图 6-6 耕地地力影响因素层次结构

（二）构造判断矩阵

根据专家经验，确定 C 层对 G 层以及 A 层对 C 层的相对重要程度，共构成 $A$、$C_1$、$C_2$、$C_3$ 共 4 个判断矩阵。例如，耕层质地、土体构型、有效土层厚度、障碍层次状况对耕地物理性状的判断矩阵表示为：

$$C_2=\begin{pmatrix} a_{11} & a_{12} & a_{13} & a_{14} \\ a_{21} & a_{22} & a_{23} & a_{24} \\ a_{31} & a_{32} & a_{33} & a_{34} \\ a_{41} & a_{42} & a_{43} & a_{44} \end{pmatrix}=\begin{pmatrix} 1 & 1.25 & 0.7143 & 1.6667 \\ 0.8 & 1 & 0.5714 & 1.3333 \\ 1.4 & 1.75 & 1 & 2.3333 \\ 0.6 & 0.75 & 0.4286 & 1 \end{pmatrix}$$

其中，$a_{ij}$（$i$ 为矩阵的行号，$j$ 为矩阵的列号）表示对 $C_2$ 而言，$a_i$ 对 $a_j$ 的相对重要性的数值。

（三）层次单排序及一致性检验

即求取 A 层对 C 层的权数值，可归结为计算判断矩阵的最大特征根对应的特征向量。利用 SPSS 等统计软件，得到的各权数值及一致性检验的结果，如表 6-5 所示。

表 6-5 权数值及一致性检验结果

| 矩阵 | 特征向量 | | | | | $C_I$ | $C_R$ |
|---|---|---|---|---|---|---|---|
| 矩阵 $A$ | | 0.4186 | 0.3488 | 0.2326 | | −0.00000537 | 0.00000926<0.1 |
| 矩阵 $C_1$ | | 0.1980 | 0.3564 | 0.4455 | | −0.00000369 | 0.00000575<0.1 |
| 矩阵 $C_2$ | 0.2159 | 0.2699 | 0.1542 | 0.3599 | | 0.00000621 | 0.0000069<0.1 |
| 矩阵 $C_3$ | 0.0787 | 0.0945 | 0.1181 | 0.2362 | 0.4724 | 0.00000549 | 0.00000491<0.1 |

从表中可以看出，$C_R<0.1$，具有很好的一致性。

（四）层次总排序及一致性检验：

经层次总排序并进行一致性检验，结果为 $C_I=0.00000369$，$C_R=0.00000402$，具有满意的一致性，最后计算 A 层对 G 层的组合权数值，得到各因子的权重，最终结果如表 6-6 所示。

**表 6-6　　各因子的权重**

| 灌溉保证率 | 0.2248 | 质地 | 0.0790 | 障碍层 | 0.0474 | 速效钾 | 0.0556 |
|---|---|---|---|---|---|---|---|
| 坡　度 | 0.1252 | 土体构型 | 0.0632 | 有机质 | 0.0834 | 有效锌 | 0.0278 |
| 地形地貌 | 0.0996 | 土层厚度 | 0.1106 | 有效磷 | 0.0694 | 有效硼 | 0.0139 |

## 第五节　耕地地力等级的确定

土地是一个灰色系统，系统内部各要素之间与耕地的生产能力之间关系十分复杂。此外，评价中也存在着许多不严格、模糊性的概念，因此，在评价中引入了模糊数学方法，采用模糊评价方法来进行耕地地力等级的确定。

### 一、参评因素隶属函数的建立

用 DELPHI 法根据一组分布均匀的实测值评估出对应的一组隶属度，然后在计算机中绘制这两组数值的散点图，再根据散点图进行曲线模拟，寻求参评因素实际值与隶属度关系方程，从而建立起隶属函数。各参评因素的分级及其相应的专家赋值和隶属度如表 6-7 所示。

**表 6-7　　参评因素的分级及其分值**

| 坡度 | 0 | 0.2 | 0.5 | 1 | 3 | 5 | 7 | 10 | 15 | 25 | | |
|---|---|---|---|---|---|---|---|---|---|---|---|---|
| 分值 | 98 | 100 | 98 | 95 | 90 | 80 | 60 | 30 | 10 | 1 | | |
| 隶属度 | 0.98 | 1.00 | 0.98 | 0.95 | 0.90 | 0.80 | 0.60 | 0.30 | 0.10 | 0.01 | | |
| 地形地貌 | 缓平坡地 | 山前倾斜平地 | 山前缓平地 | 缓岗 | 浅平洼地 | 槽状洼地 | 河谷高地 | 河漫滩 | 河谷梯田 | 近山阶地 | 坡麓梯田 | 荒坡岭 |
| 分值 | 100 | 97 | 95 | 93 | 90 | 87 | 84 | 80 | 60 | 40 | 20 | 10 |
| 隶属度 | 1.00 | 0.97 | 0.95 | 0.93 | 0.90 | 0.87 | 0.84 | 0.80 | 0.60 | 0.40 | 0.20 | |
| 灌溉保证率 | 80 | 70 | 60 | 50 | 30 | 10 | 0 | | | | | |
| 分值 | 100 | 90 | 80 | 65 | 40 | 10 | 0 | | | | | |
| 隶属度 | 1.00 | 0.90 | 0.80 | 0.65 | 0.40 | 0.10 | 0 | | | | | |
| 有机质 | 2.0 | 1.8 | 1.6 | 1.4 | 1.2 | 1.0 | 0.8 | 0.6 | | | | |

续表

| 坡度 | 0 | 0.2 | 0.5 | 1 | 3 | 5 | 7 | 10 | 15 | 25 | | |
|---|---|---|---|---|---|---|---|---|---|---|---|---|
| 分值 | 100 | 98 | 95 | 90 | 84 | 78 | 65 | 50 | | | | |
| 隶属度 | 1.00 | 0.98 | 0.95 | 0.90 | 0.84 | 0.78 | 0.65 | 0.50 | | | | |
| 有效磷 | 400 | 300 | 200 | 110 | 80 | 60 | 40 | 30 | 20 | 15 | 10 | 5 |
| 分值 | 70 | 80 | 90 | 100 | 98 | 96 | 92 | 90 | 85 | 80 | 60 | 40 |
| 隶属度 | 0.70 | 0.80 | 0.90 | 1.00 | 0.98 | 0.96 | 0.92 | 0.90 | 0.85 | 0.80 | 0.60 | 0.40 |
| 速效钾 | 400 | 320 | 240 | 160 | 120 | 100 | 80 | 60 | | | | |
| 分值 | 100 | 98 | 93 | 85 | 82 | 78 | 70 | 50 | | | | |
| 隶属度 | 1.00 | 0.98 | 0.93 | 0.85 | 0.82 | 0.78 | 0.70 | 0.50 | | | | |
| 有效锌 | 2.0 | 1.5 | 1.2 | 1.0 | 0.8 | 0.5 | 0.3 | | | | | |
| 分值 | 100 | 92 | 87 | 85 | 80 | 70 | 55 | | | | | |
| 隶属度 | 1.00 | 0.92 | 0.87 | 0.85 | 0.80 | 0.70 | 0.55 | | | | | |
| 有效硼 | 1.8 | 1.5 | 1.2 | 1.0 | 0.8 | 0.5 | 0.2 | | | | | |
| 分值 | 100 | 95 | 87 | 85 | 80 | 70 | 55 | | | | | |
| 隶属度 | 1.00 | 0.95 | 0.87 | 0.85 | 0.80 | 0.70 | 0.55 | | | | | |
| 耕层质地 | 中壤 | 轻壤 | 重壤 | 砂壤 | 砂土 | | | | | | | |
| 分值 | 100 | 95 | 80 | 70 | 55 | | | | | | | |
| 隶属度 | 1.00 | 0.95 | 0.80 | 0.70 | 0.55 | | | | | | | |
| 障碍层状况 | 其他 | 浅黏 | 夹砂砂姜 | 砾质 | 石渣土 | | | | | | | |
| 分值 | 100 | 90 | 80 | 60 | 40 | | | | | | | |
| 隶属度 | 1.00 | 0.90 | 0.80 | 0.60 | 0.40 | | | | | | | |
| 剖面构型 | 中壤均质 | 中壤黏腰 | 轻壤黏腰 | 轻壤均质 | 中壤黏心 | 中壤砂姜腰 | 中壤砂腰 | 重壤均质 | 轻壤砂心 | 砂壤砂心 | 中层 | 薄层 |
| 分值 | 100 | 95 | 95 | 90 | 85 | 85 | 80 | 60 | 60 | 50 | 30 | 10 |
| 隶属度 | 1.00 | 0.95 | 0.95 | 0.90 | 0.85 | 0.85 | 0.80 | 0.60 | 0.60 | 0.50 | 0.30 | 0.10 |
| 有效土层 | 150 | 130 | 110 | 90 | 70 | 50 | 30 | | | | | |
| 分值 | 100 | 95 | 88 | 70 | 55 | 35 | 10 | | | | | |
| 隶属度 | 1.00 | 0.95 | 0.88 | 0.70 | 0.55 | 0.35 | 0.10 | | | | | |

通过模拟共得到直线型、戒上型、戒下型 3 种类型的隶属函数，其中有效磷属于以上 2 种或 2 种以上的复合型隶属函数，地貌类型、质地等描述性的因素属于直线型隶属函数，然后根据隶属函数计算各参评因素的单因素评价评语。以有机质为例绘制的散点图

和模拟曲线如图 6-7 和图 6-8 所示。

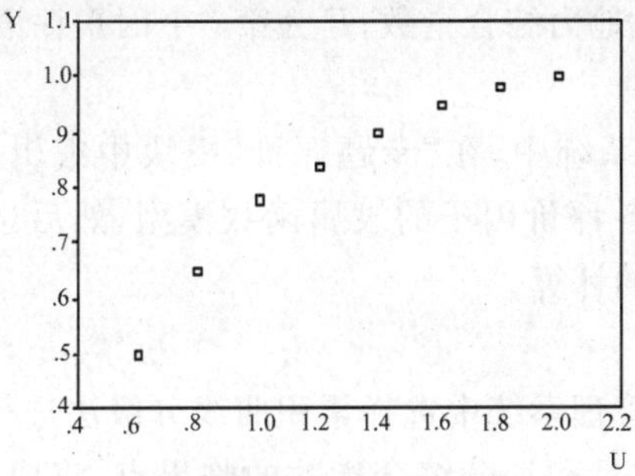


图 6-7　有机质与隶属度关系散点图

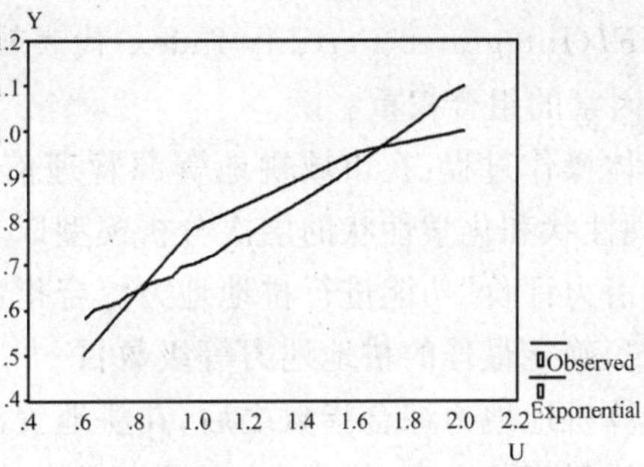


图 6-8　有机质与隶属度关系曲线

其隶属函数为戒上型，形式为：

$$Y=\begin{cases}0 & (x\leqslant x_t)\\ 1/[1+A\times(x-C)^2] & (x_t<x<C)\\ 1 & (C\leqslant x)\end{cases}$$

各参评因素类型及其隶属函数如表 6-8 所示。

**表 6-8　　参评因素类型及其隶属函数**

| 函数类型 | 参评因素 | 隶属函数 | $A$ | $C$ | $U_t$ |
|---|---|---|---|---|---|
| 戒上型 | 有机质(%) | $Y=1/[1+A\times(x-C)^2]$ | 0.543 | 1.822 | 0.35 |
| 戒上型 | 速效钾(mg/kg) | $Y=1/[1+A\times(x-C)^2]$ | 0.00000760 | 327.836 | 15 |
| 戒上型　<110 | 有效磷(mg/kg) | $Y=1/[1+A\times(x-C)^2]$ | 0.0000992 | 80.159 | 3 |
| 戒下型　>110 | 有效磷(mg/kg) | $Y=1/[1+A\times(x-C)^2]$ | 0.00000742 | 111.967 | 450 |
| 戒上型 | 有效锌(mg/kg) | $Y=1/[1+A\times(x-C)^2]$ | 0.245 | 1.924 | 0.1 |
| 戒上型 | 有效硼(mg/kg) | $Y=1/[1+A\times(x-C)^2]$ | 0.251 | 1.879 | 0.1 |
| 正直线型 | 地貌类型(分值) | $Y=A\times x$ | 0.01 | 100 | 0 |
| 正直线型 | 剖面构型(分值) | $Y=A\times x$ | 0.01 | 100 | 0 |
| 正直线型 | 障碍层状况(分值) | $Y=A\times x$ | 0.01 | 100 | 0 |
| 正直线型 | 耕层质地(分值) | $Y=A\times x$ | 0.01 | 100 | 0 |
| 正直线型 | 坡度(分值) | $Y=A\times x$ | 0.01 | 100 | 0 |
| 正直线型 | 灌溉保证率(分值) | $Y=A\times x$ | 0.01 | 100 | 0 |
| 正直线型 | 有效土层(分值) | $Y=A\times x$ | 0.01 | 100 | 0 |

## 二、耕地地力等级的确定

### (一)计算耕地地力综合指数

用指数和法来确定耕地的综合指数，公式为：

$$IFI = \sum F_i \times C_i$$

式中：*IFI*(Integrated Fertility Index)代表耕地地力综合指数；*F* 为第 *i* 个因素评语；$C_i$ 为第 *i* 个因素的组合权重。

具体操作过程：在市域耕地资源管理信息系统中，在"专题评价"模块中编辑立地条件、物理性状和化学性状的层次分析模型以及各评价因子的隶属函数模型，然后选择"耕地生产潜力评价"功能进行耕地地力综合指数的计算。

(二)确定最佳的耕地地力等级数目

计算耕地地力综合指数之后，在耕地资源管理系统中选择累积曲线分级法进行评价，根据曲线斜率的突变点(拐点)来确定等级的数目和划分综合指数的临界点，将曲阜耕地地力共划分为 6 级，各等级耕地地力综合指数如表 6-9 所示，综合指数分布如图 6-9 所示。

**表 6-9　　曲阜市耕地地力等级综合指数**

| *IFI* | >0.83 | 0.73～0.83 | 0.64～0.73 | 0.55～0.64 | 0.45～0.55 | <0.45 |
|---|---|---|---|---|---|---|
| 耕地地力等级 | 一级地 | 二级地 | 三级地 | 四级地 | 五级地 | 六级地 |

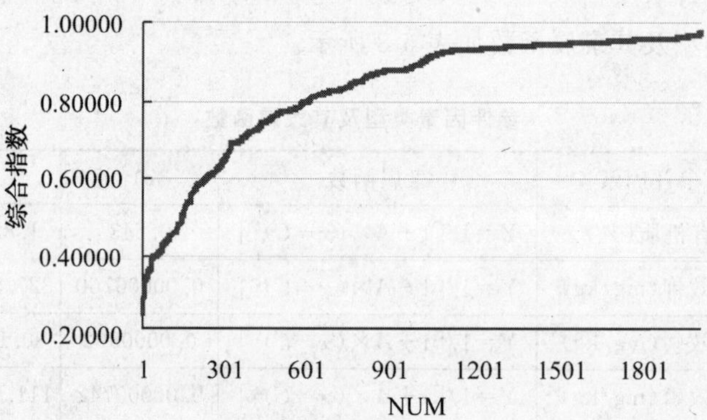


图 6-9　曲阜市综合指数分布图

# 第六节　成果图编制及面积量算

## 一、图件的编制

为了提高制图的效率和准确性，在地理信息系统软件 MAPGIS 的支持下，进行曲阜市耕地地力评价图及相关图件的自动编绘处理，其步骤大致分以下几步：扫描矢量化各基础图件→编辑点、线→点、线校正处理→统一坐标系→区编辑并对其赋属性→根据属性赋颜色→根据属性加注记→图幅整饰输出。另外还充分发挥 MAPGIS 强大的空间分析功能，用评价图与其他图件进行叠加，从而生成其他专题图件，如评价图与行政区划图叠加，进而计算各行政区划单位内的耕地地力等级面积等。

(一)专题图地理要素底图的编制

专题地图的地理要素内容是专题图的重要组成部分，用于反映专题内容的地理分布，并作为图幅叠加处理等的分析依据。地理要素的选择应与专题内容相协调，考虑图面的负载量和清晰度，应选择基本的、主要的地理要素。

以曲阜市最新的土地利用现状图为基础，对此图进行了制图综合处理，选取主要的居民点、交通道路、水系、境界线等及其相应的注记，进而编辑生成1∶300000各专题图地理要素底图。

（二）耕地地力评价图的编制

以耕地地力评价单元为基础，根据各单元的耕地地力评价等级结果，对相同等级的相邻评价单元进行归并处理，得到各耕地地力等级图斑。在此基础上，分两个层次进行图面耕地地力等级的表示：一是颜色表示，即赋予不同耕地地力等级以相应的颜色。二是代号，用罗马数字Ⅰ、Ⅱ、Ⅲ、Ⅳ、Ⅴ、Ⅵ表示不同的耕地地力等级，并在评价图相应的耕地地力图斑上注明。将评价专题图与以上的地理要素图复合，整饰得曲阜市1∶300000耕地地力评价图（见附图）。

（三）其他专题图的编制

对于有机质、速效钾、有效磷、有效锌等其他专题要素地图，则按照各要素的分级分别赋予相应的颜色，标注相应的代号，生成专题图层。之后与地理要素图复合，编辑处理生成专题图件，并进行图幅的整饰处理，最终专题图如附图所示。

## 二、面积量算

面积的量算可通过与专题图相对应的属性库的操作直接完成。对耕地地力等级面积的量算，则可在FOXPRO数据库的支持下，对图件属性库进行操作，检索相同等级的面积，然后汇总得各类耕地地力等级的面积，根据曲阜市图幅理论面积进行平差，得到准确的面积数值。对于不同行政区划单位内部、不同的耕地利用类型等的耕地地力等级面积的统计，则通过耕地地力评价图与相应的专题图进行叠加分析，由其相应属性库统计获得。

# 第七章　耕地资源管理信息系统建设

## 第一节　概　述

### 一、项目来源及目的意义

曲阜市耕地资源信息系统数据库建设工作是农业部沃土工程、科学施用化肥即测土配方施肥工作的重要组成部分，是国家实现农业科学种田，促进粮食稳定生产，实现农业科学施肥经常化、普及化的重要工作，是实现农业耕地地力评价成果资料统一化、标准化的重要计划，是实现综合农业信息资料共享的技术手段。曲阜市耕地资源信息系统数据库建设工作是对最新的土地利用现状调查成果，第二次土壤普查的土壤、地貌等成果，本次耕地地力评价工作采集的土壤化学分析等成果进行汇总，建立一个集空间数据库和属性数据库的存储、管理、查询、分析、显示为一体的数据库，为科学种田及施肥、农业的可持续发展、深化农业科学管理工作服务。

### 二、建库单位组成

为加快曲阜市耕地资源信息系统数据库的建设工作，依据农业部县域耕地资源信息系统数据库建设工作要求，由多年来一直从事农业测土施肥研究、耕地地力评价、数据库建设工作有一定经验的单位组成联合工作组：山东省土壤肥料总站，负责评价及建库工作组织、协调、标准制定、土壤图成果资料的归属核查处理等；山东农业大学资源与环境学院，负责耕地地力评价图、土壤化学微量元素系列图及研究报告编制等；山东天地亚太国土遥感有限公司，负责土地、土壤、矿化度、地貌、灌溉分区等图件扫描矢量化及几何校正处理等编图工作，耕地地力评价所有建库资料统一化、标准化处理，空间数据库和属性数据库建设，耕地地力评价成果图件修改编辑及图件输出、数据库建设报告编制等工作。

### 三、建库工作的软硬件环境

（一）主要硬件

P43.0 计算机 10 台，HP5000 和 HP3500 绘图仪各 1 台。

（二）软件

MAPGIS 6.7 软件 10 套，ARCGIS 9.2 软件 2 套，县域耕地资源信息系统软件 2 套，ENVI 4.6 遥感图像处理与分析软件 1 套。

## 第二节　建库内容及建库工作中主要问题的处理

### 一、建库内容

依据农业部耕地地力评价工作数据库建设的要求，曲阜市耕地资源信息系统数据库建设工作包括空间数据库和属性数据库二部分内容。属性数据库严格按照县域耕地资源信息系统数据字典及建库县提供的有关数据编制。空间数据库包括土地利用现状图、土壤图、坡度图、灌溉分区图、地貌图、耕地地力调查点点位图、耕地地力评价等级图、土壤微量元素系列图等。

### 二、建库工作中的主要问题

曲阜市耕地资源信息系统数据库建设工作由于涉及的内容多，加之部分资料为第二次土壤普查的资料，与县域耕地资源信息系统数据字典的要求对比存在以下问题：

（一）第二次土壤普查的成果均为纸介质图，因图纸折叠和自然伸缩的影响，图件变形大，形成较大的误差。

（二）土地利用现状图为 2009 年的现状图，但没有将菜地单独标出。

（三）曲阜市土壤图中的土种名称和编码与山东省土种归属要求、全国土种标准名称与编码等不一致。

（四）曲阜市的地貌图为微地貌图，与县域耕地资源信息系统数据字典中地貌划分的名称不能一一对应。

（五）同一个县已有资料坐标系不统一问题，如第二次土壤普查图件为 1954 年北京坐标系，土地利用现状图或行政区划图为 1980 年西安坐标系等。

### 三、建库工作中有关问题的处理

（一）依据 1∶300000 标准分幅地形图，对所有建库的纸介质成果图全部进行几何校正处理，以消除纸介质成果图的误差。

（二）依据较新的航天卫星资料对近年来变化的公路、铁路等进行了修改补充。

（三）为使曲阜市土种的名称及代码与省标和国标相对应，在耕地资源信息系统数据库建设前，首先对土壤图中所有图斑内容进行了检查统计，对错漏问题交项目县修改及编制土种归属表，最后由省土肥站进行土种归属复查处理。在此基础上编制了国标、省标、县土壤名称及代码对比表。为方便县域土壤图的利用和对比，建库后的图中仍保留了原县域土壤图的土种代码，属性挂接为国标代码。

（四）由于县域耕地资源信息系统数据字典中的划分的地貌名称少，其地貌名称不能一一对应，在建库时尽量选择与数据字典中相近的地貌名称进行编码，为方便地貌图的利用和对比，在地貌图中保留了原地貌图的名称和代码，图例中增加了建库数据字典中规定的地貌名称、代码与县原地貌名称、代码的对比表，属性挂接为数据字典中规定的地貌名称和代码。

(五)对同一个县已有资料坐标系不统一问题,依据数据库建设要求,所有成果全部统一到高斯—克吕格投影、6度分带、1954年北京坐标系中。

## 第三节 数据库标准化

### 一、标准引用

县域耕地资源信息系统数据字典中规定的国标及行业有关技术标准

1. GB2260-2002 《中华人民共和国行政区划代码》
2. NY/T309-1996 《全国耕地类型区、耕地地力等级划分标准》
3. NY/T310-1996 《全国中低产田类型划分与改良技术规范》
4. GB/T 17296-2000 《中国土壤分类与代码》
5. 全国农业区划委员会 《土地利用现状调查技术规程》
6. 国土资源部 《土地利用现状变更调查技术规程》
7. GB/T 13989-1992 《国家基本比例尺地形图分幅与编号》
8. GB/T 13923-1992 《国土基础信息数据分类与代码》
9. GB/T 17798-1999 《地球空间数据交换格式》
10. GB 3100-1993 《国际单位制及其应用》
11. GB/T 16831-1997 《地理点位置的纬度、经度和高程表示方法》
12. GB/T 10113-2003 《分类编码通用术语》
13. GB/T 10114-2003 《县以下行政区划代码编制规则》
14. GB/T 9648-1988 《中国际单位制代码》
15. 农业部 《全国耕地地力调查与评价技术规程》
16. 农业部 《测土配方施肥技术规范(试行)》
17. 农业部 《测土配方施肥专家咨询系统编制规范(试行)》
18. 山东省县域土种归属标准
19. 山东省县域耕地地力评价标准

### 二、空间坐标系及建库平台

(一)空间数据坐标系

投影:高斯—克吕格,6度分带。1954年北京坐标系,1956年黄海高程系。

比例尺:1∶300000。

(二)数据库采集模板和数据库文件格式

为使所有建库资料达到统一化和标准化,以及满足所有成果图件的输出和耕地资源地力评价工作的需要,对建库资料的扫描矢量化和几何校正处理工作均采用MAPGIS平台,数据库的文件格式为MAPGIS的点、线、面文件。待数据库成果经评审验收和修改后,将MAPGIS的点、线、面格式转换为shape格式,由ARCGIS平台进行数据库规范化处理,最后将数据库资料导入县域耕地资源信息管理系统。

# 第四节　数据库结构

## 一、空间数据库图层划分

空间数据库图层划分是严格按照县域耕地资源信息系统数据字典要求分层的，每层只反映属性相同的内容。曲阜市耕地资源信息系统数据库建设包括土地利用现状图、第二次土壤普查成果和耕地地力评价等三部分内容，其全部空间数据库图层划分情况如表7-1所示。

表 7-1　曲阜市耕地地力等级综合指数

| 序号 | 图层代码 | 图层名称 | 序号 | 图层代码 | 图层名称 |
| --- | --- | --- | --- | --- | --- |
| 1 | AD101 | 行政区划图 | 18 | SP103 | 耕层土壤有效磷等值线图 |
| 2 | AD102 | 县乡村位置图 | 19 | SP104 | 耕层土壤速效钾等值线图 |
| 3 | AD103 | 行政界线图 | 20 | SP105 | 耕层土壤缓效钾等值线图 |
| 4 | AD201 | 辖区边界图 | 21 | SP106 | 耕层土壤有效锌等值线图 |
| 5 | AD202 | 装饰边界图 | 22 | SP108 | 耕层土壤有效钼等值线图 |
| 6 | GE103 | 面状水系图 | 23 | SP109 | 耕层土壤有效铜等值线图 |
| 7 | GE104 | 线状水系图 | 24 | SP110 | 耕层土壤有效硅等值线图 |
| 8 | GE105 | 道路图 | 25 | SP111 | 耕层土壤有效锰等值线图 |
| 9 | GE201 | 坡度图 | 26 | SP112 | 耕层土壤有效铁等值线图 |
| 10 | GE203 | 地貌类型分区图 | 27 | SP201 | 耕层土壤 pH 等值线图 |
| 11 | LM102 | 灌溉分区图 | 28 | SP113 | 耕层土壤交换性钙等值线图 |
| 12 | LU101 | 土地利用现状图 | 29 | SP114 | 耕层土壤交换性镁等值线图 |
| 13 | SB101 | 土壤图 | 30 |  | 耕层土壤有效硫等值线图 |
| 14 | SB203 | 地下水矿化度等值线图 | 31 |  | 耕层土壤水解性氮等值线图 |
| 15 | SB302 | 耕地地力调查点点位图 | 32 |  | 耕地地力评价等级图 |
| 16 | SP101 | 耕层土壤有机质等值线图 | 33 |  | 耕层土壤有效硼等值线图 |
| 17 | SP102 | 耕层土壤全氮等值线图 |  |  |  |

## 二、属性数据库结构

属性数据结构内容严格按县域耕地资源管理信息系统数据字典及建库县提供的资料编制，属性数据库结构如表7-2所示。

表 7-2　　耕地资源信息系统属性数据库结构表

| 图名 | 属性数据结构 | 字段类型 |
|---|---|---|
| 行政区划图 | 内部标识码:系统内部 ID 号 | 长整型,9 |
| | 实体类型:point,polyline,polygon | 文本型,8 |
| | 实体面积:系统内部自带 | 双精度,19,2 |
| | 实体长度:系统内部自带 | 长整型,10 |
| | 县内行政码:根据国家统计局"统计上使用的县以下行政区划代码编制规则"编制 | 长整型,6 |
| 县乡村位置图 | 内部标识码:系统内部 ID 号 | 长整型,9 |
| | 实体类型:point,polyline,polygon | 文本型,8 |
| | $X$ 坐标:无,$Y$ 坐标:无 | 双精度,19,2 |
| | 县内行政码:根据国家统计局"统计上使用的县以下行政区划代码编制规则"编制 | 长整型,6 |
| | 标注类型:村标注,乡标注,县标注 | 字符串,6 |
| 行政界线图 | 内部标识码:系统内部 ID 号 | 长整型,9 |
| | 实体类型:point,polyline,polygon | 文本型,8 |
| | 实体长度:系统内部自带 | 长整型,10 |
| | 界线类型:根据国家基础信息标准(GB13923-92)填写 | 文本型,40 |
| 辖区边界图 | 内部标识码:系统内部 ID 号 | 长整型,9 |
| | 实体类型:point,polyline,polygon | 文本型,8 |
| | 实体面积:系统内部自带 | 双精度,19,2 |
| | 实体长度:系统内部自带 | 长整型,10 |
| | 要素代码:依据《国家基础地理信息数据分类与代码》编制要素代码 | 长整型,5 |
| | 要素名称:依据《国家基础地理信息数据分类与代码》编制要素名称 | 文本型,40 |
| | 行政单位名称:单位的实际名称填写 | 文本型,20 |
| 装饰边界图 | 内部标识码:系统内部 ID 号 | 长整型,9 |
| 面状水系图 | 内部标识码:系统内部 ID 号 | 长整型,9 |
| | 实体类型:point,polyline,polygon | 文本型,8 |
| | 实体面积:系统内部自带 | 双精度,19,2 |
| | 实体长度:系统内部自带 | 长整型,10 |
| | 要素代码:依据《国家基础地理信息数据分类与代码》编制要素代码 | 长整型,5 |
| | 要素名称:依据《国家基础地理信息数据分类与代码》编制要素名称 | 文本型,40 |
| | 面状水系码:自定义编码 | 字符串,5 |
| | 面状水系名称:依据 2006 年 10 月版《山东省地图册》编制 | 字符串,20 |
| | 湖泊储水量:依据 1∶300000 地形图 | 字符串,8 |

续表

| 图名 | 属性数据结构 | 字段类型 |
| --- | --- | --- |
| 线状水系图 | 内部标识码:系统内部 ID 号 | 长整型,9 |
| | 实体类型:point,polyline,polygon | 文本型,8 |
| | 实体长度:系统内部自带 | 长整型,10 |
| | 要素代码:依据《国家基础地理信息数据分类与代码》编制要素代码 | 长整型,5 |
| | 要素名称:依据《国家基础地理信息数据分类与代码》编制要素名称 | 文本型,40 |
| | 线状水系码:自定义编码 | 长整型,4 |
| | 线状水系名称:依据 2006 年 10 月版《山东省地图册》编制 | 文本型,20 |
| | 河流流量:无 | 长整型,6 |
| 道路图 | 内部标识码:系统内部 ID 号 | 长整型,9 |
| | 实体类型:point,polyline,polygon | 文本型,8 |
| | 实体长度:系统内部自带 | 长整型,10 |
| | 要素代码:依据《国家基础地理信息数据分类与代码》编制要素代码 | 长整型,5 |
| | 要素名称:依据《国家基础地理信息数据分类与代码》编制要素名称 | 文本型,40 |
| | 公路代码:根据国家标准 GB917.1-89《公路路线命名编号和编码规则命名和编号规则》编制 | 文本型,11 |
| | 公路名称:根据国家标准 GB917.1-89《公路路线命名编号和编码规则命名和编号规则》编制 | 文本型 20 |
| 地貌类型分区图 | 内部标识码:系统内部 ID 号 | 长整型,9 |
| | 实体类型:point,polyline,polygon | 文本型,8 |
| | 实体面积:系统内部自带 | 双精度,19,2 |
| | 实体长度:系统内部自带 | 长整型,10 |
| | 地貌类型:数据引自"中国科学院生物多样性委员会 地貌类型代码库"(四类码) | 文本型,18 |
| 灌溉分区图 | 内部标识码:系统内部 ID 号 | 长整型,9 |
| | 实体类型:point,polyline,polygon | 文本型,8 |
| | 实体面积:系统内部自带 | 双精度,19,2 |
| | 实体长度:系统内部自带 | 长整型,10 |
| | 灌溉水源:县局提供数据 | 文本型,10 |
| | 灌溉水质:无 | 文本型,4 |
| | 灌溉方法:县局提供数据 | 文本型,18 |
| | 年灌溉次数:县局提供数据 | 文本型,2 |
| | 灌溉条件:无 | 文本型,4 |
| | 灌溉保证率:无 | 长整型,3 |
| | 灌溉模数:无 | 双精度,5,2 |
| | 抗旱能力:无 | 长整型,3 |

续表

| 图名 | 属性数据结构 | 字段类型 |
|---|---|---|
| 土地利用现状图 | 内部标识码:系统内部 ID 号 | 长整型,9 |
| | 实体类型:point,polyline,polygon | 文本型,8 |
| | 实体面积:系统内部自带 | 双精度,19,2 |
| | 实体长度:系统内部自带 | 长整型,10 |
| | 地类号:国土资源部发布的《全国土地分类》三级类编码 | 长整型,3 |
| | 平差面积:无 | 双精度,7,2 |
| 土壤图 | 内部标识码:系统内部 ID 号 | 长整型,9 |
| | 实体类型:point,polyline,polygon | 文本型,8 |
| | 实体面积:系统内部自带 | 双精度,19,2 |
| | 实体长度:系统内部自带 | 长整型,10 |
| | 土壤国标码:土壤类型国标分类系统编码 | 长整型,8 |
| 地下水矿化度等值线图 | 内部标识码:系统内部 ID 号 | 长整型,9 |
| | 实体类型:point,polyline,polygon | 文本型,8 |
| | 实体长度:系统内部自带 | 长整型,10 |
| | 地下水矿化度:依据县级矿化度图实际数据填写 | 双精度,5,1 |
| 耕地地力调查点点位图 | 内部标识码:系统内部 ID 号 | 长整型,9 |
| | 实体类型:point,polyline,polygon | 文本型,8 |
| | *X* 坐标:北京 54 坐标系 | 双精度,19,2 |
| | *Y* 坐标:北京 54 坐标系 | 双精度,19,2 |
| | 点县内编号 AP310102:自定义编号 | 长整型,8 |
| 行政区基本情况数据表 | 县内行政码 SH110102:根据国家统计局"统计上使用的县以下行政区划代码编制规则"编制 | 长整型,6<br>字符串,6 |
| | 省名称:山东省 | 字符串,8 |
| | 县名称:××市,××区,××县 | 字符串,18 |
| | 乡名称:××乡,××镇,××街道 | 字符串,18 |
| | 村名称:××村,××委员会 | 字符串 20 |
| | 行政单位名称:××市,××区,××县,××乡,××镇,××街道,××村,××委员会 | 字符串 7 |
| | 总人口:无 | 字符串 7 |
| | 农业人口:无 | 字符串 7 |
| | 非农业人口:无 | 双精度,11,2 |
| | 国民生产总值 GNP:无 | 字符串,20 |
| 县级行政区划代码表 | 行政单位名称:××市,××区,××县,××乡××镇××街道××村××委员会县内行政码 SH110102:根据国家统计局"统计上使用的县以下行政区划代码编制规则"编制 | 长整型,6<br>长整型 9 |

续表

| 图名 | 属性数据结构 | 字段类型 |
| --- | --- | --- |
| 土地利用现状地块数据表 | 内部标识码:系统内部 ID 号 | 长整型 9 |
| | 地类号:国土资源部发布的《全国土地分类》三级类编码 | 字符串,3 |
| | 地类名称:国土资源部发布的《全国土地分类》三级类名称 | 字符串,20 |
| | 计算面积:无 | 双精度,7,2 |
| | 地类面积:无 | 双精度,7,2 |
| | 平差面积:无 | 双精度,7,2 |
| | 报告日期:无 | 日期型,10 |
| 土壤类型代码表 | 土壤国标码:土壤类型国标分类系统编码 | 字符串,8 |
| | 土壤国标名:土壤类型国标分类系统名称 | 字符串,20 |
| 耕地地力调查点基本情况及化验结果数据表 | 灌溉水源:县提供数据 | 字符串,10 |
| | 灌溉方法:县提供数据 | 字符串,18 |
| | 调查点国内统一编号:自定义编号 | 字符串,14 |
| | 调查点县内编号:自定义编号 | 字符串,8 |
| | 调查点自定义编号 AP310103:自定义编号 | 字符串,40 |
| | 调查点类型:耕地地力调查点 | 字符串,20 |
| | 户主联系电话:区号一本地电话号码 | 字符串,13 |
| | 调查人联系电话:区号一本地电话号码 | 字符串,13 |
| 耕地地力调查点基本情况及化验结果数据表 | 调查人姓名:×××× | 字符串,8 |
| | 调查日期:采集当天日期 | 日期型,10 |
| | ≥0℃积温:无 | 字符串,5 |
| | ≥10℃积温:无 | 字符串,5 |
| | 年降水量:县提供数据 | 字符串,4 |
| | 全年日照时数:无 | 字符串,4 |
| | 光能辐射总量:无 | 字符串,4 |
| | 无霜期:县提供数据 | 字符串,3 |
| | 干燥度 CW210107:无 | 双精度,4,2 |
| | 东经:县提供数据 | 双精度,9,5 |
| | 北纬:县提供数据 | 双精度,8,5 |
| | 坡度:地形坡度海拔:海拔高度 | 双精度,6,1 |
| | 坡向:缺少数据 | 双精度,4,1 |
| | 地形部位:数据引用自 NY/T309-1996《全国耕地类型区、耕地地力等级划分》和 NY/T310-1996《全国中低产田类型划分与改良技术规范》 | 字符串,4 |
| | 田面坡度:依据田面实际坡度灌溉保证率:无 | 字符串,50 |
| | 排涝能力:无 | 双精度,4,1 |
| | 梯田类型:无 | 字符串,3 |
| | 梯田熟化年限:无 | 字符串,2 |
| | 保护块面积:无 | 字符串,10 |
| | 土壤侵蚀类型:无 | 字符串,3 |
| | 土壤侵蚀程度:无明显侵蚀,轻度侵蚀 | 双精度,7,2 |
| | | 字符串,8 |

续表

| 图名 | 属性数据结构 | 字段类型 |
|---|---|---|
| 耕地地力调查点基本情况及化验结果数据表 | 污染源企业名称:无 | 字符串,20 |
| | 污染源企业地址:无 | 字符串,50 |
| | 液体污染物排放量:无 | 字符串,50 |
| | 粉尘污染物排放量:无 | 双精度,6,1 |
| | 污染面积 LE220105:无 | 双精度,6,1 |
| | 污染物类型:无 | 双精度,9,2 |
| | 污染范围:无 | 字符串,20 |
| | 污染造成的损害:无 | 字符串,40 |
| | 距污染源距离:无 | 字符串,30 |
| | 污染物形态:无 | 字符串,5 |
| | 污染造成的经济损失:无 | 字符串,4 |
| | 省名称:山东省 | 字符串,9 |
| | 县名称:××市,××区,××县 | 字符串,8 |
| | 乡名称:××乡,××镇,××街道 | 字符串,18 |
| | 村名称:××村,××委员会 | 字符串,18 |
| | 户主姓名 | 字符串,8 |
| | 土壤类型代码(国标):根据县提供数据填写 | 字符串,8 |
| | 土类名称(县级):县提供数据 | 字符串,20 |
| | 亚类名称(县级):县提供数据 | 字符串,20 |
| | 土属名称(县级):县提供数据 | 字符串,20 |
| | 土种名称(县级):县提供数据 | 字符串,20 |
| | 剖面构型:土层符号代码表、土层后缀符号代码表、剖面构型数据编码表 | 字符串,10 |
| | 是根据《中国土种志》整理 | 字符串,8 |
| | 质地构型:无 | 字符串,2 |
| | 耕层厚度:县提供数据 | 字符串,10 |
| | 障碍层类型:无 | 字符串,3 |
| | 障碍层出现位置:无 | 字符串,3 |
| | 障碍层厚度:无 | 字符串,30 |
| | 成土母质:数据引自农业出版社《土壤调查与制图》(第二版) | 字符串,6 |
| | 质地:中壤土,重壤土,砂壤土 | 双精度,4,2 |
| | 容重:县提供数据 | 字符串,2 |
| | 田间持水量:县提供数据 | 双精度,4,1 |
| | pH:依据土壤化学分析 pH 耕地地力等级评价成果填写 | 双精度,4,1 |
| | CEC:依据土壤化学分析 CEC 值耕地地力等级评价成果填写 | 双精度,5,1 |
| | 有机质:依据土壤化学分析有机质值耕地地力等级评价成果填写 | 双精度,6,3 |
| | 全氮:依据土壤化学分析全氮值耕地地力等级评价成果填写 | 字符串,5 |
| | 全磷:依据土壤化学分析全磷值耕地地力等级评价成果填写 | 双精度,5,1 |
| | 有效磷:依据土壤化学分析有效磷值耕地地力等级评价成果填写 | 字符串,4 |
| | 缓效钾:依据土壤化学分析缓效钾值耕地地力等级评价成果填写 | 字符串,3 |

续表

| 图名 | 属性数据结构 | 字段类型 |
| --- | --- | --- |
| 耕地地力调查点基本情况及化验结果数据表 | 速效钾:依据土壤化学分析速效钾值耕地地力等级评价成果填写 | 双精度,5,2 |
| | 有效锌:依据土壤化学分析有效锌值耕地地力等级评价成果填写 | 双精度,4,2 |
| | 水溶态硼:依据土壤化学分析水溶态硼值耕地地力等级评价成果填写 | 双精度,6,2 |
| | 有效硅:依据土壤化学分析有效硅值耕地地力等级评价成果填写 | 双精度,4,2 |
| | 有效钼:依据土壤化学分析有效钼值耕地地力等级评价成果填写 | 双精度,5,2 |
| | 有效铜:依据土壤化学分析有效铜值耕地地力等级评价成果填写 | 双精度,5,1 |
| | 有效锰:依据土壤化学分析有效锰值耕地地力等级评价成果填写 | 双精度,6,1 |
| | 有效铁:依据土壤化学分析有效铁值耕地地力等级评价成果填写 | 双精度,6,1 |
| | 交换性钙:依据土壤化学分析交换性钙值耕地地力等级评价成果填写 | 双精度,5,1 |
| | 交换性镁:依据土壤化学分析交换性镁值耕地地力等级评价成果填写 | 双精度,5,1 |
| | 有效硫:依据土壤化学分析有效硫值耕地地力等级评价成果填写 | 双精度,5,1 |
| | 盐化类型:无 | 字符串,20 |
| | 1m 土层含盐量:无 | 双精度,5,1 |
| | 耕层土壤含盐量:无 | 双精度,5,1 |
| | 水解性氮:依据土壤化学分析水解性氮值耕地地力等级评价成果填写 | 双精度,5,3 |
| | 旱季地下水位:无 | 字符串,3 |
| | 采样深度:县提供数据 | 字符串,7 |
| 耕层土壤有机质等值线图 | 内部标识码:系统内部 ID 号 | 长整型,9 |
| | 实体类型:point,polyline,polygon | 文本型,10 |
| | 实体长度:系统内部自带 | 长整型,10 |
| | 有机质:依据土壤化学分析有机质值耕地地力等级评价成果填写 | 双精度,5,1 |
| 耕层土壤全氮等值线图 | 内部标识码:系统内部 ID 号 | 长整型,9 |
| | 实体类型:point,polyline,polygon | 文本型,10 |
| | 实体长度:系统内部自带 | 长整型,10 |
| | 全氮:依据土壤化学分析全氮值耕地地力等级评价成果填写 | 双精度,4,2 |
| 耕层土壤有效磷等值线图 | 内部标识码:系统内部 ID 号 | 长整型,9 |
| | 实体类型:point,polyline,polygon | 文本型,10 |
| | 实体长度:系统内部自带 | 长整型,10 |
| | 有效磷:依据土壤化学分析有效磷值耕地地力等级评价成果填写 | 双精度,5,1 |
| 耕层土壤速效钾等值线图 | 内部标识码:系统内部 ID 号 | 长整型,9 |
| | 实体类型:point,polyline,polygon | 文本型,10 |
| | 实体长度:系统内部自带 | 长整型,10 |
| | 速效钾:依据土壤化学分析速效钾值耕地地力等级评价成果填写 | 长整型,3 |

续表

| 图名 | 属性数据结构 | 字段类型 |
|---|---|---|
| 耕层土壤缓效钾等值线图 | 内部标识码:系统内部 ID 号<br>实体类型:point,polyline,polygon<br>实体长度:系统内部自带<br>缓效钾:依据土壤化学分析缓效钾值耕地地力等级评价成果填写 | 长整型,9<br>文本型,10<br>长整型,10<br>长整型,4 |
| 耕层土壤有效锌等值线图 | 内部标识码:系统内部 ID 号<br>实体类型:point,polyline,polygon<br>实体长度:系统内部自带<br>有效锌:依据土壤化学分析有效锌值耕地地力等级评价成果填写 | 长整型,9<br>文本型,10<br>长整型,10<br>双精度,5,2 |
| 耕层土壤有效钼等值线图 | 内部标识码:系统内部 ID 号<br>实体类型:point,polyline,polygon<br>实体长度:系统内部自带<br>有效钼:依据土壤化学分析有效钼值耕地地力等级评价成果填写 | 长整型,9<br>文本型,10<br>长整型,10<br>双精度,4,2 |
| 耕层土壤有效铜等值线图 | 内部标识码:系统内部 ID 号<br>实体类型:point,polyline,polygon<br>实体长度:系统内部自带<br>有效铜:依据土壤化学分析有效铜值耕地地力等级评价成果填写 | 长整型,9<br>文本型,10<br>长整型,10<br>双精度,5,2 |
| 耕层土壤有效硅等值线图 | 内部标识码:系统内部 ID 号<br>实体类型:point,polyline,polygon<br>实体长度:系统内部自带<br>有效硅:依据土壤化学分析有效硅值耕地地力等级评价成果填写 | 长整型,9<br>文本型,10<br>长整型,10<br>双精度,6,2 |
| 耕层土壤有效锰等值线图 | 内部标识码:系统内部 ID 号<br>实体类型:point,polyline,polygon<br>实体长度:系统内部自带<br>有效锰:依据土壤化学分析有效锰值耕地地力等级评价成果填写 | 长整型,9<br>文本型,10<br>长整型,10<br>双精度,5,1 |
| 耕层土壤有效铁等值线图 | 内部标识码:系统内部 ID 号<br>实体类型:point,polyline,polygon<br>实体长度:系统内部自带<br>有效铁:依据土壤化学分析有效铁值耕地地力等级评价成果填写 | 长整型,9<br>文本型,10<br>长整型,10<br>双精度,5,1 |
| 耕层土壤pH 等值线图 | 内部标识码:系统内部 ID 号<br>实体类型:point,polyline,polygon<br>实体长度:系统内部自带<br>pH:依据土壤化学分析 pH 耕地地力等级评价成果填写 | 长整型,9<br>文本型,10<br>长整型,10<br>双精度,4,1 |

续表

| 图名 | 属性数据结构 | 字段类型 |
|---|---|---|
| 耕层土壤交换性钙等值线图 | 内部标识码：系统内部 ID 号<br>实体类型：point，polyline，polygon<br>实体长度：系统内部自带<br>交换性钙：依据土壤化学分析交换性钙值耕地地力等级评价成果填写 | 长整型，9<br>文本型，10<br>长整型，10<br>双精度，6，1 |
| 耕层土壤交换性镁等值线图 | 内部标识码：系统内部 ID 号<br>实体类型：point，polyline，polygon<br>实体长度：系统内部自带<br>交换性镁：依据土壤化学分析交换性镁值耕地地力等级评价成果填写 | 长整型，9<br>文本型，10<br>长整型，10<br>双精度，5，1 |
| 耕层土壤有效硫等值线图 | 内部标识码：系统内部 ID 号<br>实体类型：point，polyline，polygon<br>实体长度：系统内部自带<br>有效硫：依据土壤化学分析有效硫值耕地地力等级评价成果填写 | 长整型，9<br>文本型，10<br>长整型，10<br>双精度，5，1 |
| 耕层土壤水解性氮等值线图 | 内部标识码：系统内部 ID 号<br>实体类型：point，polyline，polygon<br>实体长度：系统内部自带<br>水解性氮：依据土壤化学分析水解性氮值耕地地力等级评价成果填写 | 长整型，9<br>文本型，10<br>长整型，10<br>双精度，5，3 |
| 耕地地力评价等级图 | 内部标识码：系统内部 ID 号<br>实体类型：point，polyline，polygon<br>实体面积：系统内部自带<br>等级（县内）：'120' | 长整型，9<br>文本型，10<br>双精度，19，2<br>文本型，2 |
| 耕层土壤有效硼等值线图 | 内部标识码：系统内部 ID 号<br>实体类型：point，polyline，polygon<br>实体长度：系统内部自带<br>有效硼：依据土壤化学分析有效硼值耕地地力等级评价成果填写 | 长整型，9<br>文本型，10<br>长整型，10<br>双精度，4，2 |
| 土壤全盐含量分布图 | 内部标识码：系统内部 ID 号<br>实体类型：point，polyline，polygon<br>实体长度：系统内部自带<br>全盐：依据土壤化学分析全盐值耕地地力等级评价成果填写 | 长整型，9<br>文本型，10<br>长整型，10<br>双精度，4，1 |
| 耕层土壤有效镁等值线图 | 内部标识码：系统内部 ID 号<br>实体类型：point，polyline，polygon<br>实体长度：系统内部自带<br>有效镁：依据土壤化学分析有效镁值耕地地力等级评价成果填写 | 长整型，9<br>文本型，10<br>长整型，10<br>长整型，2 |

续表

| 图名 | 属性数据结构 | 字段类型 |
| --- | --- | --- |
| 耕层土壤有效钙等值线图 | 内部标识码:系统内部 ID 号<br>实体类型:point,polyline,polygon<br>实体长度:系统内部自带<br>有效钙:依据土壤化学分析有效钙值耕地地力等级评价成果填写 | 长整型,9<br>文本型,10<br>长整型,10<br>长整型,2 |

## 第五节 建库工作方法

### 一、数据库质量控制

数据库质量涉及三个方面的工作:一要满足耕地地力评价工作的需要。二要满足耕地资源信息系统数据库建设的需要。三要满足建库所有成果图件输出的需要。为满足以上三个方面的要求,在数据库建设工作开展前,首先在有关国标、部标和行业标准的基础上,制定了统一的工作平台、工作方法和流程,成果图件图名、图例和色彩编制要求,成果质量检查工作方法,对耕地地力评价基础性图件首先在建库单位初步检查后,交项目县进行全面检查和修改补充错漏内容,返回建库单位对所有成果图件安排专人进行全面检查和修改,从而保证了数据库的成果质量。

### 二、建库工作有关规定

为保证建库工作的按时及保质完成,成立了建库项目组。

(一)建库项目组

设立技术负责一人,全面负责建库工作有关规程的学习,日常建库工作安排、工作进度、质量检查、建库数据库资料汇总、MAPGIS 格式建库成果经 ARCGIS 规范化处理,导入县域耕地资源信息系统等工作。

(二)质量检查组

安排具有工作经验的人员成立检查组,负责所有建库资料的质量检查及修改工作。

(三)制定了建库工作标准

在建库工作前,首先对建库图形子图的大小、线的粗细及线型、面的色彩搭配、图件分层、工作方法和流程下发到每一个建库工作人员手中,统一了建库图形扫描矢量化的技术要求。

(四)最终成果检查

所有成果图待评审验收后,依据专家意见,由建库组和耕地地力评价组依据专家和甲方意见进行成果图和数据库修改补充,最后输出成果图件和导入县域耕地资源信息系统。

### 三、建库资料精度及建库工作流程

(一)建库资料精度

为保证建库资料的数学精度,首先形成大于曲阜市范围的 1∶300000 标准图幅理论图框，拼接形成县域的 1∶300000 理论图框，以 1∶300000 标准分幅地形图为基础，在地形图和县域土地利用现状图上选择同名地物点（主要为农村道路交叉点等）为几何校正点，为保证县域图件的精度，选择了不少于 30 个几何校正点，每一个几何校正点选择地形图附近的 4 个公里网交叉点，将其校正到县域的理论图框上，形成满足 1∶300000 精度要求的县域地理底图。以该图为基础，将所有建库成果图件校正到县域地理底图上。

（二）建库工作流程

第一步：首先按照建库工作的基本要求对土地利用现状、土壤、矿化度、灌溉分区、地貌、采样点位等图件进行扫描矢量化和几何校正处理、建库组错漏自查和交甲方进行错漏检查、返回建库组修改及编辑、拓扑检查、属性挂接处理等。

第二步：将以上成果交耕地地力评价组进行耕地地力评价工作。

第三步：耕地地力评价组将其评价成果资料再返回建库组，由建库组按照县域耕地资源信息系统数据库建设要求，对所有建库成果资料进行全面的质量检查及编辑处理、拓扑处理、属性挂接，最后由 MAPGIS—ARCGIS－县域耕地资源信息系统输出成果图件。

（三）主要空间数据库说明

1. 行政区划图（地理底图）

以土地利用现状图为背景，分别提取乡镇、村庄、主要工矿企业建设用地、主要道路、河流、境界、行政区划等内容。参考地图或 1∶300000 地形图，对主要道路、双线河流等地物进行连接并加注地物注记。依据卫星影像等资料，对近年来增加的主要道路进行更新。

2. 土壤图

依据土壤调查研究报告、土壤志、山东省土壤分类归属标准，编制土种归属对比表和国标、省标、县三级对比表图例。在土壤图上保留土壤图原始代码，属性挂接为国标代码，可满足部、省、县各级政府工作的需要。

3. 地貌图

由于地貌图为微地貌图，为满足部、省、县各级政府使用及建库工作的需要，在地貌图中保留了原地貌代码，其属性尽量对应到数据字典中的名称及代码，在图例中增加了对比表，满足了各项工作的需要。

（四）属性库编制方法

严格按照建库数据字典中的要求及建库单位提供的资料编制各种成果图属性代码。

## 第六节　建库成果

曲阜市耕地资源信息系统数据库建设成果包括农业部规定格式的数据库和 MAPGIS 格式的成果，共计 22 幅图，如表 7-3 所示。

表 7-3 曲阜市耕地资源信息系统数据库建设成果表

| 序号 | 成果图名称 | 备注 |
|---|---|---|
| 1 | 曲阜市土地利用现状图 | |
| 2 | 曲阜市地貌图 | |
| 3 | 曲阜市土壤图 | |
| 4 | 曲阜市坡度图 | |
| 5 | 曲阜市耕地地力调查点点位图 | |
| 6 | 曲阜市灌溉分区图 | |
| 7 | 曲阜市土壤 pH 分布图 | |
| 8 | 曲阜市耕地地力评价等级图 | |
| 9 | 曲阜市土壤缓效钾含量分布图 | |
| 10 | 曲阜市土壤碱解氮含量分布图 | |
| 11 | 曲阜市土壤交换性钙含量分布图 | |
| 12 | 曲阜市土壤全氮含量分布图 | |
| 13 | 曲阜市土壤速效钾含量分布图 | |
| 14 | 曲阜市土壤有机质含量分布图 | |
| 15 | 曲阜市土壤有效磷含量分布图 | |
| 16 | 曲阜市土壤有效硫含量分布图 | |
| 17 | 曲阜市土壤有效锰含量分布图 | |
| 18 | 曲阜市土壤有效钼含量分布图 | |
| 19 | 曲阜市土壤有效硼含量分布图 | |
| 20 | 曲阜市土壤有效铁含量分布图 | |
| 21 | 曲阜市土壤有效铜含量分布图 | |
| 22 | 曲阜市土壤有效锌含量分布图 | |

## 第七节 结 论

曲阜市耕地资源管理信息系统数据库建设包括空间数据库和属性数据库二部分内容，空间数据库全部是按照县域耕地资源管理信息系统数据字典要求进行的。属性数据库由于部分资料难以收集到(如土地平差面积等)，属性数据仅按照县域耕地资源管理信息系统数据字典要求编制了部分内容。例如耕地地力评价土壤采样点位图，利用 GPS 坐标展绘到地理底图上的点与实际点位误差较大，达不到精度要求，所以耕地地力评价土壤调查采样点位图是依据野外采样点位图经扫描矢量化后形成，属性挂接为 GPS 定点的坐标。

在数据库建设工作中，项目组虽然为了提高建库工作质量制定了相关的工作方法和技术要求，由于建库人员水平不一，难免有错漏之处，敬请指正。

# 第八章　曲阜市耕地改良利用分区

耕地是农业生产和农业可持续发展的重要基础。耕地维持着作物生产力、影响着环境的质量和动物、植物甚至人类的健康。自1980年曲阜市第二次土壤普查以来，随着农村经营体制、生产方式、耕作制度、作物品种、种植结构、产量水平和肥料使用等方面的显著变化，耕地利用状况也发生了明显改变。近年来，虽然对部分耕地实施了地力监测，但至今对区域中、低产耕地状况及其障碍因素等缺乏系统性、实用性的调查分析，使耕地利用与改良难以适应新形势下农业生产发展的要求。因此，开展区域耕地地力调查评价，摸清区域中、低产耕地状况及其障碍因素，有的放矢地开展中、低产耕地的科学改良利用，挖掘区域耕地的生产潜力，对于曲阜市耕地资源的可持续利用具有十分重要的意义。

## 第一节　耕地改良利用分区原则与分区系统

### 一、耕地改良利用分区的原则

耕地改良利用区划的基本原则是从耕地自然条件出发，主导性、综合性、实用性和可操作性相结合。按照因地制宜、因土适用、合理利用和配置耕地资源，充分发挥各类耕地的生产潜力，坚持用地与养地相结合，近期与长远相结合的原则进行。以土壤组合类型、肥力水平、改良方向和主要改良措施的一致性为主要依据。同时，考虑地貌、气候、水文和生态等条件以及植被类型，参照历史与现状等因素综合考虑进行分区。

### 二、耕地改良利用分区系统

根据耕地改良利用原则，将影响耕地利用的各类限制因素归纳为耕地自然环境要素、耕地土壤养分要素和耕地土壤物理要素，将全区耕地改良利用划分为三个改良利用类型区，即：耕地自然环境条件改良利用区、耕地土壤培肥改良利用区、耕地土体整治改良利用区，并分别用大写字母E、N和P表示。各改良利用类型区内，再根据相应的限制性主导因子，续分为相应的具体改良利用亚类。

## 第二节 耕地改良利用分区方法

### 一、耕地改良利用分区因子的确定

耕地改良利用分区因子是指参与评定改良利用分区类型的耕地诸属性。由于影响的因素很多，根据耕地地力评价，遵循主要因素原则、差异性原则、稳定性原则、敏感性原则，进行了限制主导因素的选取。考虑与耕地地力评价中评价因素的一致性、各土壤养分的丰缺状况及其相关要素的变异情况，选取耕地土壤有机质含量、耕地土壤有效磷含量、耕地土壤速效钾含量、耕地土壤有效锌含量和耕地土壤有效硼含量因素作为耕地土壤养分状况的限制性主导因子；选取灌溉保证率、坡度和有效土层厚度作为耕地自然环境状况的限制性主导因子；选取耕层质地条件和土体构型作为耕地土壤物理状况的限制性主导因子。

### 二、耕地改良利用分区标准

依据农业部《全国中低产田类型划分与改良技术规范》，根据山东省各县区耕地地力评价资料，综合分析目前全省各耕地改良利用因素的现状水平，同时针对影响曲阜市耕地利用水平的主要因素，邀请具有土壤管理经验的相关专家进行分析，制定了耕地改良利用各主导因子的分区及其耕地改良利用类型的确定标准，具体分级标准如表 8-1 所示。

表 8-1 耕地改良利用主导因子分区标准

| 耕地改良利用区划 | 限制因子 | 代号 | 分区标准 |
|---|---|---|---|
| 耕地土壤培肥改良利用区(N) | 有机质(o,g/kg) | No | ＜12 |
| | 有效磷(p,mg/kg) | Np | ＜15 |
| | 速效钾(k,mg/kg) | Nk | ＜100 |
| | 有效锌(zn,mg/kg) | Nzn | ＜0.5 |
| | 有效硼(b,mg/kg) | Nb | ＜0.5 |
| 耕地自然环境条件改良利用区(E) | 灌溉保证(i,%) | Ei | 灌溉保障率低于 50% |
| | 坡度[s,(°)]) | Es | ＞10° |
| | 有效土层(d,cm) | Ed | ＜60cm |
| 耕地土体整治改良利用区(P) | 耕层质地(t) | Pt | 砂土、砂壤、粗骨土 |
| | 土体构型(c) | Pc | 土体中有障碍层次 |

### 三、耕地改良利用分区方法

在 GIS 支持下，利用耕地地力评价单元图，根据耕地改良利用各主导因子分区标准在其相应的属性库中进行检索分析，确定各单元相应的耕地改良利用类型，通过图面编辑生成耕地改良利用分区图，并统计各类型面积比例。

# 第三节 耕地改良利用分区专题图的生成

## 一、耕地土壤培肥改良利用分区图的生成

根据耕地土壤养分限制因素分区标准把曲阜市耕地有机质分为两类，即有机质改良利用区和有机质非改良利用区，有机质改良利用区以代号 No 标注；同样，有效磷改良利用区用代号 Np 标注，速效钾改良利用区用代号 Nk 标注，有效锌改良利用区用符号 Nzn 标注，有效硼改良利用区用代号 Nb 表示。编辑生成耕地土壤培肥改良利用分区图（见图 8-1）。

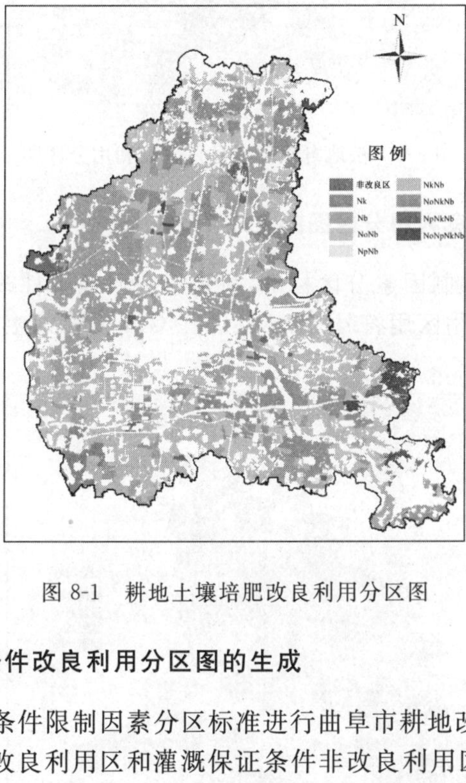


图 8-1 耕地土壤培肥改良利用分区图

## 二、耕地自然环境条件改良利用分区图的生成

根据耕地自然环境条件限制因素分区标准进行曲阜市耕地改良利用分区。灌溉保证条件分为灌溉保证条件改良利用区和灌溉保证条件非改良利用区，改良利用区用代号 Ei 标注；坡度条件分为坡度条件改良利用区和坡度条件非改良利用区，坡度条件改良利用区以代号 Es 标注；有效土层厚度分为有效土层改良利用区和有效土层非改良利用区，有效土层改良利用区以代号 Ed。标注结果如图 8-2 所示。

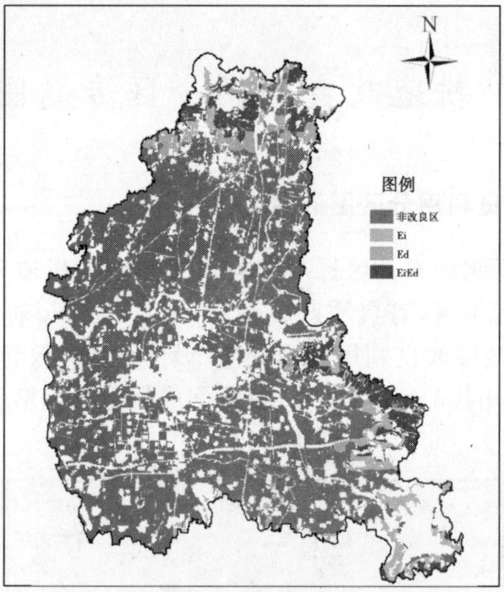


图 8-2 耕地自然环境条件改良利用分区图

## 三、耕地土体整治改良利用分区图的生成

根据耕地土地条件限制因素分区标准，耕地耕层质地条件改良利用区用符号 Pt 标注，耕地土体构型改良利用区用符号 Pc 标注。在 GIS 下检索生成耕地土体整治改良利用分区图(见图 8-3)。

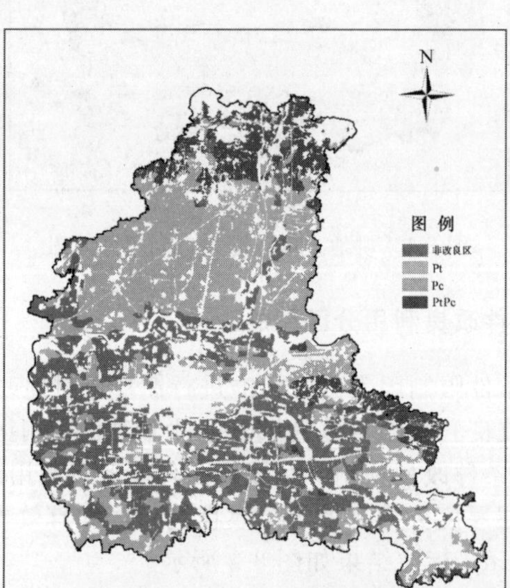


图 8-3 耕地土体整治改良利用专题图

# 第四节 耕地改良利用分区结果分析

## 一、耕地土壤培肥改良利用分区面积统计及问题分析

曲阜市耕地土壤培肥改良利用区各改良利用类型面积及其比例如表8-2所示。

表8-2 曲阜市耕地土壤培肥改良利用分区面积统计表

| 改良利用分区 | Nk | Nb | NoNb | NpNb | NkNb | NoNkNb | NpNkNb | NoNpNkNb | 非改良区 | 总计 |
|---|---|---|---|---|---|---|---|---|---|---|
| 面积（$hm^2$） | 630.95 | 12492.46 | 3485.4 | 206.69 | 16181.19 | 7659.06 | 525.59 | 842.21 | 675.45 | 42699 |
| 百分比（%） | 1.48 | 29.26 | 8.16 | 0.48 | 37.9 | 17.94 | 1.23 | 1.97 | 1.58 | 100 |

由表8-2知，曲阜市的非改良耕地面积为675.45$hm^2$，仅占全市耕地面积的1.58%，突出特点是耕地严重缺乏微量元素硼。土壤主要养分需要培肥改良的耕地分布比较广泛，几乎全市范围内的耕地都需要进行土壤培肥改良。仅有少部分非改良区零散地分布在董庄乡和姚村镇。其中缺乏有机质、有效磷、速效钾、有效硼的耕地面积为842.21$hm^2$，占总耕地面积的1.97%；缺乏有机质、速效钾、有效硼的耕地面积为7659.06$hm^2$，占总耕地面积的17.94%；缺乏有效磷、速效钾、有效硼的耕地面积为525.59$hm^2$，占总耕地面积的1.23%；缺乏有机质和有效硼的耕地面积为3485.4$hm^2$，占总耕地面积的8.16%；缺乏有效磷和有效硼的耕地面积为206.69$hm^2$，占总耕地面积的0.48%；缺乏速效钾和有效硼的耕地面积为16181.19$hm^2$，占总耕地面积的37.90%；单一缺乏速效钾的耕地面积为630.95$hm^2$，占耕地面积的1.48%；单一缺乏有效硼的耕地面积为12492.46$hm^2$，占总耕地面积的29.26%。缺乏有机质的三类需改良耕地面积为11986.62$hm^2$，占总需改良土壤耕地的28.5%；同时缺乏有效磷、有效钾的需改良耕地面积为1367.8$hm^2$，占总需改良土壤耕地的3.25%。从各类型面积比例看出，曲阜市耕地土壤培肥改良的主要方向为增施有机质、钾肥和微肥，注重磷肥的使用，尤其重视速效钾和有效硼养分的提高，通过改善施肥结构，加强农田养分管理，不断地改善曲阜市耕地养分的状况。

## 二、耕地自然环境条件改良利用分区面积统计及问题分析

曲阜市耕地自然环境条件改良利用区各改良利用类型面积及其比例如表8-3所示。

表8-3 曲阜市耕地土壤培肥改良利用分区面积统计表

| 改良利用分区 | Ei | Ed | EiEd | 非改良区 | 总计 |
|---|---|---|---|---|---|
| 面积（$hm^2$） | 2016.79 | 1501.82 | 3327.81 | 35852.58 | 42699 |
| 百分比（%） | 4.72 | 3.52 | 7.79 | 83.97 | 100 |

由图 8-2 和表 8-3 可以看出，曲阜市耕地自然环境条件总体很好，由于自然环境条件受地势影响较大，因此北部和东南部的丘陵区明显差于曲阜市的其他地区。在对曲阜市耕地自然环境条件分析的基础上，得出 83.97％的耕地面积不需改良，需要改良的面积仅占总耕地面积的 16.03％。其中耕地环境条件较差的乡镇主要有董庄乡、南辛镇、吴村镇和防山乡，而且董庄乡、吴村镇和防山乡有大部分地区的灌溉和有效土层均需要改良。由表 8-3 知，灌溉条件和有效土层厚度需要改善的耕地面积为 3327.81$hm^2$，占总耕地面积的 7.79％；只有灌溉条件需要改善的耕地面积为 2016.79$hm^2$，占总耕地面积的 4.72％；只有有效土层厚度需要改善的耕地面积为 1501.82$hm^2$，占总耕地面积的 3.52％。由此可见，曲阜的自然环境条件改良利用的主要方向为改善该区耕地的灌溉水平和有效土层，尤其是北部和东南部丘陵地区的有效土层，应通过完善水利设施、加强节水灌溉、提高降雨的利用率等方式提高灌溉水平；通过种植经济林、保持水土、深耕、土地整理等方式，不断地增加有效土层的厚度。

### 三、耕地土体整治改良利用分区面积统计及问题分析

曲阜市耕地土体整治改良利用区各改良利用类型面积及其比例如表 8-4 所示。

表 8-4 曲阜市耕地土体整治改良利用分区面积统计表

| 改良利用分区 | Pt | Pc | PtPc | 非改良区 | 总计 |
|---|---|---|---|---|---|
| 面积($hm^2$) | 112.6 | 20383.59 | 5253.81 | 16949 | 42699 |
| 百分比(％) | 0.26 | 47.74 | 12.3 | 39.69 | 100 |

由表 8-4 知，曲阜市耕地土体结构整体较差，不需改良的耕地面积为 16949$hm^2$，仅总占耕地面积的 39.69％。需要改良的面积占耕地总面积的 60.31％，几乎分布在整个曲阜市的耕地范围内；耕层质地和土体构型均需要改良的耕地面积为 5253.81$hm^2$，占总耕地面积的 12.3％；只有耕层质地需要改良的耕地面积为 112.6$hm^2$，占总耕地面积的 0.26％；只有土体构型需要改良的耕地面积为 20383.59$hm^2$，占总耕地面积的 47.74％。耕层质地较差的乡镇有董庄乡、吴村镇和防山乡，由于此地区大多是丘陵地带，大部分地区存在夹砂和砺质问题，需通过客土等方式来改善土壤表层质地。土体构型较差的乡镇主要有姚村镇北部，董庄乡、吴村镇中南部，王庄镇大部，全市其他乡镇土壤也普遍存在土体构型差的问题，针对此问题，可以通过深耕改土、增施有机肥、秸秆还田等措施进行改良。改善土体构型将是曲阜市在未来几年内着重进行土地整治改良利用的方向。

## 第五节 耕地改良利用对策及措施

### 一、加强耕地保护，增加耕地投入

农业是立国之本，也是既要承担自然风险又要承担市场风险的弱质产业，保护农业是国民经济发展中面临的重大问题。由于调控体制不健全和比较利益的驱使，造成了两方

面的后果：一是各层次资金投入重点向非农业倾斜，资金投入不足已成为农业生产发展的主要制约因素；二是曲阜市交通和工矿企业的发展及城市化进程的加快是以牺牲耕地为代价的，并且所占用耕地大多为一、二级地，耕地保护未引起足够重视。因此，要达到农业增产的途径就要增加耕地投入，加强中低产田改造，不断提高耕地的质量，从而提高农业耕地利用的生产能力和经济效益。

一是加强农田标准化建设。加大土地整理力度，坚持高标准、高质量农田建设，建设田地平整、土壤肥沃、路渠配套的高产稳产农田，提高土地产出率。二是加快水利建设。建设一批重点水利工程，大力实施中小水库塘坝除险加固改造，加快小流域治理，提高全市农业产业抵御自然灾害能力，确保旱涝保收。三是加快农业信息化步伐。大力实施"信息化村示范工程"，加强对农村信息员和农民的技术培训，有效扩大农业科技信息服务覆盖面。另外，进一步加强对耕地保护的宣传，增加耕地改良利用的投入，通过对耕地的改良逐步消除制约耕地生产力的限制因素，培肥地力，改善农业生产条件和农田生态环境。

### 二、科学施肥，用养结合，培肥地力

近十多年以来，随着曲阜市农村经济的发展和农民生产生活条件的改善，农业生产方式发生了较大的改变。畜牧集约养殖产业的兴起使得农村单个农户的禽、畜饲养量也逐年减少，有机肥源严重不足，而农业机械化水平的快速提高使得大量农村劳动力外出务工，农村劳动力缺乏，农家肥使用数量也随之减少。一是造成了在耕地开发利用上重利用、轻管理的现象，二是造成了施肥管理上重化肥、轻有机肥的普遍现象，虽然全区化肥的施用量逐年增加，但有机肥投入量却逐年减少，特别是大田作物极少使用，而且投入的化肥以氮、磷肥为主，引起土壤养分特别是速效钾和微量元素含量的下降和矿质养分的失衡，导致耕地肥力下降。全区普遍存在速效钾含量偏低和微量元素特别是有效硼含量偏低等限制性因素，需要增施钾肥的耕地面积为25839$hm^2$，占全区耕地总面积的60.52%；需要增施硼肥的耕地面积为41392.6$hm^2$，占全区耕地总面积的96.94%；需要增施磷肥的耕地面积为1574.49$hm^2$，占全区耕地总面积的3.68%；需要增施有机质肥料的耕地面积为11986.62$hm^2$，占全区耕地总面积的28.5%。因此，曲阜市要持续提高中、低产耕地的基础地力，为农作物生长创造高产基础，必须将用土与养土妥善结合起来，广辟有机肥源，重视有机肥的施用，提倡秸秆还田和使用有机—无机复混肥。同时应利用中、低产耕地调查评价成果，科学指导化肥的调配，采用科学优化平衡施肥，重视合理增施钾肥和微肥，不断培肥地力，实现中、低产耕地资源的永续利用。

### 三、兴修水利，整修梯田，增加有效土层

曲阜市地形较为复杂，平原、丘陵、山地兼备。境内低山丘陵面积占总面积的22.2%，坡度变化较大，而坡度是影响植物生长的重要条件，坡度条件与耕地的基础地力有着密切的关系；水利是农业的命脉，也是绝大多数低山丘陵区产量限制的主要因素之一。因而要想提高土壤的产值和效益、提高土地的利用效率，可以通过以下措施解决坡度和水利问题。

(一)修筑高标准的梯田，变坡地为平地，增施有机肥，从而增加土层厚度，同时在山腰

或山顶修建蓄水池，解决临时性干旱问题，进而提高单位面积产量。

（二）对于坡度大于25°的，一定要进行退耕还林，种植经济林，减少水土流失；对于坡度为10°～25°的，鼓励农民种植经济作物。

### 四、采用农业措施改良土壤质地、改善土体结构

曲阜市东南部山区耕地土壤限制性因素主要为土层薄，水土流失严重，要从调整土地利用结构和建设基本农田起步，改广种薄收为集约经营，改单一经营为农、林、牧、副全面发展，因地制宜，全面规划，综合治理，连续治理，实行生物措施与工程措施相结合、坡地治理与沟道治理相结合，田间工程和蓄水保土耕作相结合。在不宜种粮的粗骨土和棕壤性土上，因地制宜地大力发展果、药土特产。目前，石门山一带种植的板栗、柿子已取得较好的效益，还应进一步扩大面积；尼山一带试种的茶树也已取得较好的效果，但需注意茶叶采收后的加工工序问题。在土层较厚的地方，可以发展果粮间作，以尽快提高经济效益。在土层薄、水土流失严重的地方，应先种草、养畜，发展牧业生产。

### 五、合理利用耕地资源，发展生态型可持续农业，改善生态环境

耕地生态环境质量的高低是保证农作物持续稳产、高产、优产、高效的重要前提。根据曲阜市资源优势以及生态环境的特点，因地制宜地利用耕地资源，通过合理轮作、科学间套种等措施，增加复种指数，努力提高耕地资源的利用率。注重多物种、多层次、多时序、多级质能、多种产业的有机结合，农、林、牧、副、渔并举，建立生态型可持续农业系统，达到经济、生态和社会效益的高度统一。

（一）坚持发展循环农业，化解农业发展面临的资源和环境矛盾

一是要节约利用资源，注重发展节地、节水、节种、节肥、节药、节能的农业生产方式。实行最严格的耕地保护制度，确保基本农田总量不减少、用途不改变、质量不下降。因地制宜地总结推广节水农业，推广应用喷灌、滴灌等节水技术。转变传统耕作方式，科学使用种子、化肥、农药和农膜，改进畜禽饲养方式，发展节粮型畜禽养殖业。二是大力发展循环农业。在农业产业化基地建设中，要充分考虑种植、养殖、加工各环节配套措施，注重发展循环经济，促进农林结合、农牧结合，把在农业生产过程中产生的废物和污染在内部进行消化、处理，减少对环境的影响。三是加强农业面源污染治理力度。推广种植业、养殖业清洁生产技术和生态型施肥施药技术，发展生态种植和养殖模式。加快测土配方施肥技术的推广应用。加快畜牧养殖场集约化，并尽快完成全市规模畜禽养殖场粪便无害化治理。水产养殖也要推广节约型、清洁型养殖方式，减少饵料投放和用药。

（二）提升生态农业的产业化经营水平

重新审视新形势下耕地承包到户不利于耕地资源规模集约经营的现状，深化农村集体产权制度改革，建立健全土地流转制度，大力推进土地集约化经营。围绕区域优势产业，大力扶持发展农业龙头企业，形成公司与农户相结合的现代农业运营模式，建立优质农产品生产基地，逐步实现“龙头带基地、基地连农户、产加销一条龙、贸工农一体化”的产业化经营模式。大力发展农业专业合作经济组织，逐步形成运作规范、良性发展的运行机制，将分散、弱小的单个农民有效地组织起来，提高农户生产专业化和组织化程度，增强竞

争力和抗风险能力，提高耕地资源的集约经营和经济效益。

（三）加快生态农业技术集成与推广，实现农业生产生态化

一是要继续加大农业科技开发的力度。加强各种农业新技术的集成和推广力度，建立高效的生态农业技术支撑体系。二是要全面推进高效生态农业标准化建设。三是要继续稳定农技推广服务体系。要进一步完善县、乡两级农技推广体系建设，注重主导产业和产品的技术配套，逐步建立高效实用的科技推广网络。

# 第九章　耕地资源合理利用与改良

## 第一节　利用与改良的耕地资源的现状与特征

### 一、耕地利用现状

曲阜市土地总面积为 81474hm²，其中山丘占 31.1%，涝洼占 13.5%，平原占 55.4%。农用地面积为 57085.49hm²，占土地总面积的 70.07%，其中耕地总面积为 47262.95hm²，占农用地总面积的 82.79%；园地总面积为 1472.40hm²，占农用地总面积的 2.57%；林地总面积为 6913.97hm²，占农用地总面积的 12.11%；其他农用地总面积为 1436.17hm²，占农用地总面积的 2.52%。建设用地为 21889.63hm²，占土地总面积的 26.87%，其中城市居民点及工矿用地为 12094.50hm²，占土地总面积的 14.84%；交通用地为 3915.93hm²，占土地总面积的 4.81%；水利设施用地为 5879.20hm²，占土地总面积的 7.22%。未利用土地为 2500.31hm²，占土地总面积的 3.07%。

根据曲阜市 2007 年统计年鉴统计，曲阜市常用耕地面积为 42700hm²。农作物播种总面积为 76600hm²，其中，小麦为 31200hm²，玉米为 28700hm²，大豆为 1700hm²，花生为 700hm²，瓜菜为 9300hm²，果园为 1700hm²。

### 二、耕地资源的特征

(一)土壤养分不平衡

化验结果表明，曲阜市耕层土壤有机质平均值为 13.1g/kg，比第二次土壤普查时的 8.6g/kg，提高 4.5g/kg；碱解氮由第二次土壤普查的平均 48mg/kg，上升至 79mg/kg，比第二次土壤普查增加了 31mg/kg；有效磷由第二次土壤普查的平均 6.86mg/kg，上升至 41.8mg/kg，比第二次土壤普查增加了 34.94mg/kg，部分高产田和蔬菜地磷素存在富积现象；速效钾含量增长不均匀，部分乡镇土壤速效钾含量呈下降趋势。综合以上数据说明，曲阜市土壤有机质含量虽然有所增加但含量仍然偏低。20 世纪 70 年代，农民积沤农家肥已成了农业的当家肥料，到了 20 世纪 80 年代以后，随着化肥的大量使用，作物生物产量大幅度提高，作物根茬还田量增加，但积沤和施用农家肥的数量锐减，致使土壤有机质含量增加缓慢，是土壤肥力不高的主要原因。近年来，作物秸秆还田作为重要有机肥源的补充，一定程度上缓解了机肥源不足的问题，但作物秸秆还田的数量和质量仍然有待提高，还需要进一步扩大有机肥源。土壤速效养分含量在近几年增加的幅度较大，主要是多年来持续增施氮肥以及20世纪90年代以来持续较高强度施用二铵、复合肥的结果，同时曲阜市大力研究和推广测土配方施肥技术，调动了广大农民科学种田的积极性，增加了农业投入。土壤微量元素含量近几年在逐渐减少，主要是土壤施用有机肥料数量减少的原因，有机肥料含有多种微量元素，是土壤微量元素的主要来源。有机肥料施用量的不足导致了土壤微量元素的减少，必须通过施肥来补充。总体来说，曲阜市的化肥使用量过大与不合理的施用比例，导致了化肥资源浪费、化肥利用率低，再加上有机肥使用不足，致使农田土壤肥力整体不高，养分资源分布不均衡，出现养分供应障碍、土体盐渍化和结构变劣等问题。

（二）耕地减少、后备资源不足

耕地是农业最基本的生产资料，是决定农业发展潜力的重要因素。新中国成立以来，由于人口增加和社会经济发展，耕地面积不断减少，人均耕地数量下降，1949年全市耕地49466.7hm$^2$，人均耕地面积为1634m$^2$，1980年全市耕地面积为48053.33hm$^2$、人均耕地面积为994m$^2$，耕地面积减少了1333.33hm$^2$，到2008年全市耕地下降到42700hm$^2$，又减少了5333hm$^2$，人均耕地面积为807m$^2$，与解放初期相比，人均耕地减少了50.6%；全市现有土地总面积为81474hm$^2$，其中未利用土地面积为2500.31hm$^2$，仅占土地总面积的3.07%。从未利用土地的构成来看，数量最大的是裸岩石砾地、田坎和荒草地，开发有较大难度，尤其不宜开发为耕地，土地后备资源严重不足。

（三）土壤存在障碍因素

全市现有耕地中，存在着不同障碍因素的耕地面积有25753.33hm$^2$，占耕地面积的63.31%，表现为土壤漏水、漏肥，土体积水内涝，不仅抑制作物生长，甚至致死减产，严重限制着农业的发展。另外我市的北、东、东南三面为低山丘岭，土层浅薄，植被覆盖率低，水土流失严重，面积为5366.67hm$^2$，占耕地面积的12.3%。也是我市发展农业的主要障碍之一。

（四）农业生产结构不尽合理

全市农业内部各行业虽然经过近年的调整，但所占比例仍不够协调。表现为农、林、牧、渔业发展不平衡，土地资源未能充分利用。种植业内部结构不尽合理，作物布局不够稳定，突出抓小麦、玉米，忽视其他作物，瓜菜以季节菜为主，保护地蔬菜面积较小。

## 第二节　耕地资源合理利用的对策

### 一、增施有机肥，培肥地力

有机肥料养分全面，营养元素释放均匀持久，可以增加有机质，培肥地力，改善土壤状况，使土壤活性变好，解除土壤板结，增强土壤保肥、保水能力，长期使用有机肥，可以提高农作物的产量和品质，增强抗逆性，还可有效缓解重茬作物带来的危害。有机肥成本低，肥力持久，是培肥地力、发展现代高效安全农业的首选。增加土壤有机质的途径：一是增施商品有机肥；二是增施圈肥，提高积肥质量，大力发展畜牧业；三是大搞秸秆还田；四是大力推广生物有机肥、有机无机肥、菌肥等新型肥料；五是应用沼气肥，它是一种优质的有机肥，可溶性养分多，速效氮高，其他养分也较全。据报道，亩施 2000kg 沼气肥比同样数量的圈肥增产 5.7%～26.5%，土壤中的硝态氮增加 10mg/kg，速效磷增加 8.4mg/kg，速效钾增加 11.3mg/kg，推广沼气，既能解决农村能源又能提高肥效，目前全市已拥有户用沼气池 1.2 万余个，占农村总户数的 6.4%，发展前景广阔。

## 二、深耕改土，加厚耕作层

深耕深翻打破犁底层，能够熟化土壤加厚耕作层，提高土壤通透性和蓄水性。深耕，尤其是配合增施有机肥和秸秆还田有利于好气性微生物活动，促进团粒结构形成，提高土壤肥力，扩大作物根系吸收利用的营养面积；深翻并结合整平地面，有利于合理用水，提高灌水质量，防止对土壤的侵蚀。深翻时注意不要打乱土层，深耕要逐年加深，一般每次加深 3cm 为宜。在近山阶地和岭坡中低产田区域，宜开展以改土治水为中心，实行山、水、田、林、路综合治理，植树造林，整修梯田，兴修水利，合理轮作，用养结合，加速土壤熟化，增加土壤的蓄水、保肥能力，为植物、微生物创造良好的土壤环境。

## 三、协调耕地土壤养分，推广测土配方施肥技术

曲阜市土壤全氮含量平均为 0.77g/kg，碱解氮含量平均 78.6mg/kg，有效磷含量平均为 41.8mg/kg，速效钾含量平均为 103mg/kg，有效硼含量平均为 0.31mg/kg。全区普遍存在速效钾和微量元素有效硼含量偏低的现象，需要增施钾肥的耕地面积为 25839$hm^2$，占全区总耕地面积的 60.52%；需要增施硼肥的耕地面积为 41392.6$hm^2$，占全区总耕地面积的 96.94%；需要增施磷肥的耕地面积为 1574.49$hm^2$，占全区总耕地面积的 3.68%。针对曲阜市土壤养分资源分布不均，供应状况不协调的现状，合理施肥，协调作物营养，加强养分管理，提高肥料效益。一是氮、磷、钾肥配合施用。按照小麦稳氮、调磷、补钾、适施硼，玉米稳氮、调磷、增钾、补施锌，大蒜稳氮、降磷、增钾、补微肥的施肥原则，在增施有机肥料的基础上，协调氮、磷、钾肥的使用比例，改变施肥方式，提高肥料利用率。二是推广测土配方施肥，将平衡施肥技术作为生产安全优质农产品、控制肥料污染的首要技术。三是积极推广应用中微量元素肥料、生物有机肥、有机无机肥、菌肥、沼气肥等新型肥料，逐步提高该类肥料的覆盖率。

## 四、搞好土地利用规划，合理利用每寸土地

土地是农业最基本的生产资料，全市人多地少，耕地后备资源不足，为了稳步发展种植业生产，必须十分珍惜每一寸土地，合理利用每一寸土地。从现在起，必须采取强有力的措施，坚持山、水、田、林、路、村镇统筹安排、全面规划。一是不断完善土地管理体制，加强执法监督。把农业耕地管理纳入法制化轨道，规范地方政府行为，引导村镇合理发展，利用、改造农业耕地，加强解决村镇土地利用中的问题和保护耕地方面的政策引导和法律约束，搞好基本农田保护和农用耕地的依法使用监督。二是加强土地开发利用规划，明确土地使用方向、规模和结构，增强规划的超前性、科学性和可操作性，合理构筑用地格局，对基本农田保护区进行科学界定，实现对农业耕地总量的控制。三是实现农业耕地的综合治理，对于未利用土地、各种废弃地和煤矿塌陷地，制定土地开发复垦的长期规划，本着

因地制宜的原则，宜农则农，宜林则林，宜渔则渔，宜建则建，综合开发，多种经营。

**五、因地制宜，优化种植业结构**

曲阜作为历史文化名城、中国优秀旅游城市、国家园林城市和旅游开放城市，在农业产业结构调整上还存在着高效农业和特色农产品产业规模过小，产品优质率、商品率不高，优质林果、食草畜禽、水产品健康养殖没有形成规模，市场效应不突出的特点。因此，要实施农业产业结构调整战略，必须以科学发展为指导，加快转变农村经济发展方式，以发展高效、循环、特色农业为主攻方向，努力提升曲阜农业的集约化、产业化、组织化、现代化水平，建设高产、高效、优质、生态、安全农业为特色的现代农业发展新格局。按照“稳定粮食生产，突出生态特色，壮大主导产业”的总体思路，坚持因地制宜、分类指导和生态、安全的原则，进一步优化结构，依靠科技进步，大力推进优势特色农产品、畜禽产品、林产品品牌战略和农业生产的转型升级。选准特色主导产业和产品，在现有农业产业结构布局的基础上，着力发展专用粮食、果蔬、苗木花卉产业和高效设施农业，大力发展生态旅游观光农业，扶持壮大农业龙头企业，形成规划全面、科学合理的农业和农村经济发展新格局。

（一）稳定发展优质专用粮食产业

按照“提高单产，保障总产，优化结构，提质增效”的思路，大力发展优势粮食产业，重点建设小麦和玉米区域化、规模化、标准化生产基地，大力实施高产攻关、粮食产能提升工程，全面提高粮食单产和品质。积极推进农业产业开发，引进培育优质粮油加工龙头企业，扶持壮大现有龙头企业，坚持走“公司＋基地＋农户”的路子，促进龙头加工企业与农民建立稳定的利益联结机制，确保农民利益。培育发展粮油专业合作组织，推广订单生产，建立健全良性的优质农产品生产、加工、购销机制。以泗河、大沂河沿岸耕地质量较好的平原乡镇为主，建成35万亩优质专用粮食生产基地，在姚村、时庄、小雪、息陬等乡镇建成15万亩的优质高产示范区，在吴村、董庄、防山、南辛等耕地地力较差乡镇建设5万亩优质杂粮生产基地。

（二）大力发展高端高质果蔬产业

以建设“三品一标”蔬菜、果品基地为重点，坚持走生态、有机农业之路，推广“标准化生产—基地化种植—公司化经营”的模式，大力发展设施蔬菜、精品林果，生产高品质、高附加值的果蔬产品。建立优质特色林果观光园，培植绿色、有机蔬菜产业园区。培育发展一批“公司＋基地＋农户”类型的果蔬专业合作社，通过农业的产业化经营带动果蔬产业发展。加快质量标准体系和市场营销服务体系建设，加强果蔬产品质量安全管理，严格控制农业投入品的使用，建立健全果蔬产品安全保障制度，培育一批具有曲阜特色的果蔬品牌产品。在北部、东部和东南部山区乡镇建立优质果品基地，加快发展优质果品，重点发展苹果、大枣、葡萄、大樱桃及干杂果；以荒滩、荒地、荒沟为重点，大力发展速生丰产林；综合开发煤矿塌陷地，建设以生态保护为主，集农、林、渔、生态农业并举，休闲观光旅游与景观开发为一体的大型湿地生态观光公园。

（三）着力发展苗木花卉业

发挥曲阜自然优势和区位优势，重点发展具有区域特色的城乡绿化苗木、盆栽花卉、鲜花生产基地。引进和开发苗木花卉新品种，通过扩大种植基地，建立销售市场，完善信息网络，强化社会化服务等手段，建立起相对发达的苗木和花卉生产经营体系。引进扶持花卉生产和花卉营销龙头企业，建设花卉苗木生产高效示范园区。通过引进、开发、推广国内外先进的设施、品种、栽培技术，促进全市花木产业的健康发展。

(四)培育壮大大蒜、大樱桃、牛蒡、草莓等特色产品基地

不断加快农业标准化体系建设，按照标准化生产的要求从生产源头着手，规范各个环节的技术标准和操作规程。鼓励企业、合作经济组织等单位和个人搞好无公害、绿色、有机食品生产和产品认证。

# 第三篇　测土配方施肥指标体系

# 第十章　测土配方施肥指标体系建立

## 第一节　田间试验与大田示范方案设计

### 一、测土配方施肥的核心技术是建立施肥指标体系

曲阜市的测土配方施肥起源于20世纪80年代的第二次土壤普查。这次普查主要以野外调查资料和室内化验分析数据为基础，同时引用了计委、统计局、气象、水利、林业等有关单位统计测定数据，阐述了曲阜土壤的发生发展及其分布规律，理化性状和存在的问题，提出了因土种植、因土施肥、因土改良的意见。但是未能建立主要土壤类型和主栽作物的土壤养分丰缺指标及推荐施肥指标体系。20多年来，随着生产条件的不断改变，农民施用的肥料品种、施肥方式都已发生了巨大变化，主要粮油作物的产量水平、栽培方式以及土壤肥力水平也都发生了变化。原有的技术措施已经远远不能适应目前生产的需要，不能正确指导农业生产，更不能精确指导科学施肥。

从20世纪90年代开始，曲阜的种植结构发生了很大变化，特别是果树和蔬菜的面积大幅度增多，成为曲阜的支柱产业，是农民的主要经济来源之一。到目前为止，尚没有建立起比较完善的果树、蔬菜测土配方施肥指标体系。因此，必须通过试验建立和完善测土配方施肥的技术指标体系，其核心是按照土壤肥力状况和作物产量水平，提出不同作物的推荐施肥指标体系。

### 二、试验示范实施的基本情况

曲阜市测土配方施肥试验主要采用“3414”完全试验设计、“3414”不完全试验设计（肥效参数试验）以及大田校验示范。

“3414”是指氮、磷、钾3个因素、4个水平、14个处理。该设计方案吸收了回归最优设计中处理少、效率高的优点，是目前国内外应用较为广泛的肥料效应田间试验方案，也是这次测土配方施肥推荐使用的田间试验方案。4个水平的含义：0水平指不施肥，2水平

指当地最佳施肥量的近似值，1 水平＝2 水平×0.5，3 水平＝2 水平×1.5(该水平为过量施肥水平)，如表 10-1 所示。该方案除了可应用 14 个处理进行氮、磷、钾三元二次效应方程的拟合以外，还可分别进行氮、磷、钾中任意二元或一元效应方程的拟合。例如，进行氮、磷二元效应方程拟合时，可选用处理 2～7、11、12，可求得在以 $K_2$ 水平为基础的氮、磷二元二次效应方程。又如，选用处理 2、3、6、11 可求得在 $P_2K_2$ 水平为基础的氮肥效应方程，选用处理 4、5、6、7 可求得在 $N_2K_2$ 水平为基础的磷肥效应方程；选用处理 6、8、9、10 可求得在 $N_2P_2$ 水平为基础的钾肥效应方程。此外，通过处理 1，可以获得基础地力产量，即空白区产量。

表 10-1 "3414"试验方案处理

| 试验编号 | 处 理 | N | P | K |
|---|---|---|---|---|
| 1 | $N_0P_0K_0$ | 0 | 0 | 0 |
| 2 | $N_0P_2K_2$ | 0 | 2 | 2 |
| 3 | $N_1P_2K_2$ | 1 | 2 | 2 |
| 4 | $N_2P_0K_2$ | 2 | 0 | 2 |
| 5 | $N_2P_1K_2$ | 2 | 1 | 2 |
| 6 | $N_2P_2K_2$ | 2 | 2 | 2 |
| 7 | $N_2P_3K_2$ | 2 | 3 | 2 |
| 8 | $N_2P_2K_0$ | 2 | 2 | 0 |
| 9 | $N_2P_2K_1$ | 2 | 2 | 1 |
| 10 | $N_2P_2K_3$ | 2 | 2 | 3 |
| 11 | $N_3P_2K_2$ | 3 | 2 | 2 |
| 12 | $N_1P_1K_2$ | 1 | 1 | 2 |
| 13 | $N_1P_2K_1$ | 1 | 2 | 1 |
| 14 | $N_2P_1K_1$ | 2 | 1 | 1 |

试验氮、磷、钾某一个或两个养分的效应，或因其他原因无法实施"3414"完全实施方案，可在"3414"方案中选择相关处理，即"3414"的部分实施方案。这样既保持了测土配方施肥田间试验总体设计的完整性，又考虑到不同区域土壤养分特点和不同试验目的要求，满足不同层次的需要。如有些区域重点要试验氮、磷效果，可在 $K_2$ 做底肥的基础上进行氮、磷二元肥料效应试验，但应设置 3 次重复。具体处理及其与"3414"方案处理编号对应如表 10-2 所示。

表 10-2　　氮、磷二元二次肥料试验设计与“3414”方案处理编号对应表

| 试验编号 | 处　理 | N | P | K |
|---|---|---|---|---|
| 1 | $N_0P_0K_0$ | 0 | 0 | 0 |
| 2 | $N_0P_2K_2$ | 0 | 2 | 2 |
| 3 | $N_1P_2K_2$ | 1 | 2 | 2 |
| 4 | $N_2P_0K_2$ | 2 | 0 | 2 |
| 5 | $N_2P_1K_2$ | 2 | 1 | 2 |
| 6 | $N_2P_2K_2$ | 2 | 2 | 2 |
| 7 | $N_2P_3K_2$ | 2 | 3 | 2 |
| 8 | $N_3P_2K_2$ | 3 | 2 | 2 |
| 9 | $N_1P_1K_2$ | 1 | 1 | 2 |

上述方案也可分别建立氮、磷一元效应方程。

在肥料试验中，为了取得土壤养分供应量、作物吸收养分量、土壤养分丰缺指标等参数，一般把试验设计为 5 个处理：空白对照（CK）、无氮区（PK）、无磷区（NK）、无钾区（NP）和氮、磷、钾区（NPK）。这 5 个处理分别是“3414”完全实施方案中的处理 1、2、4、8 和 6（见表 10-3）。如要获得有机肥料的效应，可增加有机肥处理区（米）；试验某种中（微）量元素的效应，在 NPK 基础上，进行加与不加该中（微）量元素处理的比较。试验要求测试土壤养分和植株养分含量，进行考种和计产。试验设计中，氮、磷、钾、有机肥等用量应接近效应肥料函数计算的最高产量施肥量或用其他方法推荐的合理用量。

表 10-3　　常规 5 处理试验设计与“3414”方案处理编号对应表

| | “3414”方案处理编号 | 处　理 | N | P | K |
|---|---|---|---|---|---|
| 空白对照 | 1 | $N_0P_0K_0$ | 0 | 0 | 0 |
| 无氮区 | 2 | $N_0P_2K_2$ | 0 | 2 | 2 |
| 无磷区 | 4 | $N_2P_0K_2$ | 2 | 0 | 2 |
| 无钾区 | 8 | $N_2P_2K_0$ | 2 | 2 | 0 |
| 氮磷钾区 | 6 | $N_2P_2K_2$ | 2 | 2 | 2 |

自项目实施以来，曲阜市共完成了小麦、玉米、大蒜主要粮油作物的田间肥效小区试验 33 处，肥效校验示范 56 处，各类试验示范分作物实施情况如表 10-4 所示。

表 10-4　　试验示范分作物完成情况统计表

| 作物 | 试验示范类别 | 完成个数(个) | 小区总数(个) |
|---|---|---|---|
| 小麦 | “3414”部分实施 | 15 | 300 |
| | 大田校验 | 21 | 73 |
| 玉米 | “3414”部分实施 | 17 | 342 |
| | 大田校验 | 26 | 96 |
| 大蒜 | “3414”完全实施 | 1 | 30 |
| | 大田校验 | 8 | 24 |

### 三、建立测土施肥指标体系准备

(一)“3414”试验中第二个水平的确立

采用“3414”试验，其第二个水平的确定非常重要，如果第二个水平太低，则可能造成肥效效应方程出现外推的情况(最佳施肥量超出第三水平)；如果第二个水平太高，又会造成施肥水平离最佳施肥量太远，不能准确捕捉到最佳施肥量。曲阜市在确定试验的二水平时，参考了近年来的田间试验结果，根据试验田可能获得的目标产量来设计第二个水平。

(二)氮肥基追比例

曲阜市的小麦、玉米磷、钾肥基本上全作为基肥或追肥一次性使用。在氮肥的施用上，习惯上将小麦、玉米的基肥和追肥按 1∶1 的比例来分配，特别是玉米施肥上还存在着“一炮轰”的施肥习惯。现代施肥理念是土壤肥料中的氮素供应水平应与作物各时期对氮素的需求同步，以提高氮肥的利用率。

近年来由于耕地的土壤肥力和栽培制度已经发生了较大的变化，所以要使测土配方施肥试验能够指导大田生产，对传统的基肥和追肥比例进行修整是十分必要的。

为此，对基肥和追肥比例安排了专门的试验进行确定。

(三)重复的设置

“3414”部分试验(参数六区试验)设置 3 次重复。

大田校验示范面积在 667$m^2$ 以上的，不设置重复。

(四)试验地的选择

曲阜市属丘陵山区，经过第二次土壤普查以来的大力改造，现在中、低产田面积大体上占总耕地面积的 40%，其中主要是中产田面积，低产田只占很少一部分。因此，在试验点的选择上，注意了随机性和代表性。选择平坦、整齐、肥力均匀、具有代表性的不同肥力水平的地块，坡地选择在坡地平缓、肥力差异较小的地块，试验地避开了靠近道路、堆肥、渠道等场所的特殊地块，覆盖了全市的高、中、低不同肥力的土壤条件。同时兼顾了交通便利和农户的科技水平，达到了既保证试验的准确率和代表性，同时又使试验起到了典型示范的作用。

（五）基础采样

肥料试验的基础采样是试验成功的基础。为此，曲阜市的所有试验都采用基础采样，每个试验点都抽取15个混合土壤样品，检验试验地块土壤养分含量：包括有机质、碱解氮、有效磷、速效钾等土壤理化性状，同时进行植株养分测定。为保证试验的完整和准确，对试验的基础采样都保留了副样，以备复查，检验试验的正确性。

## 第二节 土壤丰缺指标及参数和最佳施肥量的分析

### 一、试验结果的统计分析与应用

“3414”试验结果资料的统计分析主要内容包括回归分析、方差分析、施肥参数计算等。

回归分析：主要是通过建立产量与施肥量之间的二次回归方程，寻找某个养分的最佳施肥量。

方差分析：是通过F检验与多重比较，判断回归模式的回归效果。

施肥参数计算：主要包括肥料利用率、土壤养分校正系数、作物养分需要量、土壤养分丰缺指标等施肥参数的计算，目的是为了获取构建区域性测土配方施肥信息系统需要的有关参数。

### 二、施肥参数计算

（一）丰缺指标的获取

1. 第一步：将某一较大的生态区域内的所有田间试验按土壤类型进行分类、汇总；对某一特定作物，至少有30个点的“3414”完全或部分实施田间试验。

2. 计算各试验中缺氮、磷、钾的相对产量。根据缺素区产量与试验设计中的最佳施肥水平下的产量相比较计算相对产量。

3. 将每处试验的相对产量与土壤养分测定值配对。

4. 选择回归模型，对配对数据进行回归分析，建立二者的函数关系。常用模型 $y=a+b\ln x$ 或 $y=x/(ax+b)$，模型选定通常以相关系数大小为依据。

5. 利用函数计算相对产量分别为50%、70%、90%、95%时对应的土壤养分值。

6. 建立土壤养分丰缺指标。

**表10-5 “3414”试验相对产量表达土壤养分的分级评价标准**

| 相对产量(%) | <50 | 50～70 | 70～90 | 90～95 | >95 |
|---|---|---|---|---|---|
| 评　价 | 极低 | 低 | 中 | 高 | 极高 |

（二）主要农作物施肥指标的确立

1. 土壤供肥能力的指标

(1)基础地力产量

基础地力产量＝空白区产量(既不施化肥也不施有机肥)

(2)基础地力贡献率

基础地力贡献率＝(空白区产量/全肥区产量)×100%

(3)相对产量

相对产量＝缺肥区作物产量/全肥区作物产量×100%

缺氮的相对产量＝处理 2($N_0P_2K_2$)产量/处理 6($N_2P_2K_2$)产量×100%

缺磷的相对产量＝处理 4($N_2P_0K_2$)产量/处理 6($N_2P_2K_2$)产量×100%

缺钾的相对产量＝处理 8($N_2P_2K_0$)产量/处理 6($N_2P_2K_2$)产量×100%

(4)土壤有效养分校正系数

土壤有效养分校正系数是通过在不同土壤肥力的土壤上布置多点田间试验，同时测定土壤中的养分含量，按以下公式计算获得的。

$$土壤有效养分校正系数(\%)=\frac{缺素区作物地上部分吸收该元素量(kg/667m^2)}{该元素土壤测定值(mg/kg)\times 0.15}\times 100\%$$

(5)土壤供肥量

土壤供肥量可以通过测定基础产量、土壤有效养分校正系数两种方法估算。

①通过基础产量估算(处理 1 产量)：不施肥区作物所吸收的养分量作为土壤供肥量。

$$土壤供肥量(kg/667m^2)=\frac{不施养分区农作物产量(kg/667m^2)}{100}\times 100kg产量所需养分量(kg)$$

②通过土壤有效养分利用(校正)系数估算：将土壤有效养分测定值乘一个校正系数，以表达土壤“真实”供肥量。该系数称为土壤有效养分校正系数。

$$土壤有效养分利用(校正)系数(\%)=\frac{缺素区作物地上部分吸收该元素量(kg/667m^2)}{该元素土壤测定值(mg/kg)\times 0.15}$$

土壤供肥量($kg/667m^2$)＝土壤养分测定值×土壤有效养分校正系数×0.15

土壤养分测定值以 mg/kg 表示，0.15 为该养分在每亩按 $1.5\times 10^5$ kg 表土中换算成 $kg/667m^2$ 的系数。

(6)土壤养分利用系数

土壤养分利用系数＝不施肥区农作物某养分吸收量/土壤养分测定值×0.15

2. 肥料贡献大小的指标

(1)肥料利用率

一般通过差减法来计算，利用施肥区作物吸收的养分量减去不施肥区农作物吸收的养分量，其差值视为肥料供应的养分量，再除以所用肥料养分量就是肥料利用率。

$$肥料利用率(\%)=\frac{施肥区农作物吸收养分量(kg/667m^2)-缺素区农作物吸收养分量(kg/667m^2)}{肥料施用量(kg/667m^2)\times 肥料中养分含量(\%)}\times 100\%$$

(2)肥料的农学利用率

$$N肥的农学利用率=\frac{N_2P_2K_2区作物地上部分N吸收量-N_0P_2K_2区作物地上部分N吸收量}{N_2P_2K_2区肥料N投入量}\times 100\%$$

P 肥的农学利用率＝

$$\frac{N_2P_2K_2\text{ 区作物地上部分 P 吸收量}-N_2P_0K_2\text{ 区作物地上部分 P 吸收量}}{N_2P_2K_2\text{ 区肥料养分 P 投入量}}\times 100\%$$

K 肥的农学利用率＝

$$\frac{N_2P_2K_2\text{ 区作物地上部分 K 吸收量}-N_2P_2K_0\text{ 区作物地上部分 K 吸收量}}{N_2P_2K_2\text{ 区肥料养分 K 投入量}}\times 100\%$$

NPK 综合利用率＝

$$\frac{N_2P_2K_2\text{ 区作物地上部分 NPK 吸收量}-\text{空白区作物地上部分 NPK 吸收量}}{N_2P_2K_2\text{ 区肥料养分 NPK 投入量}}\times 100\%$$

(3)肥料偏生产力

肥料偏生产力＝施肥区产量/NPK 施肥量

(4)肥料增产率(肥料农学效率)

肥料增产率＝(全肥区产量－缺素区产量)/NPK 施肥量

其中：

N 肥增产率＝($N_2P_2K_2$ 区－$N_0P_2K_2$ 区产量)/$N_2P_2K_2$ 区 N 的施肥量

P 肥增产率＝($N_2P_2K_2$ 区－$N_2P_0K_2$ 区产量)/$N_2P_2K_2$ 区 P 施肥量

K 肥增产率＝($N_2P_2K_2$ 区－$N_2P_2K_0$ 区产量)/$N_2P_2K_2$ 区 K 施肥量

3. 作物需肥量的指标

(1)地上部分养分吸收量

需要计算无 N 区(处理 2)N 的吸收量、无 P 区(处理 4)P 的吸收量、无 K 区(处理 8)K 的吸收量和全肥区(处理 6)N、P、K 养分吸收量，即：

N(P、K)吸收量(kg)＝籽粒产量(kg)×籽粒全 N(P、K)含量(%)

＋秸秆产量×秸秆全 N(P、K)含量(%)

说明：植株化验结果的磷钾均为单质 P、K，而肥料中养分磷钾含量为 $P_2O_5$ 和 $K_2O$，二者必须统一。

(2)单位产量养分吸收量

每 100kg 产量 N 的吸收量＝处理 6 N 吸收量/(处理 6 产量/100)

每 100kg 产量 $P_2O_5$ 的吸收量＝处理 6 $P_2O_5$ 吸收量/(处理 6 产量/100)

每 100kg 产量 $K_2O$ 的吸收量＝处理 6 $K_2O$ 吸收量/(处理 6 产量/100)

(3)作物需肥量

通常用作物形成 100kg 经济产量所需养分量(养分系数)表示。该数值因作物不同目标产量水平、气候条件、土壤类型和肥料种类而变化。通过对正常成熟的作物进行整株养分测试，测定各种作物 100kg 经济产量所需养分量即可获得作物需肥量。

$$\text{作物目标产量所需养分量(kg)}=\frac{\text{目标产量(kg)}}{100}\times\text{100kg 产量所需养分量(kg)}$$

## 三、不同肥力条件下施肥量分析

### (一)作物肥料施用量

作物肥料施用量主要计算一定肥力条件下作物最高产量施肥量和最佳经济施肥量。

根据经济学原理，最后增加的那一个单位的肥料投入所能增加的作物产量叫做边际产量。边际产量递减，当达到最高产量时，边际产量为零，就是说此时再增加施肥，作物产量不再增加，这个时候的产量就叫最高产量施肥量。令边际产量方程为0，则可求出最高产量时的施肥量。同样，最后增加的一个单位的肥料成本叫做边际成本，它所得到的收益叫做边际收益，两者之差叫做边际利润，当边际收益等于边际成本(边际利润为0)，此时的产量称为最佳经济产量，其施肥量叫最佳经济施肥量。

1. 目标产量的确定

采用平均单产法来确定。平均单产法是利用施肥区前三年平均单产和年递增率为基础确定目标产量，其计算公式是：

$$\text{目标产量}(kg/667m^2)=(1+\text{递增率})\times\text{前 3 年平均单产}(kg/667m^2)$$

曲阜市作物产量的递增率确定为10%。

2. 作物施肥量计算方法

目前，常用的作物施肥量计算方法大体有养分平衡法、地力差减法(目标产量法)、氮磷钾比例法、磷钾养分丰缺指标法、函数法等。不同的施肥量计算法的精确度不同，对农业生产的指导意义显然不同。利用肥料"3414"试验结果资料进行函数方程的回归分析，计算不同生产条件下作物的最高产量施肥量和最佳经济施肥量是最常用的一种方法。

养分平衡法：根据作物目标产量需肥量与土壤供肥量之差估算施肥量，计算公式为：

$$\text{施肥量}=\frac{\text{目标产量所需养分总量}-\text{土壤供肥量}}{\text{肥料中养分含量}\times\text{肥料当季利用率}}$$

地力差减法：是根据作物目标产量与基础产量之差来计算施肥量的一种方法，其计算公式为：

$$\text{施肥量}=\frac{(\text{目标产量}-\text{基础产量})\times\text{单位经济产量养分吸收量}}{\text{肥料中养分含量}\times\text{肥料利用率}}$$

氮磷钾比例法：通过分析整理一定区域的田间肥效试验，获得某一作物不同产量情况下各种养分之间的最佳比例，然后以其中一种关键养分的施肥量为基础，按各种养分之间的比例关系，决定其他养分的肥料施用量。如以氮定磷、定钾，以磷定氮、以钾定氮等。

磷钾养分丰缺指标法：利用测土配方施肥耕地资源管理信息系统中养分丰缺指标模型进行施肥量计算。

(二)肥料函数效应方程

利用肥料"3414"试验结果资料建立产量与施肥量之间的二次回归方程，然后通过方程确定最大施肥量与最佳施肥量，根据施肥量预测产量。

1. 三元二次肥料效应方程的建立

如果"3414"试验完全实施并没有发生某些处理数据缺损的现象，则可采用三元二次肥料效应模型进行拟合得出最佳施肥配方。所采用的方程为：

$$y=b_0+b_1x_1+b_2x_2+b_3x_3+b_4x_{12}+b_5x_{22}+b_6x_{32}+b_7x_1x_2+b_8x_1x_3+b_9x_2x_3$$

最高施肥量自变量 $x_j(j=1,2,3,\cdots)$ 的边际效应等于0。

$$b_1+2b_4x_1+b_7x_2+b_8x_3=0$$

$$b_2+2b_5x_2+b_7x_1+b_9x_2=0$$

$$b_3+2b_6x_{32}+b_8x_1+b_9x_2=0$$

求解上述方程组，获取最高施肥量 $x_1,x_2,x_3$。

最佳施肥量自变量 $x_j(j=1,2,3,\cdots)$的边际效应等于投入价格与产出价格比。

$$b_1+2b_4x_1+b_7x_2+b_8x_3=P_{x1}/P_y$$
$$b_2+2b_5x_2+b_7x_1+b_9x_2=P_{x2}/P_y$$
$$b_3+2b_6x_3^2+b_8x_1+b_9x_2=P_{x3}/P_y$$

求解上述方程组，获取最佳施肥量 $x_1,x_2,x_3$。

本书试验数据统计分析计算采用现成的计算机软件来完成，包括利用网络工具进行运算和利用 EXCEL 进行计算。网络工具是中国肥料信息网的“3414”三元二次效应函数处理软件。

2. 一元二次方程肥料效应程的建立(以磷、钾为例)

首先逐点计算每处试验条件下的适宜施肥量，利用方案中 $N_2P_0K_2$、$N_2P_1K_2$、$N_2P_2K_2$、$N_2P_3K_2$($N_2P_2K_0$、$N_2P_2K_1$、$N_2P_2K_2$、$N_2P_2K_3$)的 4 个处理，分析最佳施磷(钾)量。

步骤 1：通过散点图观察产量随施肥量的变化，如无规律，则暂时按该点不需施肥处理。

步骤 2：简单计算不同处理产量的差异。如不超过 5%，则视为该点不需施肥，最佳施肥量为零。如施肥处理与不施肥处理产量的差异超过 5%，但施肥处理间产量差异不超过 5%，则最佳施肥量为最低设计施肥水平。

步骤 3：如产量变化有规律，则进行一元回归分析。回归方法：一是 EXCEL 散点图添加趋势线法，二是 EXCEL 回归计算法。

步骤 4：用回归方程计算最佳施肥量。

利用极值原理，计算最大施肥量。

$$\frac{\partial y}{\partial n}=0,\frac{\partial y}{\partial p}=0,\frac{\partial y}{\partial k}=0$$

利用极值原理，计算最佳施肥量。

$$\frac{\partial y}{\partial n}=-\frac{p_n}{p_y},\frac{\partial y}{\partial p}=-\frac{p_p}{p_y},\frac{\partial y}{\partial k}=-\frac{p_k}{p_y}$$

以小麦为例：氮、钾水平下，回归方程为：$y=453.458894+5.707990x_1-0.179655x_1^2$，由此方程计算得：在氮、钾水平下，磷肥最大施肥量为 15.886kg/667m²，最佳施肥量为 8.163kg/667m²。

3. 不同生产条件下的适宜施肥量分析

(1)计算不同产量水平下的最佳施肥量

将试验点按高、中、低产量水平分类。统计计算每一产量水平所有试验点最佳施肥量的变幅和平均值。

(2)计算不同土壤养分等级情况下的最佳施肥量

将试验点按土壤养分等级分类。统计计算每一土壤养分等级内所有试验点最佳施肥量的变幅和平均值。

土壤养分等级分级标准：按某作物的丰缺指标分析结果分级。

# 第三节 小麦测土配方施肥指标体系

## 一、主要施肥参数的分析计算

### (一)小麦 100kg 籽粒吸收量

小麦 100kg 籽粒吸收养分量参数(见表 10-6)的获得主要结合试验田植株全量养分(全氮、全磷、全钾)分析进行。在各类试验示范田("3414"部分实施试验、大田校验示范)共采集检验样品 75 个,进行植株样品全量化验,通过计算得到每生产 100kg 籽粒吸收养分的总量。

表 10-6 每生产 100kg 小麦籽粒所需养分量

| 产 量 | 元 素 | N | $P_2O_5$ | $K_2O$ |
|---|---|---|---|---|
| $500kg/667m^2$ | 吸收量(kg) | 2.39 | 0.98 | 2.77 |
| | 比例(%) | 2.44 | 1 | 2.83 |
| $550kg/667m^2$ | 吸收量(kg) | 3.45 | 1.33 | 3.89 |
| | 比例(%) | 2.6 | 1 | 2.92 |
| $600kg/667m^2$ | 吸收量(kg) | 3.54 | 0.93 | 3.74 |
| | 比例(%) | 3.8 | 1 | 4.02 |

### (二)土壤有效养分利用系数的分析计算

通过对肥效小区试验的土壤养分利用系数的汇总分析,得土壤有效养分利用系数计算分析结果:土壤碱解氮平均利用系数为 83.4%;有效磷平均利用系数为 57.2%;速效钾平均利用系数为 68.3%(见表 10-7)。

表 10-7 小麦土壤有效养分利用(校正)系数

| 产量分级 | 产量水平 ($kg/667m^2$) | 碱解氮(%) | 有效磷(%) | 速效钾(%) |
|---|---|---|---|---|
| 高 | >450 | 88.12 | 65.89 | 79.37 |
| 中 | 350~450 | 78.68 | 48.41 | 57.23 |
| 平 均 | — | 83.4 | 57.2 | 68.3 |

### (三)肥料利用率的分析计算

通过对肥效小区试验的肥料利用率的汇总分析,得肥料利用率计算分析结果:氮肥平均利用率为 30.1%;磷肥的平均利用率为 18.6%;钾肥的平均利用率为 40.7%(见表 10-8)。

表 10-8 小麦不同产量水平肥料利用率

| 产量分级 | 产量水平 (kg/667m²) | 氮 素 | 磷 素 | 钾 素 |
|---|---|---|---|---|
| 高 | >450 | 31.3 | 18.9 | 43.5 |
| 中 | 350～450 | 28.9 | 18.3 | 37.9 |
| 平 均 | — | 30.41 | 18.6 | 40.7 |

## 二、小麦测土配方施肥丰缺指标

### (一)土壤氮丰缺指标及氮肥推荐用量指标

麦田氮含量等级按照曲阜市农田养分的实际情况划分为 5 个等级，即极高、高、中、低、极低。土壤供氮等级越高，相对产量越高，氮肥推荐用量越低。如处于供氮极高等级的麦田，相对产量高于 95%，土壤碱解氮含量高于 150mg/kg，氮肥推荐用量为 10kg/667m²。处于供氮极低等级的麦田，相对产量低于 50%，土壤碱解氮含量低于 45mg/kg，氮肥推荐用量为 18kg/667m²。处于供氮中等等级的麦田，相对产量为 75%～90%，土壤碱解氮含量为 75～90mg/kg，氮肥推荐用量为 12～14kg/667m²(见表 10-9)。

表 10-9 土壤碱解氮丰缺指标及氮肥推荐用量指标

| 肥力等级 | 相对产量 | 碱解氮含量(mg/kg) | 氮肥推荐用量(kg/667m²) |
|---|---|---|---|
| 极高 | >95% | >150 | 10 |
| 高 | 90%～95% | 90～150 | 10～12 |
| 中 | 75%～90% | 75～90 | 12～14 |
| 低 | 50%～75% | 45～75 | 14～17 |
| 极低 | <50% | <45 | 18 |

### (二)土壤磷丰缺指标及磷肥推荐用量指标

麦田有效磷含量等级按照曲阜市农田养分的实际情况划分为 5 个等级，即极高、高、中、低、极低。土壤供磷等级越高，相对产量越高，磷肥推荐用量越低。如处于供磷极高等级的麦田，相对产量高于 95%，土壤有效磷含量高于 80mg/kg，磷肥推荐用量为0～2kg/667m²。处于供磷极低等级的麦田，相对产量低于 50%，土壤有效磷含量低于 15mg/kg，磷肥推荐用量为 10～12kg/667m²。处于供磷中等等级的麦田，相对产量为 75%～90%，土壤有效磷含量为 30～50mg/kg，磷肥推荐用量为 6～8kg/667m²(见表 10-10)。

表 10-10 土壤有效磷丰缺指标及磷肥推荐用量指标

| 肥力等级 | 相对产量 | 有效磷含量(mg/kg) | 磷肥推荐用量 ($kgP_2O_5/667m^2$) |
|---|---|---|---|
| 极高 | >95% | >80 | 0～2 |
| 高 | 90%～95% | 50～80 | 4～6 |

续表

| 肥力等级 | 相对产量 | 有效磷含量(mg/kg) | 磷肥推荐用量($kgP_2O_5/667m^2$) |
|---|---|---|---|
| 中 | 75%～90% | 30～50 | 6～8 |
| 低 | 50%～75% | 15～30 | 8～10 |
| 极低 | <50% | <15 | 10～12 |

(三)土壤钾丰缺指标及钾肥推荐用量指标

麦田速效钾含量等级按照曲阜农田养分的实际情况划分为5个等级，即极高、高、中、低、极低。土壤供钾等级越高，相对产量越高，钾肥推荐用量越低。如处于供钾极高等级的麦田，相对产量高于95%，土壤速效钾含量高于200mg/kg，钾肥推荐用量为$0kg/667m^2$。处于供钾极低等级的麦田，相对产量低于50%，土壤速效钾含量低于75mg/kg，钾肥推荐用量为$12～15kg/667m^2$。处于供钾中等等级的麦田，相对产量为75%～90%，土壤速效钾含量100～150mg/kg，钾肥推荐用量为$4～8kg/667m^2$(见表10-11)。

**表10-11　土壤速效钾丰缺指标及钾肥推荐用量指标**

| 肥力等级 | 相对产量 | 速效钾含量(mg/kg) | 钾肥推荐用量($kgK_2O/667m^2$) |
|---|---|---|---|
| 极高 | >95% | >200 | 0 |
| 高 | 90%～95% | 150～200 | 0～2 |
| 中 | 75%～90% | 100～150 | 4～8 |
| 低 | 50%～75% | 75～100 | 8～12 |
| 极低 | <50% | <75 | 12～15 |

(四)小麦中微量元素的筛选和指标

参考中微量元素丰缺临界值，全市大部分中微量元素平均指标高于临界值，但有效硫和有效钼的含量相对较低，有效硼的含量远低于临界值。根据曲阜市土壤测试结果以及小麦生长情况和栽培专家的意见，曲阜市确定在小麦田中微量元素施肥体系时，实施“补硼，适施硫”的小麦配方施肥技术。

## 三、基肥和追肥比例

为了确定小麦氮肥基肥和追肥的比例，在总纯氮量为16kg、五氧化二磷量为10kg、氧化钾为6kg且磷、钾素全部基施的栽培措施下，特安排了小麦氮肥基肥、追肥比例试验，试验处理为N $16kg/667m^2$、$P_2O_5$ $10kg/667m^2$、$K_2O$ $6kg/667m^2$，氮肥的基肥比例分别设置为80%、70%、60%、50%、40%、30%、20%(见表10-12)。

表 10-12　　小麦氮肥基肥、追肥比例试验结果

| 基肥比例(%) | 产量(kg/667m²) | | |
|---|---|---|---|
| | 高肥水 | 中肥水 | 低产田 |
| 80 | 508.1 | 430.8 | 426.3 |
| 70 | 534.6 | 462.4 | 434.7 |
| 60 | 490.8 | 472.5 | 450.6 |
| 50 | 545.7 | 494.2 | 421.4 |
| 40 | 558.1 | 455.9 | 394.6 |
| 30 | 535.6 | 445.1 | 378.9 |
| 20 | 526.3 | 472.3 | 365.7 |

试验证明,高肥水地块的基追比为 4∶6、中肥水的基追比为 5∶5、低肥水的基追比为 6∶4 的小区产量最高,且成穗率较高,群体结构合理,个体发育较好,产量构成要素协调,有利于获得高产。

因此,确定合理的氮肥基肥与追肥比例,施肥比重后移,是建立合理群体结构和产量结构的主要因素。建议将中肥水麦田的氮素化肥的基肥比例减少到 50%,追肥比例增加到 50%;高肥力麦田基肥比例调整为 30%～50%,追肥为 50%～70%;低产麦田基肥比例调整为 50%～60%,追肥为 40%～50%(见表 10-13)。

表 10-13　　土壤肥力分级与小麦氮肥基追比例的参考方案

| 土壤肥力 | 全氮含量(g/kg) | 基肥比例(%) | 追肥比例(%) |
|---|---|---|---|
| 低 | 1 | 50～60 | 40～50 |
| 中 | 1～2 | 50 | 50 |
| 高 | >2 | 30～50 | 50～70 |

## 四、小麦施肥量分析

### (一)小麦氮施肥量分析

计算不同产量水平及不同供氮水平下的施肥量,如表 10-14 所示。

表 10-14　　不同产量水平及不同供氮情况下施肥量

| 计划产量(kg/667m²) | 土壤碱解氮测试值(mg/kg) | | |
|---|---|---|---|
| | <75 | 75～90 | >90 |
| | 需纯氮量(kg/667m²) | | |
| 400 | 14 | 12 | 10 |
| 500 | 15 | 13 | 11 |
| 550 | 16 | 14 | 12 |

(二)小麦磷施肥量分析

计算不同产量水平及不同供磷情况下的最佳施肥量,如表 10-15 所示。据试验结果统计分析,就曲阜市平均水平来看,小麦磷的最佳施肥量为 8.16kg/667m²,最大施肥量为 15.9kg/667m²。

表 10-15　　不同产量水平及不同供磷情况下施肥量

| 计划产量(kg/667m²) | 土壤有效磷测试值(mg/kg) | | |
|---|---|---|---|
| | <15 | 15～30 | >30 |
| | 需五氧化二磷量($P_2O_5$)(kg/667m²) | | |
| 400 | 8 | 7 | 6 |
| 500 | 9 | 8 | 7 |
| 550 | 10 | 9 | 8 |

(三)小麦钾施肥量分析

计算不同产量水平及不同供钾情况下的最佳施肥量,如表 10-16 所示。据全市试验结果统计分析,氮素水平下增施钾肥对小麦产量没有明显的增产作用。

表 10-16　　不同产量水平及不同供钾情况下施肥量

| 计划产量(kg/667m²) | 土壤有效钾测试值(mg/kg) | | |
|---|---|---|---|
| | <75 | 75～100 | >100 |
| | 氧化钾($K_2O$)(kg/667m²) | | |
| 400 | 6 | 5 | 0 |
| 500 | 8 | 6 | 5 |
| 550 | 9 | 7 | 6 |

## 第四节　玉米测土配方施肥指标体系

### 一、玉米主要施肥参数的计算

(一)玉米 100kg 籽粒吸氮量

玉米 100kg 籽粒养分吸收量参数的获得主要结合试验田植株全量养分(全氮、全磷、全钾)分析进行。在各类试验示范田共采集化验玉米样品 75 个,进行植株样品全量化验,通过计算得到每生产 100kg 籽粒吸收养分的总量。通过试验得出,玉米每 100kg 籽粒产量需要吸收养分量为 2.14kg N、0.79kg $P_2O_5$、2.01kg $K_2O$(见表 10-17)。

表 10-17　　每生产 100kg 玉米籽粒所需养分量

| 产　量 | N | $P_2O_5$ | $K_2O$ |
|---|---|---|---|
| 400kg/667m² | 2.23 | 0.68 | 1.95 |
| 500kg/667m² | 2.15 | 0.79 | 2.0 |
| 600kg/667m² | 2.09 | 0.86 | 2.03 |
| 700kg/667m² | 2.1 | 0.81 | 2.05 |
| 平　均 | 2.14 | 0.79 | 2.01 |

(二)土壤养分有效利用系数的分析计算

通过对肥效小区试验的土壤养分利用系数的汇总分析，玉米田土壤养分利用系数计算分析结果如表 10-18 所示。

表 10-18　　土壤有效养分利用(校正)系数

| 产量分级 | 产量水平(kg/667m²) | 碱解氮(%) | 速效磷(%) | 速效钾(%) |
|---|---|---|---|---|
| 高产田 | >600 | 89.4 | 68.1 | 69.8 |
| 中产田 | 400～600 | 88.2 | 46.3 | 50.5 |

(三)肥料利用率的分析计算

通过对肥效小区试验肥料利用率的汇总分析，玉米田肥料利用率计算分析结果如表 10-19 所示。氮肥利用率平均为 31.6%；磷肥利用率平均为 21.0%；钾肥利用率平均为 45.0%。

表 10-19　　不同产量水平玉米田肥料利用率

| 产量分级 | 产量水平(kg/667m²) | 氮素(%) | 磷素(%) | 钾素(%) |
|---|---|---|---|---|
| 高产田 | >600 | 33.1 | 22.3 | 47.2 |
| 中产田 | 400～600 | 30.1 | 19.7 | 42.8 |
| 平　均 | —— | 31.6 | 21.0 | 45.0 |

## 二、玉米测土配方施肥丰缺指标

(一)土壤氮丰缺指标及氮肥推荐用量指标

玉米氮含量等级按照农田养分的实际情况划分为 5 个等级，即极高、高、中、低、极低。土壤供氮等级越高，相对产量越高，氮肥推荐用量越低。如处于供氮极高等级的玉米田，相对产量高于 95%，土壤碱解氮含量高于 150mg/kg，氮肥推荐用量为 10kg/667m²。处于供氮极低等级的玉米田，相对产量低于 50%，土壤碱解氮含量低于 45mg/kg，氮肥推荐用量为 18kg/667m²。处于供氮中等等级的玉米田，相对产量为 75%～90%，土壤碱解氮含量 75～90mg/kg，氮肥推荐用量为 13～15kg/667m²（见表 10-20）。

表 10-20 玉米土壤碱解氮丰缺指标及氮肥推荐用量指标

| 肥力等级 | 相对产量 | 碱解氮含量（mg/kg） | 氮肥推荐用量（kg/667m²） |
|---|---|---|---|
| 极高 | >95% | >150 | 10 |
| 高 | 90%～95% | 90～150 | 10～12 |
| 中 | 75%～90% | 75～90 | 13～15 |
| 低 | 50%～75% | 45～75 | 15～17 |
| 极低 | <50% | <45 | 18 |

（二）土壤磷丰缺指标及磷肥推荐用量指标

玉米田土壤有效磷等级按照农田养分的实际情况划分为 5 个等级，即极高、高、中、低、极低。土壤供磷等级越高，相对产量越高，磷肥推荐用量越低。如处于供磷极高等级的玉米田，相对产量高于 95%，土壤有效磷含量高于 80mg/kg，磷肥推荐用量为0～2kg/667m²。处于供磷极低等级的玉米田，相对产量低于 50%，土壤有效磷含量低于 15mg/kg，磷肥推荐用量为 10～12kg/667m²。处于供磷中等等级的玉米田，相对产量为 75%～90%，土壤有效磷含量 30～50mg/kg，磷肥推荐用量为 6～8kg/667m²（见表 10-21）。

表 10-21 玉米土壤有效磷丰缺指标及磷肥推荐用量指标

| 肥力等级 | 相对产量 | 有效磷含量（mg/kg） | 磷肥推荐用量（kg$P_2O_5$/667m²） |
|---|---|---|---|
| 极高 | >95% | >80 | 0～2 |
| 高 | 90%～95% | 50～80 | 4～6 |
| 中 | 75%～90% | 30～50 | 6～8 |
| 低 | 50%～75% | 15～30 | 8～10 |
| 极低 | <50% | <15 | 10～12 |

（三）土壤钾丰缺指标及钾肥推荐用量指标

麦田土壤肥力等级按照曲阜农田养分的实际情况划分为 5 个等级，即极高、高、中、低、极低。土壤供钾等级越高，相对产量越高，钾肥推荐用量越低。如处于供钾极高等级的玉米田，相对产量高于 95%，土壤速效钾含量高于 200mg/kg，钾肥推荐用量为0kg/667m²。处于供钾极低等级的玉米田，相对产量低于 50%，土壤速效钾含量低于 75mg/kg，钾肥推荐用量为 12～15kg/667m²。处于供钾中等等级的玉米田，相对产量为 75%～90%，土壤速效钾含量 100～150mg/kg，钾肥推荐用量为 4～8kg/667m²（见表 10-22）。

表 10-22　　玉米土壤速效钾丰缺指标及钾肥推荐用量指标

| 肥力等级 | 相对产量 | 速效钾含量(mg/kg) | 钾肥推荐用量($kgK_2O/667m^2$) |
|---|---|---|---|
| 极高 | ＞95％ | ＞200 | 0 |
| 高 | 90％～95％ | 150～200 | 0～2 |
| 中 | 75％～90％ | 100～150 | 4～8 |
| 低 | 50％～75％ | 75～100 | 8～12 |
| 极低 | ＜50％ | ＜75 | 12～15 |

## 三、玉米不同生产条件下的施肥量分析

### (一)玉米氮施肥量分析

计算不同供氮情况和不同产量水平下的施肥量如表 10-23 所示。

表 10-23　　玉米不同产量水平及不同供氮情况下施肥量

| 计划产量($kg/667m^2$) | 土壤碱解氮测试值(mg/kg) | | |
|---|---|---|---|
| | ＜75 | 75～90 | ＞90 |
| | 需纯氮量($kg/667m^2$) | | |
| 400 | 15 | 13 | 10 |
| 500 | 16 | 14 | 11 |
| 600 | 18 | 15 | 12 |

### (二)玉米磷施肥量分析

计算不同供磷情况下和不同产量水平下的最佳施肥量，据试验结果统计分析，就曲阜市平均水平来看，在氮素水平下，增施磷肥对玉米产量没有显著影响。具体施肥情况如表 10-24 所示。

表 10-24　　玉米不同产量水平及不同供磷情况下施肥量

| 计划产量($kg/667m^2$) | 土壤有效磷测试值(mg/kg) | | |
|---|---|---|---|
| | ＜15 | 15～30 | ＞30 |
| | 需五氧化二磷量($P_2O_5$)($kg/667m^2$) | | |
| 400 | 0 | 0 | 0 |
| 500 | 2.5 | 1.5 | 0 |
| 600 | 4 | 3 | 2 |

### (三)玉米钾施肥量分析

计算不同供钾情况和不同产量水平下的最大施肥量和最佳施肥量，据全市试验结果

统计分析，就曲阜市平均水平来看，玉米钾的最佳施肥量为 2.81kg/667m²，最大施肥量为 7.02kg/667m²。具体施肥情况如表 10-25 所示。

表 10-25 玉米不同产量水平及不同供钾情况下施肥量

| 计划产量 (kg/667m²) | 土壤有效钾测试值(mg/kg) | | |
|---|---|---|---|
| | <75 | 75～100 | >100 |
| | 氧化钾($K_2O$)(kg/667m²) | | |
| 400 | 5 | 0 | 0 |
| 500 | 6 | 5 | 5 |
| 600 | 8 | 8 | 6 |

## 第五节 土壤微量元素分级指标体系

作物需要的微量元素一般而言来自土壤，微量元素的种类主要有铜、锌、铁、锰、硼、钼等。曲阜市土壤所含的微量元素极不平衡，铜、铁、锰较为丰富，而硼、钼则普遍缺乏，多在临界值以下，具体分级指标如表见表 10-26 和表 10-27 所示。

表 10-26 粮田土壤微量元素分级指标

| 项 目 | 丰富 | 中 | 低 | 缺乏 |
|---|---|---|---|---|
| 有效锌(mg/kg) | ≥3 | 3～2 | 2～1 | <1 |
| 有效硼(mg/kg) | ≥2 | 2～1 | 1～0.5 | <0.5 |
| 有效钼(mg/kg) | ≥0.25 | 0.25～0.20 | 0.20～0.15 | <0.15 |
| 有效锰(mg/kg) | ≥30 | 30～15 | 15～5 | <5 |
| 有效铁(mg/kg) | ≥20 | 20～10 | 10～5 | <5 |
| 有效铜(mg/kg) | ≥2.0 | 2～1 | 1～0.5 | <0.5 |

表 10-27 果园土壤微量元素分级指标

| 项 目 | 丰富 | 中 | 低 | 缺乏 |
|---|---|---|---|---|
| 有效锌(mg/kg) | ≥3 | 3～2 | 2～1 | <1 |
| 有效硼(mg/kg) | ≥2 | 2～1 | 1～0.5 | <0.5 |
| 有效钼(mg/kg) | ≥0.25 | 0.25～0.20 | 0.20～0.15 | <0.15 |
| 有效锰(mg/kg) | ≥30 | 30～15 | 15～5 | <5 |
| 有效铁(mg/kg) | ≥20 | 20～10 | 10～5 | <5 |
| 有效铜(mg/kg) | ≥2.0 | 2～1 | 1～0.5 | <0.5 |

# 第十一章　测土配方施肥配方设计与应用评价

测土配方施肥工作的重要环节之一是将田间土壤样品测定的大量数据进行优化处理，按照不同地区养分分布的特点和作物对养分吸收特征，设计区域作物优化适宜施肥配方，并结合测土配方施肥技术指标体系进行区域配肥。近年来，随着计算机技术和信息技术的快速发展，优化施肥配方和区域配肥工作取得较大进展，施肥配方趋向系列化、多样化，适应性、可操作性增强，区域配肥与推荐施肥技术在生产中发挥出很大作用。

## 第一节　肥料配方设计的基本环节

在运用全球卫星定位系统（GPS）进行土壤采样与测试的基础上，综合考虑行政区划、土壤类型、土壤质地、气象资料、种植结构、作物需肥规律等因素，借助信息技术生成区域性土壤养分空间变异图和县域施肥分区，优化设计不同分区的肥料配方。

### 一、GPS 定位指导下的土壤样品采集

土壤样品采集要求使用 GPS 定位，采样点的空间分布应相对均匀，如每 100 亩采集一个土壤样品，先在土壤图上大致确定采样位置，然后在标记位置附近采集多点混合土样。

### 二、土壤测试与土壤养分空间数据库的建立

将土壤测试数据和空间位置建立对应关系，形成空间数据库，以便能在 GIS 中进行分析。

### 三、土壤养分分区图的制作

基于区域土壤养分分级指标，以地理信息系统（GIS）为操作平台，使用 Kriging 等方法进行土壤养分空间插值，制作土壤养分分区图。

（一）曲阜市土壤养分分区图的制作步骤

1. 地理信息系统（GIS，Geographical Information System）简介

地理信息系统是 20 世纪 60 年代开始迅速发展起来的地理学研究新技术，是多学科交叉的产物。地理信息系统的定义是由两个部分组成的：一方面，地理信息系统是一门科学，是描述、存储、分析和输出空间信息的理论和方法的一门新兴交叉学科；另一方面，地理信息系统是一个技术系统，是以地理空间数据库为基础，采用地理模型分析方法，适时

提供多种空间的动态地理信息，为地理研究和地理决策服务的计算机技术系统。其基本特点是以图层的形式储存各类空间数据，不同的图层相互叠加形成完整的地理地图。

2. 区域土壤采样点的确定

根据研究区域的地形，设计区域采样点的布置方法，根据研究区域面积和拟采样点数目设置取样间距。曲阜市属低山丘陵区，根据土壤类型、土壤质地、作物种类、种植方式等，在全市 1∶300000 的土壤图上按照土种分布、点位空间距离进行了详细的布点。区域土壤采样点的布置和采样点数目决定了 GIS 分析的精确度，是整项工作的基础。根据全市的地形条件和精确度要求确定研究区域的采样点位置和采样数目，涉及了全市所有的 12 个乡镇街道办事处、395 个自然村。

3. 田间采样

采样点位置确定后，采样是否具有代表性也是决定分析结果的关键因素之一。利用全球定位系统(GPS)记录采样点的地理坐标，每个样点采集多于 15 个 0～20cm 土壤样品(粮田)，混合为 1 个基础土样，如果采样点为菜园或果园，则分别采集 0～20cm 和 0～40cm的土壤样品。具体采样点的位置如图 11-1 所示。

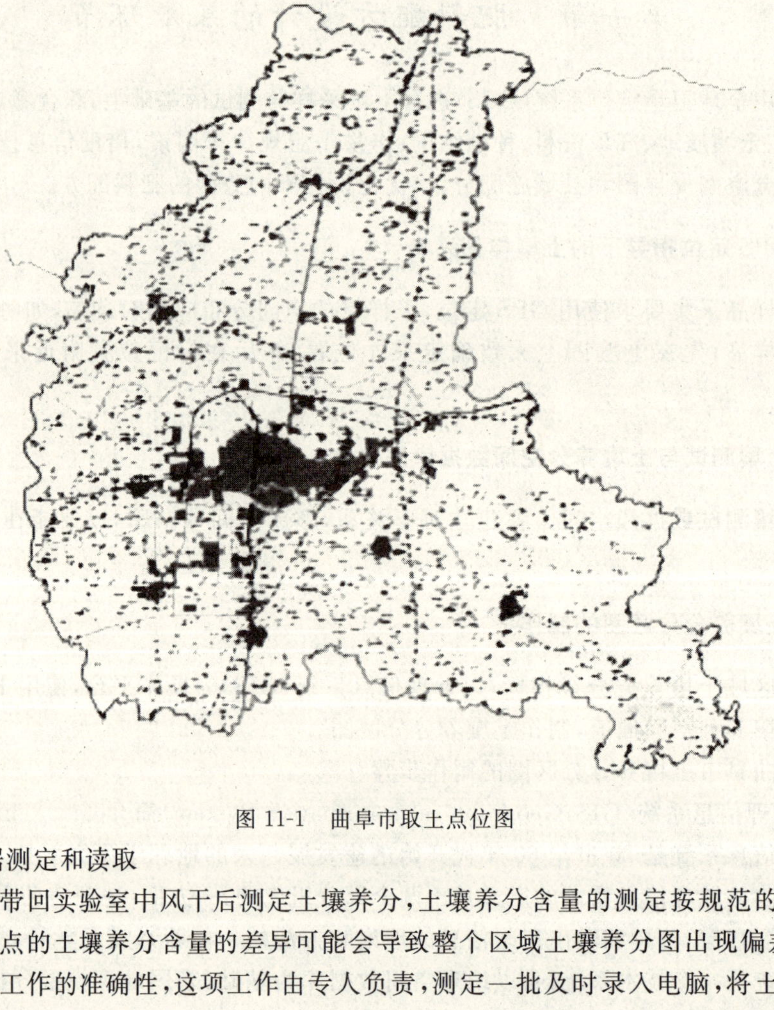

图 11-1 曲阜市取土点位图

4. 数据测定和读取

将土样带回实验室中风干后测定土壤养分，土壤养分含量的测定按规范的标准步骤进行。一个点的土壤养分含量的差异可能会导致整个区域土壤养分图出现偏差，为了保证数据录入工作的准确性，这项工作由专人负责，测定一批及时录入电脑，将土壤养分的测定值保存在 Excel 表中，规范的数据录入能有效地提高工作效率和减少返工的几率。

5. 土壤养分图的制作

对于土壤有机质、氮、磷、钾、铜、锌、铁、锰等养分数据，首先按照野外实际调查点进行整理，建立了以各养分为字段、以调查点为记录的数据库。之后，进行了土壤采样样点图与分析数据库的连接，在此基础上对各养分数据进行自动的插值处理。

在测土配方施肥工作中，土壤养分图的用途主要是为了直接服务于区域配肥，因此土壤养分的分级应以土壤养分丰缺指标为依据，不需要为了突出空间变异而划分过多等级。

## 四、分区配方制定与施肥推荐

针对土壤养分的空间分布特征，结合作物养分需求规律和施肥决策系统，生成县域施肥分区图和分区肥料配方。

在测土配方施肥工作中区域配肥是通过土壤养分含量测定，结合推荐施肥技术在区域范围内实现“一袋子”肥，使农民在施用复合肥料的同时享受测土配方施肥技术。目前，我国的区域配肥多数是针对一种或一类作物一生的营养特点设计“万能作物专用肥”，这类作物专用肥既不能满足作物各个生长期的营养需求，又没有充分利用土壤养分供应，易造成氮肥分配不合理、磷肥施用过量、钾肥施用不足等问题。本部分针对全市区域配肥缺陷，从区域推荐施肥技术出发，针对不同的土壤养分含量获取方法提出相应的区域配肥策略。

(一)区域氮素总量控制、分期调控

土壤氮素具有总体稳定和局部变异的双重特点。总体稳定可将一定区域范围内作物全生育期氮肥施用总量控制在一个合理的范围内；局部变异可以在这个范围的基础上，根据作物氮素吸收规律，对不同生育期的氮肥用量进行分配。结合已有的研究结果，可以从三个方面实现区域氮素的总量控制、分期调控：通过长期定位试验和多年多点的分散肥料试验的汇总，确定一定区域范围内作物平均施氮量。例如，曲阜市多年多点肥料试验表明，对于中等供氮土壤，小麦—玉米轮作体系每季作物氮肥用量应控制在 10～15kgN/667$m^2$，如果在小麦播前和拔节期两次施氮，基追比例应为 1∶1，如果在小麦播前、返青和拔节三次施氮，基追比例应为 1∶1∶2；通过一定区域农田生态系统氮素平衡确定作物氮肥供应总量。对于农田生态系统来说，氮素的输入项主要包括化肥，有机肥(包括秸秆还田)，环境氮素(包括大气干湿沉降、灌溉水、生物固氮等)，种子及秧苗带入的氮素；氮素的输出主要包括收获作物带走的氮素和氮素损失量两个部分，其中氮素损失又包括氮素淋洗、铵挥发和硝化反硝化损失等；通过作物目标产量和氮素吸收总量确定一定区域内氮素施用总量。对于曲阜市来说，形成 100kg 籽粒小麦吸收需氮量的变化范围为 2.39～3.8kgN/667$m^2$。对于目标产量为 400～600kg/667$m^2$ 的小麦籽粒产量来说，氮肥施用总量应控制在 10～16kgN/667$m^2$，该方法获取的区域氮肥施用总量要略低于根据试验汇总的区域氮肥施用总量。

(二)区域磷钾恒量监控技术

与土壤氮素变异特征不同，土壤磷、钾具有连续变异的特点，这一变异的大小和方向由磷、钾肥施用量和作物需求量之间的动态平衡决定，根据养分含量变化情况和产量目标及时调整推荐施肥量。一般相对产量在75%以下时为提高性施肥阶段，施肥量等于作物带走量的130%～200%；75%～95%时为维持性施肥阶段，施肥量等于作物带走量的100%；95%以上时为控制性施肥阶段，施肥量等于作物带走量的50%～70%。据此，可以根据一定区域范围内土壤有效磷、钾的检测和作物多年施肥的反应，确定较长时段（一般3～5年）磷、钾的相对恒定用量，将作物根层土壤有效磷、钾水平构建或保持在一个适宜的水平上，该水平既可以满足高产优质作物生产对磷、钾供应的需求，又避免过量投入造成的资源浪费。具体操作为，当土壤速效磷钾处于较低水平时，区域磷钾管理的目标除增加作物产量，还应稳步提高土壤有效磷钾水平，故磷钾肥用量投入大于产出；当土壤速效磷钾处于适宜水平时，区域磷钾管理的目标为增加作物产量、维持土壤有效磷钾水平，故磷钾肥用量投入等于产出；当作物根层土壤速效磷钾处于较高水平时，区域磷钾管理的目标控制磷钾肥用量，逐年降低土壤有效磷钾含量，直至适宜水平，故磷钾肥用量投入小于产出（见表11-1）。

表11-1　　区域磷钾管理

| 管理策略 | 管理手段 | 评价指标 |
|---|---|---|
| 控　制 | 不施肥 | 极高<br>施肥量=0 |
| | 投入<产出 | 较高<br>施肥量=作物带走量的50%～70% |
| 维　持 | 投入=产出 | 适宜<br>施肥量=作物带走量的100% |
| 提　高 | 投入>产出 | 较低<br>施肥量=作物带走量的130%～170% |
| | 投入≫产出 | 极低<br>施肥量=作物带走量的200% |

对于大田作物来说，磷、钾肥一般作为底肥一次性施入，磷、钾分期调控主要考虑轮作周期内磷、钾分配比例。我国通过10年的冬小麦、夏玉米－春玉米肥料长期定位试验和吨粮高产的小麦－玉米轮作肥料试验得出的结论是，磷、钾肥的茬口分配主要取决于土壤对于玉米磷、钾肥供应能力和玉米对磷、钾肥的反应能力。在区域磷、钾分期调控中应将小麦－玉米轮作周期的磷、钾统一运筹，2/3磷肥用在小麦季，1/3磷肥用在玉米季；1/3钾肥用在小麦季，2/3钾肥用在玉米季。

（三）区域微量元素的因缺补施技术

微量元素施肥原则与大量元素不同，在确定了土壤丰缺临界值的基础上，一般中微肥用量相对固定。因此，可以通过土壤测试或植株化学测试等确定一定区域范围内中微量元素的施用范围如表11-2所示。

表 11-2　　土壤微量元素的丰缺指标和肥料施用类型

| 元素 | 测试方法 | 丰缺临界值 (mg/kg) | 建议用量 ($kg/hm^2$) | 肥料类型 |
|---|---|---|---|---|
| 硼(B) | 沸水浸提—姜黄素 | 0.50 | 11～23 | 硼砂 |
| 钼(Mo) | 草酸—草酸铵浸提 | 0.15 | 0.7～1.7 | 钼酸铵 |
| 锰(Mn) | DTPA 浸提 | 5.0 | 3.0～6.0 | $MnSO_4 \cdot H_2O$ |
| 锌(Zn) | DTPA＋$CaCl_2$＋TEA | 0.5 | 25～150 | $ZnSO_4 \cdot 7H_2O$ |

(四)区域增施有机肥培肥技术

有机肥料是重要的农业生产资源，在培肥地力、改善作物品质、提高农产品国际竞争力等方面具有重要作用，也是无公害农业和有机农业生产中不可缺少的肥源。20 世纪 80 年代以来，由于曲阜农业的发展很快，化肥的需求量急剧增加，有机肥的施用量相对降低，在农业生产中出现了“重无机肥、轻有机肥”的现象，从而导致环境污染，农产品品质和耕地质量逐渐下降等一系列问题。充分合理利用有机肥不仅能增加作物产量，培肥地力，改善农产品品质，提高土壤养分的有效性，防治环境污染，对于农业的可持续发展也有重要意义。近年来，通过农业部开展的“沃土工程”，在全市大面积开展测土配方施肥，坚持走“有机肥与无机肥相结合”的路子，农业耕地土壤有机质含量在逐年增加。采取的主要措施：一是增施有机肥，包括腐熟好的农家肥和商品有机肥。建议施肥量为年施优质有机肥 3000～5000kg/667$m^2$ 或商品有机肥 100kg/667$m^2$。二是大力提倡秸秆还田。秸秆还田比施用等量的沤肥效果更好。目前，主要推广小麦、玉米秸秆直接还田技术，全市秸秆还田面积达到 85%以上。三是广辟肥源，大力推广其他有机肥源及使用技术，包括沼气肥、有机无机复合肥、生物菌肥等。四是开展粮肥轮作、间作，用地、养地相结合。

## 第二节　区域施肥及肥料配方设计

### 一、农民施肥习惯

(一)小麦的习惯施肥方式

曲阜市大部分农户分两次施肥。第一次施肥：播种时氮肥的 40%～70%做基肥，磷、钾肥一次性做基肥，主要以尿素、磷酸二铵或复合肥为主。第二次施肥：来年小麦起身—拔节期追 30%～60%的氮肥(以尿素为主)。

(二)玉米的习惯施肥方式

玉米主要是在苗期追氮肥，以尿素为主，多数在苗期到小喇叭口期追肥一次，近几年随着复合肥的发展，开始追施复合肥，一般追肥一次。

(三)大蒜的习惯施肥方式

大蒜施肥一是基肥，占总量 50%的氮肥，全部磷肥和钾肥基施，二是追肥，50%氮肥随浇水时撒施。

## 二、区域施肥及肥料配方方案设计

基于农作物的肥料配方设计，首先确定氮、磷、钾养分的用量，然后确定相应的肥料组合，通过提供配方肥料或发放配肥通知单，指导农民使用。肥料用量的确定方法主要综合利用土壤与植物测试推荐施肥方法、肥料效应函数法、土壤养分丰缺指标法和养分平衡法等肥料配方方法。氮肥推荐用量确定是根据土壤供氮状况和作物需氮量，借助实时动态监测和精确调控技术、基肥和追肥的调控技术，并考虑农民的施肥习惯，制定配方。磷肥的推荐用量是通过土壤测试和养分平衡监控技术，根据土壤有效磷测试结果和养分丰缺指标进行分级，当有效磷水平处在中等偏上时，将目标产量需要量（只包括带出田块的收获物）的 100%～110%作为当季磷肥用量，随着有效磷含量的增加，相应减少磷肥用量，直至不施；随着有效磷的降低，需要适当增加磷肥用量，在极缺磷的土壤上，可以施到需要量的 150%～200%。钾肥的推荐用量首先需要确定施用钾肥是否有效，再考虑有机肥和秸秆还田带入的钾量的同时，根据土壤测试值确定钾肥用量，一般大田作物磷、钾肥料全部做基肥。中、微量元素采用因缺补缺的矫正施肥策略。基本流程如图 11-2 所示。

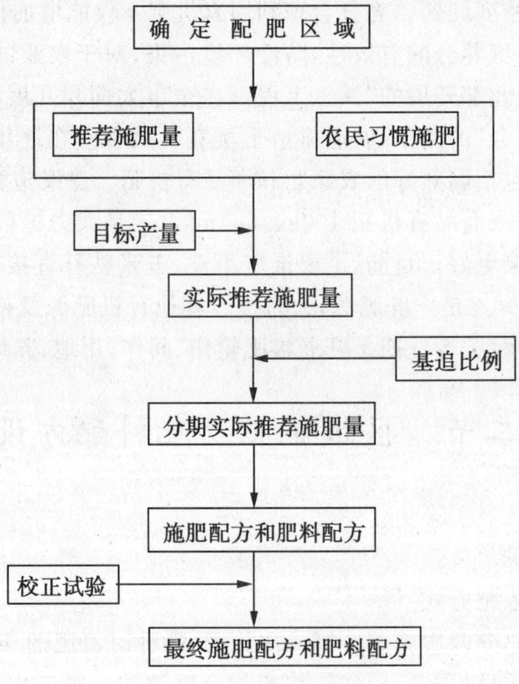


图 11-2 区域施肥配方基本流程

## 三、肥料配方及配方肥供应流程

根据曲阜土壤养分状况、供肥特点、不同农作物养分吸收规律，结合田间肥料试验结果，通过优化比对研制出小麦高效配方肥 3 种，玉米高效配方肥 2 种，大蒜高效配方肥 1 种，如表 11-3 所示。

表 11-3　　肥料配方及配方肥规格

| 作　物 | 配　方 | 包装规格 |
|---|---|---|
| 小　麦 | 15－17－12(44%) | 50kg/袋 |
| | 14－16－10(40%) | 50kg/袋 |
| | 19－22－15(56%) | 40kg/袋 |
| 玉　米 | 25－7－10(42%) | 50kg/袋 |
| | 28－5－7(40%) | 50kg/袋 |
| 大　蒜 | 14－10－20(44%) | 50kg/袋 |

针对配方肥使用季节供求过于集中、产供缺口大、当地企业生产能力有限、质量难以保障的问题，按照山东省土壤肥料总站安排，委托山东网联肥业科技有限公司具体负责统一包装、统一密码标示、统一质量监控、统一协调配送。用肥前依据取土化验的结果、作物的需肥规律和肥料效应等，拟出作物所需配方，配方肥料由省网联公司招标确定的加工企业生产，下发“项目肥报价表”后，中标企业根据品种报价，由网联公司统一协调配送。质量由网联公司与曲阜市土壤肥料工作站联合监管，经权威部门抽样检验合格后才能配送到镇(村)供肥点。

### 四、配方肥推广机制

在配方肥推广过程中，曲阜市土壤肥料工作站全面负责测土配方施肥指导工作，汇总研究田间试验结果、土壤养分状况和主要作物需肥规律，制定主要作物施肥指导方案，同时加强对肥料质量的监管。配方肥生产企业按制定的配方生产肥料，并利用“三级服务网络”将配方肥配送供应到农户。乡镇农技中心技术人员在专家的指导下全面开展试验示范、技术推广等工作。在服务方式上，建立了测土配方施肥专家服务系统，采取“六统一、两跟踪”，即“统一定点企业、统一生产配方肥、统一包装防伪、统一技术培训、统一会员专供、统一指导价格；跟踪肥料质量抽检、跟踪示范验收”，确保农民直接受益。在宣传培训上，充分利用电视、报刊、网络、明白纸、宣传车、过街条幅等方式，广泛宣传测土配方施肥。为确保技术入户到田，逐村召开测土配方施肥技术培训会，发放施肥建议卡，指导农民科学施肥。通过提高测土配方施肥技术的宣传，提高示范带头户对配方肥的认识和应用能力，辐射带动全市十万农户，让农民群众切实享受到测土配方施肥带来的好处，从而确保测土配方施肥各项技术措施进村入户、落实到位。

## 第三节　施肥配方和配方肥的校验和应用评价

### 一、测土配方施肥肥效验证

农民是测土配方施肥技术的最终执行者和落实者，也是最终受益者。检验测土配方施肥的实际效果，需要及时获得农民的反馈信息，不断完善管理体系、技术体系和服务体系。

同时，为科学地评价测土配方施肥的实际效果，必须对一定的区域进行动态调查。可以采取以下 3 种方法进行测土配方施肥效果评价：一是测土配方施肥农户与常规施肥农户比较（从作物产量和经济效益方面评价）；二是农户测土配方施肥前后的比较（从农户实施测土配方施肥前后的产量和效益进行评价）；三是测土配方施肥准确度的评价（从农户和作物两方面对测土配方施肥技术准确度进行评价）。曲阜主要对第一种方法进行了评价，测土配方施肥项目实施以来，进行了大量的配方校验试验示范，表 11-4 是部分校验结果。

**表 11-4　　测土配方施肥对比试验结果表**

| 作物 | 地点 | 习惯施肥区产量（kg/667m²） | 配方施肥区产量（kg/667m²） | 亩增产（kg/667m²） | 增产率（%） | 平均亩节本增效（元） |
|---|---|---|---|---|---|---|
| 小麦 | 时庄街道西辛 | 339.99 | 383.55 | 43.56 | 12.8 | |
| | 南辛镇西埝 | 446.86 | 496.41 | 49.55 | 11.1 | |
| | 姚村镇姚西 | 465.41 | 496.23 | 30.82 | 6.6 | 98.6 |
| | 吴村镇白塔 | 422.51 | 425.37 | 2.86 | 0.7 | |
| | 王庄乡后孟 | 493.60 | 518.96 | 25.36 | 5.1 | |
| | 吴村镇白塔 | 492.9 | 502.2 | 9.3 | 1.89 | |
| | 时庄街道马村 | 395.1 | 440.5 | 45.4 | 11.49 | |
| | 董庄董大城 | 439.1 | 442.8 | 3.7 | 0.84 | 90.12 |
| | 王庄乡后孟 | 495.6 | 524.2 | 28.6 | 5.77 | |
| | 小雪街道南雪 | 431.8 | 508.6 | 76.8 | 17.79 | |
| 玉米 | 时庄街道西辛 | 487.2 | 529.8 | 42.6 | 8.74 | |
| | 南辛镇西埝 | 486 | 510.2 | 24.2 | 4.98 | |
| | 董庄乡董大城 | 441.1 | 479.4 | 38.3 | 8.68 | 116.91 |
| | 吴村镇白塔 | 526.5 | 616.7 | 90.2 | 17.13 | |
| | 王庄乡孟李 | 573.8 | 587.7 | 13.9 | 2.42 | |
| | 董庄乡韦寨 | 524.7 | 588.3 | 63.6 | 12.12 | |
| | 时庄街道马村 | 607.7 | 703.6 | 95.9 | 15.78 | |
| | 王庄乡后孟 | 545.2 | 578.6 | 33.4 | 6.13 | 76.36 |
| | 吴村镇白塔 | 672.3 | 717.4 | 45.1 | 6.71 | |
| | 小雪街道南雪 | 515.2 | 607.2 | 92 | 17.86 | |
| | 时庄街道后时 | 545.3 | 587 | 41.7 | 7.65 | |
| | 姚村镇兴隆桥 | 669.3 | 716.5 | 47.2 | 7.05 | |
| | 小雪街道南雪 | 622.2 | 661.1 | 38.9 | 6.25 | 87.81 |
| | 息陬镇三张曲 | 539.8 | 575.4 | 35.6 | 6.60 | |
| | 董庄乡董大城 | 550.3 | 596.6 | 46.3 | 8.41 | |
| | 王庄乡李庄 | 485.5 | 517.3 | 31.8 | 6.55 | |

## 二、施肥配方及配方肥应用实例

### (一)小麦配方肥应用效果

1. 试验安排与设计

小麦配方肥试验点设置在曲阜市的高、中产麦田上,试验共设5个处理:配方施肥处理、平衡施肥处理1(T1)、平衡施肥处理2(T2)、习惯施肥处理和空白处理。习惯施肥量的确定:根据农户施肥情况调查结果,取施肥量平均值;平衡施肥根据小麦目标产量、耕层土壤养分检测结果,按经验模式法计算确定;配方肥为(14-16-10)和(15-17-12)的两个配方。

2. 试验地基本情况

试验地土壤养分状况如表11-5所示,试验地土壤主要是褐土和砂浆黑土。

表11-5 试验点土壤养分含量表

| 项 目 | 有机质(g/kg) | 碱解氮(mg/kg) | 有效磷(mg/kg) | 速效钾(mg/kg) |
|---|---|---|---|---|
| 时庄街道西辛 | 14.6 | 73 | 31.9 | 136 |
| 南辛镇西墁 | 10.5 | 79 | 22.2 | 35 |
| 姚村镇姚西 | 17.1 | 79 | 44.4 | 191 |
| 吴村镇白塔 | 10.97 | 83 | 44.2 | 71 |
| 王庄乡后孟 | 11.3 | 57 | 24.3 | 91 |
| 王庄乡后孟 | 12.5 | 94 | 22.9 | 86 |
| 小雪街道南雪 | 14.4 | 86 | 10 | 100 |
| 吴村镇白塔 | 12.2 | 69 | 13.6 | 77 |
| 董庄乡董大城 | 14.4 | 111 | 19.2 | 108 |
| 时庄街道马村 | 11 | 106 | 24.2 | 95 |

3. 结果与分析

(1)对小麦生物性状的影响(见表11-6)

表11-6 各处理生物性状调查结果

| 处 理 | | 株高(cm) | 穗长(cm) | 穗粒数(粒) | 穗粒重(g) | 千粒重(g) |
|---|---|---|---|---|---|---|
| 时庄街道西 辛 | A | 84.1 | 10.00 | 44.0 | 1.457 | 39.32 |
| | B | 83.8 | 10.60 | 47.4 | 1.250 | 36.36 |
| | C | 84.6 | 10.27 | 46.4 | 1.318 | 34.27 |
| 南辛镇西 墁 | A | 82.8 | 9.70 | 44.7 | 1.99 | 42.83 |
| | B | 87.6 | 10.30 | 47.2 | 1.66 | 42.65 |
| | C | 81.1 | 10.45 | 47.1 | 1.632 | 37.64 |

续表

| 处理 | | 株高(cm) | 穗长(cm) | 穗粒数(粒) | 穗粒重(g) | 千粒重(g) |
|---|---|---|---|---|---|---|
| 姚村镇<br>姚西 | A | 85.9 | 9.70 | 45.4 | 1.59 | 39.34 |
| | B | 80.1 | 9.40 | 44.3 | 1.70 | 41.49 |
| | C | 81.9 | 9.75 | 40.9 | 1.367 | 42.05 |
| 吴村镇<br>白塔 | A | 84.2 | 7.60 | 27.3 | 1.00 | 41.69 |
| | B | 78.1 | 7.36 | 28.1 | 0.73 | 40.48 |
| | C | 77.6 | 7.12 | 26.1 | 0.957 | 39.61 |
| 王庄乡<br>后孟 | A | 78.6 | 9.40 | 44.1 | 1.66 | 42.02 |
| | B | 79.9 | 9.48 | 40.2 | 1.44 | 38.61 |
| | C | 78.2 | 8.64 | 42.6 | 1.436 | 37.34 |
| 平均 | A | 83.10 | 9.28 | 41.1 | 1.54 | 41.04 |
| | B | 81.90 | 9.43 | 41.4 | 1.36 | 39.92 |
| | C | 80.64 | 9.25 | 40.6 | 1.342 | 38.18 |
| $F$ 值 | | 1.09 | 0.35 | 0.23 | 4.29 | 3.01 |
| 差异显著度 | | $F_{0.05}=4.46$, $F_{0.01}=8.65$ | | | | |

注:A=配方施肥;B=习惯施肥;C=空白对照

试验结果表明,配方施肥对小麦的穗长与穗粒数几乎没有影响,这与小麦本身的品种特性有关;对株高略有影响,但未达到显著水平;对反映经济产量的穗粒重与千粒重影响较大,与空白对照相比均表现出有大幅度的增长,统计分析结果接近显著水平。

(2)对小麦产量的影响

通过对小麦连续两年的肥效对比试验进行统计分析,配方施肥区比习惯施肥区平均亩增产率分别为7.02%和7.27%,测产结果和 $F$ 值检验如表11-7所示。

**表11-7　2007年各处理产量调查结果**

| 试验地点 | 配方施肥(kg/667m²) | 习惯施肥(kg/667m²) | 空白对照(kg/667m²) |
|---|---|---|---|
| 时庄街道西辛 | 383.55 | 339.99 | 329.49 |
| 南辛镇西墁 | 496.41 | 446.86 | 411.20 |
| 姚村镇姚西 | 496.23 | 465.41 | 449.79 |
| 吴村镇白塔 | 425.37 | 422.51 | 394.85 |
| 王庄乡后孟 | 518.96 | 493.60 | 466.85 |
| 平均 | 464.10 | 433.67 | 410.44 |
| 差异显著度 | $F=25.57$　$F_{0.01}=8.65$ | | |

通过LSD法检验,配方施肥区和习惯施肥区与空白对照区相比,都达极显著水平,而习惯施肥区与对照区相比,平均增产率为5.66%(见表11-8)。

表 11-8 2008 年各处理产量调查结果

| 试验地点 | 配方施肥(kg/667m²) | 习惯施肥(kg/667m²) | T1 区(kg/667m²) | T2 区(kg/667m²) | 空白对照(kg/667m²) |
|---|---|---|---|---|---|
| 吴村镇白塔 | 502.2 | 492.9 | 501.4 | 446.1 | 422.0 |
| 时庄街道马村 | 440.5 | 395.1 | 518.9 | 466.5 | 392.1 |
| 董庄董大城 | 442.8 | 439.1 | 446.6 | 410.5 | 387.8 |
| 王庄乡后孟 | 524.2 | 495.6 | 498.8 | 493.0 | 473.9 |
| 小雪街道南雪 | 508.6 | 431.8 | 466.6 | 487.5 | 379.2 |
| 平　均 | 483.7 | 450.9 | 486.5 | 460.7 | 411 |
| 差异显著度 | $F=6.15$　$F_{0.01}=4.77$ | | | | |

测产结果表明,5 个试验点各处理亩产量差异极显著。配方施肥区比习惯施肥区和对照区分别增产 7.27%和 17.69%;T2 区和习惯施肥区比对照分别增产 12.09%和 9.71%,通过 LSD 法检验,配方施肥区与空白对照区相比都达极显著水平,与习惯施肥相比接近显著水平。

(3)经济效益分析

对两年试验结果汇总分析,配方施肥区比习惯施肥区平均亩增产 31.6kg,平均增产率为 7.14%,平均亩减少施肥纯量 8.81kg。亩均增产节支 94.36 元,农民切实得到了实惠,经济效益十分显著。

(4)结果

肥效对比试验表明,施用小麦配方肥有利于形成冬前壮苗,增加单株分蘖,促进了小麦的生长发育,明显的表现为"三增两早",即增根、增蘖、增穗、早分蘖(3～5 天)、早成熟(2～3 天),穗多、粒重。在产量及经济效益方面,配方施肥区比习惯施肥区平均亩减少施肥纯量 8.81kg,亩均增加产量 31.6kg,平均增产率为 7.14%,亩均增产节支 94.36 元以上,配方肥应用效果明显,农户普遍反应良好。

(二)玉米配方及配方肥应用效果

1. 试验地基本情况

试验设在 7 个乡镇 11 个村庄,供试土壤为褐土和砂浆黑土,土壤养分含量如表 11-9 所示。

表 11-9 试验点土壤养分含量表

| 项　目 | 有机质(g/kg) | 碱解氮(mg/kg) | 有效磷(mg/kg) | 速效钾(mg/kg) |
|---|---|---|---|---|
| 时庄街道西辛 | 17.3 | 75 | 33 | 153 |
| 南辛镇西墁 | 11.4 | 61 | 46.5 | 121 |
| 董庄乡董大城 | 12.9 | 93 | 64.7 | 113 |
| 吴村镇白塔 | 11.4 | 60 | 30.8 | 146 |
| 王庄乡孟李 | 18.5 | 136 | 56.7 | 94 |

续表

| 项目 | 有机质(g/kg) | 碱解氮(mg/kg) | 有效磷(mg/kg) | 速效钾(mg/kg) |
|---|---|---|---|---|
| 董庄乡韦寨 | 12.9 | 63 | 19.1 | 137 |
| 时庄街道马村 | 11 | 106 | 24.2 | 95 |
| 王庄乡后孟 | 9.9 | 71 | 12.5 | 68 |
| 吴村镇白塔 | 9.7 | 65 | 24.5 | 72 |
| 时庄街道后时 | 14.6 | 0.58 | 31.8 | 102 |
| 姚村兴隆桥 | 15.7 | 1.29 | 9 | 138 |
| 小雪街道南雪 | 14.4 | 1.21 | 10 | 100 |
| 息陬三张曲 | 13.4 | 0.56 | 82.4 | 101 |
| 董庄董大城 | 14.4 | 0.91 | 19.2 | 108 |
| 王庄乡李庄 | 12.5 | 1.11 | 8.6 | 121 |

2. 试验设计

试验设42％(25-7-10)的配方肥处理、习惯施肥处理、T1处理、T2个处理和空白对照共5个处理，小区面积为30m$^2$，随机排列，不设重复。施肥方法：在玉米喇叭口期一次性施入。

3. 结果与分析

(1)对玉米生物性状的影响(见表11-10)

表11-10 各处理生物性状调查结果

| 处理 | | 株高(cm) | 活叶数(片) | 穗长(cm) | 穗周长(cm) | 穗粒数(粒) | 百粒重(g) | 单穗粒重(g) | 秃顶率(％) |
|---|---|---|---|---|---|---|---|---|---|
| 时庄街道西辛 | A | 290.4 | 6.6 | 14.1 | 16.7 | 498.8 | 34.27 | 170.9 | 100 |
| | B | 302.6 | 5.6 | 14.8 | 16.3 | 462.0 | 34.00 | 157.2 | 100 |
| | C | 284.0 | 6.4 | 15.0 | 16.0 | 475.7 | 32.00 | 153.2 | 80 |
| 南辛镇西墁 | A | 254.8 | 9.0 | 15.7 | 16.4 | 509.6 | 33.96 | 173.1 | 60 |
| | B | 253.1 | 8.8 | 15.2 | 16.1 | 516.6 | 31.90 | 164.9 | 50 |
| | C | 261.1 | 9.4 | 15.7 | 16.0 | 497.6 | 31.40 | 156.0 | 36.7 |
| 董庄乡董大城 | A | 256.2 | 7.6 | 19.7 | 15.1 | 633.6 | 25.20 | 159.5 | 30 |
| | B | 243.0 | 7.6 | 18.0 | 15.4 | 601.6 | 24.40 | 146.8 | 40 |
| | C | 251.2 | 6.2 | 18.9 | 15.1 | 646.6 | 22.60 | 146.0 | 30 |
| 吴村镇白塔 | A | 226.0 | 8.6 | 21.1 | 15.3 | 637.8 | 29.90 | 190.8 | 70 |
| | B | 213.4 | 8.2 | 18.4 | 14.6 | 557.4 | 92.20 | 162.9 | 30 |
| | C | 226.1 | 8.3 | 19.9 | 14.7 | 590.0 | 27.40 | 161.9 | 76.7 |

续表

| 处 理 | | 株高(cm) | 活叶数(片) | 穗长(cm) | 穗周长(cm) | 穗粒数(粒) | 百粒重(g) | 单穗粒重(g) | 秃顶率(%) |
|---|---|---|---|---|---|---|---|---|---|
| 王庄乡孟 李 | A | — | — | 17.9 | 15.3 | 610.0 | 28.30 | 172.8 | 0 |
| | B | — | — | 17.3 | 15.6 | 589.6 | 28.60 | 168.7 | 10 |
| | C | — | — | 16.7 | 16.7 | 516.6 | 31.90 | 164.9 | 50 |
| 平 均 | A | 256.90 | 7.95 | 17.70 | 15.76 | 577.96 | 30.34 | 173.40 | 52.00 |
| | B | 253.00 | 7.55 | 16.74 | 15.60 | 545.55 | 29.62 | 160.10 | 46.00 |
| | C | 255.60 | 7.58 | 17.24 | 15.58 | 545.30 | 29.06 | 156.40 | 54.70 |
| $F$ 值 | | — | — | 2.23 | 0.45 | 4.26 | 0.93 | 15.91 | — |
| 差异显著度 | | $F_{0.05}=4.46$ $F_{0.01}=8.65$ | | | | | | | |

注：A＝配方施肥；B＝习惯施肥；C＝空白对照

通过对玉米各试验点分处理进行生物性状调查可以看出，配方施肥区玉米后熟性好，穗大粒多，主要表现在收获前保留活叶数多、穗长，穗粒数较习惯施肥区增加明显。统计分析，配方施肥区与习惯施肥区和空白对照区相比，单穗粒重差异达极显著水平，且这种差异主要来自于配方施肥区玉米果穗增大和穗粒数的增多，百粒重虽亦有增加，但未达到显著水平。

(2)对玉米产量的影响

通过对连续三年肥效对比测产结果分析，配方施肥区比习惯施肥区分别增产8.33％、11.55％、7.09％。测产结果及 $F$ 值检验如表 11-11、表 11-12 和表 11-13 所示。

**表 11-11　　2006 年各处理产量调查结果**

| 试验地点 | 配方施肥(kg/667m²) | 习惯施肥(kg/667m²) | 空白对照(kg/667m²) |
|---|---|---|---|
| 时庄街道西辛(Ⅰ) | 529.8 | 487.2 | 474.7 |
| 南辛镇西墁(Ⅱ) | 510.2 | 486.0 | 459.8 |
| 董庄乡董大城(Ⅲ) | 479.4 | 441.1 | 438.7 |
| 吴村镇白塔(Ⅳ) | 616.7 | 526.5 | 523.2 |
| 王庄乡李(Ⅴ) | 587.7 | 573.8 | 476.7 |
| 平 均 | 544.8 | 502.9 | 474.6 |
| 差异显著度 | $F=11.13$ $F_{0.01}=8.65$ | | |

LSD 法检验配方肥与习惯施肥相比达显著水平，而习惯施肥区与对照区相比，平均增产率仅为 5.96％。统计分析，两者间不存在显著性差异。

表 11-12　　2007 年各处理产量调查结果

| 试验地点 | 配方施肥 (kg/667m²) | T1 (kg/667m²) | T2 (kg/667m²) | 习惯施肥 (kg/667m²) | 空白对照 (kg/667m²) |
|---|---|---|---|---|---|
| 董庄乡韦寨 | 588.3 | 589.4 | 475.0 | 524.7 | 571.1 |
| 时庄街道马村 | 703.6 | 569.7 | 557.0 | 607.7 | 521.6 |
| 王庄乡后孟 | 578.6 | 515.5 | 574.6 | 545.2 | 573.6 |
| 吴村镇白塔 | 717.4 | 695.7 | 693.3 | 672.3 | 691.2 |
| 小雪街道南雪 | 607.2 | 557.7 | 497.0 | 515.2 | 539.2 |
| 平　均 | 639.2 | 585.6 | 559.4 | 573 | 579 |
| $F$ 值 | $F$=3.44 | | | | |
| 差异显著度 | $F_{0.05}$=3.01　$F_{0.01}$=4.77 | | | | |

方差分析处理间 $F$=3.44>$F_{0.05}$，多重比较差异达显著水平。

表 11-13　　2008 年各处理产量调查结果

| 试验地点 | 配方施肥 (kg/667m²) | T1 (kg/667m²) | T2 (kg/667m²) | 习惯施肥 (kg/667m²) | 空白对照 (kg/667m²) |
|---|---|---|---|---|---|
| 时庄街道后时 | 587 | 621.9 | 597 | 545.3 | 511.1 |
| 姚村镇兴隆桥 | 716.5 | 685.3 | 644.4 | 669.3 | 686.4 |
| 小雪街道南雪 | 661.1 | 708.9 | 663.2 | 622.2 | 593.1 |
| 息陬乡三张曲 | 575.4 | 479.4 | 638.2 | 539.8 | 537.1 |
| 董庄乡董大城 | 596.6 | 662.1 | 520.6 | 550.3 | 518.6 |
| 王庄乡李庄 | 517.3 | 541.1 | 498.2 | 485.5 | 440.3 |
| 平　均 | 609 | 616.5 | 593.6 | 568.7 | 547.8 |
| $F$ 值 | $F$=3.0 | | | | |
| 差异显著度 | $F_{0.05}$=2.87　$F_{0.01}$=4.43 | | | | |

配方施肥区分别比习惯施肥区和空白对照区分别增产 7.09%和 11.17%，比 T2 增产 2.59%。方差分析 $F$=3.0>$F_{0.05}$，差异达显著水平。通过 LSD 法检验，配方施肥区与空白对照区相比差异显著，与习惯施肥相比接近显著水平。

(3)经济效益分析

对三年试验结果汇总分析，配方施肥区比习惯施肥区平均亩增产 49.5kg，平均增产率为 9.03%，平均亩减少施肥纯量 1.6kg。亩均增产节支 93.69 元，再加上配方肥价格比市场同类产品每吨低 100～200 元，农民切实得到了实惠，经济效益十分显著。

(4)结果

肥效对比试验表明，在生物性状方面，配方施肥区玉米后熟性好，穗大粒多，主要表现在收获前保留活叶数多、穗长，穗粒数较习惯施肥区增加明显，百粒重略有增加。在产量及经济效益方面，配方施肥区比习惯施肥区平均亩减少施肥纯量 1.6kg，亩均增加产量 49.5kg，亩均增产节支 87.97 元以上，配方肥应用效果明显。据百户农户调查结果显示，普遍反应良好，以测土配方施肥为中心的科学施肥技术已成为全市农业生产的重要措施，已被广大群众所接受和重视，取得了良好的生态效益、经济效益和社会效益。

# 第四篇　测土配方施肥技术应用与推广

## 第十二章　主要作物施肥技术

### 第一节　小麦施肥技术

**一、小麦需肥量和需肥规律**

小麦是需肥较多的作物，不同生育期对氮、磷、钾养分的吸收率不同。小麦生长发育对氮的吸收有两个高峰：一是出苗到拔节（经越冬期和返青期）阶段，吸收氮占总氮量的40%左右；二是拔节到孕穗开花阶段，吸收氮占总氮量的30%～40%，在开花以后仍有少量吸收。对磷、钾的吸收，在分蘖期吸收量占总吸收量的30%左右，拔节以后吸收率急剧增长。磷的吸收以孕穗到成熟期吸收最多，占总吸收量的40%左右。钾吸收以拔节到孕穗、开花期为最多，占总吸收量的60%左右，到开花时对钾的吸收已达最大量。因此，在小麦苗期，应施用适量的氮素营养和一定的磷、钾肥，促使幼苗早分蘖、早发根，培育壮苗。拔节至开花是小麦生育期中吸收养分最多的时期，需要较多的氮、钾营养，抽穗、扬花后应保持足够的氮、磷营养，以防脱肥早衰，促进光合物的转化和运输，促进麦粒灌浆饱满，增加粒重。

小麦的高产对土壤肥力有很强的依赖性。小麦施肥应该注意以下几个方面：一是小麦田氮肥用量不宜过大，也不要过小。如果前期氮肥过多易造成前期生长过旺，后期倒伏减产；如果氮肥过少，那么小麦植株达不到安全越冬的生理状态，小麦受冻严重也会造成减产。二是小麦对磷特别敏感。若三叶期缺磷，会导致次生根少，分蘖延迟或不分蘖。三叶期后缺磷，会延迟抽穗、开花和成熟，使穗粒数减少，千粒重下降。亩穗数、穗粒数、千粒重是小麦产量的三要素，三者同时下降，减产就会成为定局。三是钾肥，钾肥决定小麦的抗逆性，例如抗旱性、抗寒性、抗倒伏的能力。当小麦缺钾时，小麦细胞液浓度下降，细胞液冰点升高，容易发生冻害。

曲阜市小麦一般在10月上、中旬播种，生育期较长，从播种到成熟一般需要260～270天。在一般栽培条件下，每生产100kg小麦，需从土壤中吸收纯氮2.8kg，五氧化二磷

1kg，氧化钾 2.4kg，需肥量随产量水平的提高而增加。一般麦田全生育期需施纯氮 12～15kg，五氧化二磷 6～8kg，除中、低产田外，还需施钾肥（氧化钾）5～6kg。小麦对氮、磷、钾的吸收量，随着品种特性、栽培技术、土壤、气候等而有所变化。

在分期施肥上，按小麦需肥特性，遵循“重施基肥、巧施追肥、补施微肥”的原则，合理调剂。

## 二、小麦的施肥量与施肥原则

按照农业部《测土配方施肥技术规范》，在“3414”肥料效应试验、丰缺指标试验、氮肥不同用量试验和“三区反馈示范”的基础上，依据测土结果，结合农民施肥经验合理确定小麦施肥量。

小麦施肥量的函数计算方法。

肥料函数：$NT=0.025\times YM+CN$

高产田有机质低于 12g/kg、中低产田有机质低于 9g/kg，$CN=4$。

$$PT=0.015\times YM+(15-PS)\times 0.1+CP$$

式中：$NT$、$PT$ 为每亩氮磷推荐量，$YM$ 为目标产量，$PS$ 为耕层土壤有效磷测定值，$CN$、$CP$ 为基础参数。

通过对大量的田间试验结果统计分析汇总，结合土壤养分测试与农户施肥调查，并根据养分资源综合管理理论，实施高产田控氮、调磷、增钾、适施硼，中、低产田稳氮、增磷、针对性补施钾肥与微肥的小麦施肥方针。即小麦氮肥实行总量控制、分期调控；磷、钾肥根据有效磷、速效钾丰缺指标，按照恒量监控技术，确定磷、钾肥用量；微量元素因缺补缺。曲阜市小麦施肥范围：每亩施纯氮 10～15kg，五氧化二磷 4～9kg，氧化钾 5～8kg（见表 12-1）。

表 12-1　小麦推荐施肥量

| 目标产量（$kg/667m^2$） | 小麦推荐施肥量（$kg/667m^2$） | | | | | | |
|---|---|---|---|---|---|---|---|
| | N | 土壤有效磷（mg/kg） | | | 土壤速效钾（mg/kg） | | |
| | | ＜15 | 15～30 | ＞30 | ＜75 | 75～100 | ＞100 |
| 350 | 10～12 | 6～7 | 5～6 | 4～5 | 5 | 0 | 0 |
| 400 | 12～14 | 8 | 7 | 6 | 6 | 5 | 0 |
| 500 | 14～16 | 9 | 8 | 7 | 8 | 6 | 5 |

## 三、小麦施肥要点

（一）目标产量大于 550kg 麦田

目标产量大于 550kg 麦田地力水平高，生产条件好，连年氮肥投入量相对较多，但钾肥投入相对不足。在施肥上要增加有机肥的投入，全面实施秸秆还田，按照控氮、调磷、增钾、补微的原则，亩施 30％商品有机肥 150kg 或农家肥 1000～1500kg、纯氮（N）13～15kg、磷（$P_2O_5$）6～9kg、钾（$K_2O$）4～6kg，或施用 44％（15-17-12）配方肥 50kg（平原麦区），40％（14-16-10）配方肥 50kg（山丘麦区），硼肥 0.5kg。泗河、沂河、险河、蓼河潮土区建议配施锌肥1kg。施肥方式上，磷肥、钾肥、微肥一次底施，氮肥30%底施、60%拔节期追施，10%于小麦抽穗期追施。中后期叶面喷施0.3%的磷酸二氢钾溶液，增加粒重。

（二）目标产量在450～550kg麦田

目标产量在450～550kg麦田亩施农家肥1000kg、纯氮（N）11～14kg、磷（$P_2O_5$）5～8kg、钾（$K_2O$）3～5kg、硼肥0.5kg。施肥方式上，以氮肥40%～50%底施、60%～50%拔节期追施，磷肥、钾肥、硼肥底施。小麦生长中后期叶面喷施0.3%的磷酸二氢钾，以利于增加小麦粒重。

（三）目标产量小于450kg麦田

目标产量小于450kg麦田亩施农家肥1500kg、纯氮（N）10～12kg、磷（$P_2O_5$）3～7kg、钾（$K_2O$）2～5kg、硼肥0.5kg。施肥方式上，以氮肥60%～50%底施、40%～50%拔节期追施，磷肥、钾肥、硼肥底施。小麦生长中后期叶面喷施0.3%的磷酸二氢钾，以增强后期植株性状。

## 第二节 夏玉米施肥技术

### 一、夏玉米需肥量和需肥特性

夏玉米是曲阜市主要粮食作物，常年播种面积为50万亩左右。夏玉米正常生长发育需氮、磷、钾、铁、锌、铜、锰等多种元素。在氮、磷、钾三要素中，相对需氮、钾较多，需磷较少。玉米的生育期不同，需肥量不同，从出苗到拔节，吸收氮占总吸收量的2.5%，有效磷占1.12%，速效钾占3%；从拔节到开花，吸收氮占总吸收量的51.15%，有效磷占63.81%，速效钾占97%；从开花到成熟，吸收氮占总吸收量的46.35%，有效磷占35.07%，速效钾占0%。夏玉米需肥有两个关键期，一是营养临界期，二是玉米营养最大效率期。夏玉米营养最大效率期在大喇叭口期，这是玉米养分吸收最快、最大的时期。夏玉米磷素营养临界期在三叶期，氮素临界期稍后，通常在营养生长转向生殖生长的时期。根据资料，每生产100kg籽粒需要从土壤中吸收氮2.14kg、磷0.79kg、钾2.01kg，大致比例为1∶0.4∶1。夏玉米需肥量随产量水平的提高而增加。不同品种、产量水平略有差异，一般玉米全生育期需要亩施纯氮16kg、五氧化二磷3～5kg，除富钾田块外，还需要配施氧化钾5～8kg。

### 二、夏玉米施肥量与施肥原则

按照农业部《测土配方施肥技术规范》，在“3414”肥料效应试验、丰缺指标试验、氮肥不同用量试验和“三区反馈示范”的基础上，依据测土结果，结合农民施肥经验合理确定夏玉米施肥量。

夏玉米施肥量的函数计算方法。

肥料函数：$NT=0.02\times YM+CN$

$$PT=0.02\times(YM-400)+(15-PS)\times0.15+CP$$

式中：$NT$、$PT$ 为每亩氮磷推荐量，$YM$ 为目标产量，$PS$ 为耕层土壤有效磷测定值，$CN$、$CP$ 为基础参数。

$YM>400$ 时使用，低于 400 时不施磷肥。

钾肥用量的确定：土壤速效钾含量高于 100mg/kg 或单产低于 400kg，不施钾肥。

曲阜市夏玉米氮磷钾推荐施用量如表 12-2 所示。

表 12-2　　夏玉米推荐施肥量

| 目标产量（kg/667m²） | 玉米推荐施肥量（kg/667m²） | | | | | | |
|---|---|---|---|---|---|---|---|
| | N | 土壤有效磷（mg/kg） | | | 土壤速效钾（mg/kg） | | |
| | | ＜15 | 15～30 | ＞30 | ＜75 | 75～100 | ＞100 |
| 400 | 10～12 | 0 | 0 | 0 | 5 | 0 | 0 |
| 500 | 12～14 | 2.5 | 1.5 | 0 | 6 | 5 | 5 |
| 600 | 16～18 | 4 | 3 | 2 | 8 | 8 | 6 |

夏玉米生育期较短，生长发育快，对光照、水分、温度条件要求较高，对养分吸收的高峰早而集中。苗期需肥量虽然较少，但是玉米生长发育的营养临界期，对养分缺乏十分敏感。随着生长速度的加快，需肥量也逐步增加，大喇叭口期达到最大值，以后需肥量逐步减少。因此，在夏玉米施肥上应掌握氮、磷、钾及微肥配合施用，遵循前轻、中重、后补足的原则；氮肥深施，分期追肥；水肥结合，提高肥效的原则。基肥施足，轻施苗肥，巧施拔节肥，重施穗、粒肥。

### 三、夏玉米合理施肥技术

合理施肥是指合理供应和调节农作物必需的各种营养元素，以满足作物生长发育的需要，从而达到提高产量和改善农产品品质，减少肥料浪费，防止环境污染的目的。

（一）基肥的施用

基肥应以有机肥料为主，基肥用量一般占总施肥量的 60%～70%。提倡夏玉米麦后直播，直播玉米可于麦收后播种前或播后苗前及时施用基肥，可将全部有机肥开沟深施，施用单质 N、P、K 肥的，将部分氮肥和全部磷、钾肥、微肥施入，基肥沟施或穴施。集中施肥有利于作物吸收，减少流失，肥料利用率高。

（二）种肥的施用

玉米施用种肥，增产效果明显，一般可增产 10%左右。在土地瘠薄、底肥不足或未施底肥的情况下，种肥的增产效果更大。

种肥以速效氮素化肥为主，酌情配合适量的磷、钾肥。腐熟的优质农家肥也可以做种肥，在夏播玉米来不及施基肥的情况下，它可以补充和代替部分基肥。氮肥作种肥用硫酸铵、硝酸铵较好，每亩用 2.5～5kg 硫酸铵或 1.5～3kg 硝酸铵即可，如配合过磷酸钙，则氮、磷配合比例以 2∶1 或 1∶1 为好。混合好的肥料施在种子的侧下方，距种子 4～5cm 的地方，穴施或条施均可。

应避免与种子直接接触，以防烧苗。

(三)苗肥与拔节肥

苗肥应早施、轻施和偏施,以氮素化肥为主。在基肥中未搭配速效肥料或未施种肥的田块,早施、轻施可弥补速效养分不足,有促根壮苗的作用。

拔节肥应稳施,以有机肥为主,并适量掺和少量速效氮、磷肥。对基肥不足、苗势较弱的玉米,应增加化肥用量,一般每亩可追施 3～5kg 尿素。拔节肥通常在玉米拔节前后,出 7～9 片叶时开穴追施,地肥苗壮的应适当迟追、少追,地瘦苗弱的应早施重施。泗河、沂河、险河潮土(沙壤)区、建议每亩加入硫酸锌 1kg。

(四)穗肥与粒肥

穗肥一般在抽雄前 10～15 天或玉米出现大喇叭口时施用。对基肥不足、苗势差的田块,穗肥应提早施用,如前期没施肥,可提前到小喇叭口期一次性施肥。

施肥量应根据苗情、地力和拔节肥施用情况而定,选用 42%(25-7-10)配方肥,在计划产量 500kg 地块,每亩 50kg,相当于每亩施用纯氮 12.5kg,五氧化二磷 3.5kg,氧化钾 5kg;在计划产量 600kg 的地块,每亩 65kg,相当于每亩施用纯氮 16.25kg,五氧化二磷 4.55kg,氧化钾 6.5kg。施肥方法为条施或穴施。

粒肥一般在果穗吐丝时施用为好,这样能使肥效在灌浆乳熟期发挥作用。粒肥用量不宜过多,可用 1%～2%的尿素和磷酸二氢钾混合液作叶面喷施,每亩喷液量为 50kg 左右。

# 第十三章　耕地土壤障碍因素与改良培肥措施

土壤是农业生产的前提和基础，土壤状况的好坏直接影响着农业生产的高低，是决定作物产量水平的主要因素。目前，随着人居用地及工业用地和城市化进程的加快，有限的耕地资源呈逐年下降趋势，因此，加强土壤的改良与培肥、提高耕地质量、增加单位面积产量，成为目前曲阜市自然环境条件改良利用的主攻方向。根据野外调查和室内化验分析，借鉴第二次全国土壤普查有关资料，现将障碍土壤的调查情况及改良培肥措施进行简单论述。

## 第一节　障碍土壤的现状

### 一、障碍土壤的分布

根据耕地地力评价结构，全市障碍土壤分布比较零散，一部分分布在高产耕地的边沿地带，微地貌类型以倾斜平地、河谷平地、微斜平地为主，还有少量的坡麓梯田、河谷梯田、岭岗梯田等。主要集中在姚村镇、王庄镇、董庄乡、吴村镇和南辛镇，还有少部分分布在息陬镇、陵城镇和防山乡。一部分分布在曲阜市的北部和东南部地区，大部分分布在董庄乡、吴村镇、防山乡和南辛镇。在北部呈现大面积分布，在东南部呈现分散型分布。以坡麓梯田、岭坡梯田、河谷梯田和近山高阶地为主，还有少部分的荒岭坡和石质山岭。另外，随着西南部矿区的发展，陵城镇、时庄街道办事处部分塌陷地段正由高产土壤变为障碍土壤，面积也呈逐年增加的趋势，应引起高度重视。

### 二、障碍土壤的主要影响因素

通过耕地地力调查，影响本市生产的主要因素有涝、黏、漏、缺、浅、薄、沙、旱等几个方面。

(一)涝洼地涝、黏、湿、板、死，物理性状不良

涝洼地、煤矿塌陷地地势低洼、潜水位高、耕性差。面积为5953$hm^2$，占总耕地面积的13.5%。由于地势低洼和受泗河、沂河的影响，通常地下水位为1～2m，有短期的积水、内涝现象，土壤水、肥、气、热不协调，土壤质地黏重，物理性状不良，养分含量低，释放转化慢，直接影响着农作物的生长。土壤有砂姜散生和黑土层分布，耕性差，适耕期短，容重较高，有效孔隙少，结构性差，湿胀干缩。作物产量低而不稳，对作物的种植有较强的选择性。其他低洼地区，如时庄、防山、姚村、陵城等乡镇部分地区和塌陷地段，由于潜水位高，

有次生盐渍化的威胁，影响作物生长。

(二)重用轻养，忽视培肥地力，存在限制性因素

长期以来，曲阜市在土地利用上重用轻养，忽视培肥地力，虽然全市化肥的施用量逐年增加，但有机肥投入量却逐年减少，且投入的化肥以氮、磷肥为主，引起土壤养分特别是速效钾和微量元素含量的下降和矿质养分的失衡，导致土壤肥力下降。全市普遍存在速效钾含量偏低和微量元素特别是有效硼含量偏低等限制性因素，需要增施钾肥的耕地面积为 25839hm$^2$，占全区总耕地面积的 60.52%；需要增施硼肥的耕地面积为 41392.6hm$^2$，占全区总耕地面积的 96.94%。近几年来，由于耕作制度的改变，种植技术水平的提高和化肥施用量的增加，粮食产量随之连年上升，但就目前土壤养分含量和协调关系看，重用轻养、只用不养的种植方法不适应于培肥地力。近年来，随着外出务工人员的增多和国家良种补贴项目的实施，全市大部分土壤年复一年的采用小麦—玉米一年两熟的简单种植模式，土壤没有休闲的机会，没有采取适当轮作换茬，作物吸收的养分需要量大而单纯，而在补给上，则远远不能满足要求，造成土壤肥力提高迟缓，不少地块甚至有下降的趋势。

(三)山区水土流失严重，土层浅薄养分低

曲阜市北、东、东南三面边缘为低山丘陵区，土层浅薄，一般土层覆盖厚度为 5～40cm，水土流失严重，养分缺乏，面积为 1501.8hm$^2$，占总耕地面积的 3.52%(石质山岭除外)，多为石渣土。5～40cm 以下为岩石底，无水浇条件，干旱威胁严重。土地瘠薄，作物所需营养元素极缺，常年一种一收，产量低而不稳。特别是近山地段，土层浅又夹砾石，耕作困难，近年来通过农田基本建设、中低产田改造，虽有一定改观，但仍然是农业生产发展的一大障碍。

(四)耕层质地不良

部分土壤耕性过砂过黏。据调查，全市耕层质地需要改良的土地面积为 5366.4hm$^2$，占可利用面积的 12.56%。其中董庄乡、吴村镇和防山乡等地区的丘陵地带，大部分地区存在夹砂和砺质问题；吴村镇的孟官庄、后张庄和董庄乡的林家洼以及陵城镇和时庄街道办事处的部分塌陷地带，土壤质地不良，通透性差，水、肥、气、热不协调，耕性不好，养分转化和释放慢，不利于作物的吸收和利用；过沙的土壤主要分布在时庄的代庄及沿河两侧，防山乡的低山丘陵地段，该土壤质地不良，团粒结构差，养分含量低，特别是有机质缺乏，保水、保肥性差。

(五)土体构型不良

全市除各乡镇分布的轻壤黏腰、轻壤均质、中壤均质土地面积为 18885.3hm$^2$，占总耕地面积的 39.96%外，其他大部分土壤各有不相同的障碍层次。轻壤黏心、中壤黏心、中壤砂姜腰土地面积为 15269.5hm$^2$，占总耕地面积的 39.3%。这种土壤虽然能保肥、保水，但养分释放转化慢，心土层板黏沉实，透性差，不利于作物的根系下扎，特别是深根作物的生长发育受到抑制，汛期有瀰涝威胁。砂壤砂心、砂壤砂腰、砂壤均质土地面积为 2374.6hm$^2$，占总耕地面积的 5.02%，这类土壤漏水、漏肥，养分含量低，不利于作物的根系生长和发育。此外，零星分布在境内的东、东南、北三面各乡镇沙石山和石质山岭之下的不同地段上的薄、中层，面积共有 434.7hm$^2$，占总耕地面积的 9.2%。这类土壤，土层

浅、薄并夹砾石，结构性差，作物生长所需要的养分含量低，没水浇条件，土地不平整，水土流失严重。

(六)耕层浅，犁底层厚，影响作物根系生长发育

耕作层浅，犁底层厚而紧实，影响作物根系下扎和生长发育。近几年来，随着农田基本建设的发展和农业机械化程度的提高，深翻整平，活土层有所加厚，但是由于机械的长期镇压，犁底层逐年加厚板实。据调查，全市犁底层平均厚度在10cm左右，部分地块更厚。由于耕作层浅薄，犁底层的加厚，作物的根系生长受到限制，特别是深根作物。因此，为保证农业生产的高产稳产，必须加深活土层，满足农作物根系生长发育的需要。

## 第二节 障碍土壤的改良培肥措施

针对本次耕地地力调查发现所存在的问题，结合产业结构调整优化及农业的可持续发展战略实施，确定了中、低产田主要改良培肥办法。

### 一、加大基本农田建设，平整土地，兴修水利

农田基础设施不完善是大部分中、低产田普遍存在的问题，也是制约农田生产和粮食综合生产能力的重要因素。因此，必须增加农田基本建设投资、平整土地、兴修水利、改善耕地田间设施，以提高灌溉保证率，促进地力升级。特别是王庄镇、吴村镇、董庄乡的大部分中、低产田需要进一步改造。

### 二、深耕深翻，增施有机肥，实行秸秆还田

深耕结合施用有机肥和秸秆还田是培肥改土的一项重要措施。深耕的作用在于加厚耕层及改善土壤结构和耕性，施用有机肥料和秸秆还田作用在于降低土壤容重，增加有机质，促进微生物的活性，改善作物生长环境，加速土壤熟化。通过深耕深松，打破犁底层，土壤的通透性和结构性状发生了改变，显著地改善了土壤物理性状，协调了土壤水、肥、气、热的关系，提高土壤肥力。目前，结合现代农业项目的开展，全市已在4个核心乡镇实行了秸秆还田和深耕改土工作，秸秆还田和深耕改土率都达到了100%，取得了良好的效果。

### 三、因地制宜，分区改良

(一)洼地防涝改良区

洼地防涝改良区主要分布在陵城镇的小厂、小雪街道办事处的宣村和董庄乡的杨家洼、朱家洼村。大部分涝洼地表层质地是中壤偏黏或是重壤，耕层以下为深厚的黏土层，有的夹砂姜，地势低洼，潜水位较高，土壤黏板，熟土层浅薄，心土层硬死，物理性状不良，通透性差，虽然土壤潜在肥力较高，但养分释放慢，土壤耕性差，改良措施如下：

1. 挖沟排水，防止内涝，把潜水位降低到2.5m以下。

2. 洼水高调，搞好水利配套，将洼处潜水引到高处，灌溉粮田，一举两得。

3. 掌握适耕期。洼地由于质地黏重，适耕期短，在耕作上要掌握适时，避免“湿耕泥条，湿耕黏犁”和“干耕死硬，干耙不动”。因地制宜适时耕翻，耕后抢耙，及时播种，做到苗

全、苗壮，为丰产打好基础。

4. 压砂改土。黏土掺砂，其基本原则就是改变黏土程度，降低黏度，提高土壤的通透性，改变砂姜黑土的物理不良性状，使其利于作物生长。一般砂、黏比例为2∶1较为合适。

5. 改革种植、洼地变池。由于各种不利因素的限制，部分涝洼地产量老是低而不稳，收益不大。可在洼地挖掘鱼池，使洼地变为良田和鱼池，田上粮一年两熟，池内鱼亩产鲜鱼400kg，鱼跃粮丰。

(二)砂地培肥改良区

砂地培肥改良区主要包括透漏砂地和砂心、砂腰漏砂地。土体内有砂质夹层，局部土壤为均砂质土体，通透性能强，水肥易渗漏，缺水易旱。治砂防漏，应补充大量的有机肥，注意作物中后期的施肥。一部分为透漏砂地，主要分布在泗河、沂河、险河、蓼河四条河流的沿岸河滩上，局部的背河洼地、微斜平地上，大部分表层砂至砂壤，土体构型为均质，这部分地漏肥、漏水，肥力低而易受干旱。这种土壤主要的改良措施是土压砂或者是抽砂换土，适种花生或植树造林绿化沙滩。另一部分为砂心、砂腰漏砂地，主要分布在书院街道的南张洋、旧县北部，时庄街道办事处的坊岭，陵城镇的古路套，小雪街道办事处的白杨店、北兴，息陬镇的夏宋、元疃，防山乡的程庄，姚村镇的刘家村，保宁、李庄、席厂、佃户屯，王庄镇的西石桥、前中王、陶洛。这种土主要是漏水、漏肥，整地时严禁"大扒皮"削高填洼，避免砂土裸露。对于砂心砂腰的漏砂地，改良时除严禁"大扒皮"外，在田间管理上应做到增施土杂肥、小水勤浇、少吃多餐，注意作物的中后期施肥。种植浅根作物，如地瓜、花生等，土层较薄的可因地制宜地发展其他项目的多种经营，如植桑造林等。

(三)土层浅薄改良区

土层浅薄改良区主要分布在董庄乡、吴村镇和防山乡。"根深才能叶茂"，没深厚的熟土层，根不深，叶不茂，想拿高产就是不可能的。特别是曲阜市北部、东南部山区，土壤主要限制性因素是土层薄，不利于作物根系下扎，水土流失严重，应从调整土地利用结构和建设基本农田起步，改广种薄收为集约经营，改单一经营为农、林、牧、副全面发展，因地制宜，全面规划，实现集中、综合、连续治理，实行生物措施与工程措施相结合、坡地治理与沟道治理相结合，田间工程和蓄水保土耕作相结合。在不宜种粮的粗骨土和棕壤性土、褐土性土上，因地制宜的大力发展果、药土特产，在土层较厚的地方，可以发展果粮间作，以尽快提高经济效益，在交通不便的山区选种板栗、银杏等。在土层薄、水土流失严重的地方，应先种草、养畜，发展牧业生产。

(四)坡地梯改改良区

坡地梯改改良区主要分布在南辛镇、防山乡、吴村镇、董庄乡和小雪街道办事处的低山丘陵区域。地势高，坡度大，水土流失严重，具有中、强度沟蚀，土体浅薄，地块小而不平整，质地粗糙，砾石含量高，理化性状差，易干旱。这种土壤的主要限制因素是：土层薄、石头多、水土流失严重，不利于作物的根系下扎。其改良的主要办法是：

1. 挖坑容土栽树，种草、封山造林、绿化荒山。

2. 退耕还林。

3. 修整堤堰，保持水土，建立三合一梯田，防止水土流失。

4. 对石门寺一带的棕壤土，也可试种茶树，开辟茶园或桑园，发展多种经营。

# 第十四章　测土配方施肥技术应用推广与效果

曲阜市自2006年起成为“农业部测土配方施肥项目试点”市。项目实施以来，在各级政府的正确领导以及上级业务部门的热情指导和大力支持下，按照农业部、省农业厅统一部署，坚持“政府主导、企业参与、市场运作、农民受益、创新机制、稳步推进”的原则，整合资源、精心组织、统筹规划，圆满完成了项目所要求的各项任务，受到了广大农民朋友的欢迎和社会各界的关注，取得了良好的效果。

## 第一节　测土配方施肥技术应用推广

### 一、样品采集及化验情况

2006年采集土壤样品3700个，2007年春季在菜地、果园采集土壤样品335个，秋季采集土壤样品1927个，2008年采集土壤样品1514个，2009年采集土壤样品596个、水样60个、土壤容重88个，2010年采集土壤样品534个。累计采集土壤样品8606个，植株样品299个，水样60个，完成基本情况调查表8606份，施肥情况调查表8606份，建立土壤常年监测点23处。共开展了22个项目的检测，样品检测8563个，59300项次。

### 二、试验示范情况

累计安排各类田间试验85处，其中“3414”小区试验33处，肥效对比试验52处，累计建立示范方53处，示范面积为2.96万亩，各项试验示范均按农业部技术规范要求进行，各项数据资料齐全，并及时写出了试验报告，也为肥料配方提供了科学依据。

### 三、宣传培训情况

举办各种不同类型培训班730期次，培训市乡技术骨干6028人次，培训农户34400人次。先后编辑印发《测土配方施肥补贴项目培训教材》一书2000册，《农技简报》测土配方施肥专刊24万份，施肥技术明白纸20万份，项目简介12万份，制作印发小麦、玉米、大蒜施肥建议卡46万份，达到一户一张明白纸、一户一份建议卡。与企业联合制作专题讲座、播发新闻报道369期次，制作系列广告播发3800期次，制作各类过街宣传条幅600余幅，发放宣传挂图4000余张，刻录技术光盘30盘，同时组织科技人员赶乡村大集，广泛宣传测土配方施肥知识。

### 四、指导施肥情况

自项目实施以来，依据土壤测试、植株养分状况和田间试验数据等参数，共推荐肥料配方6个。累计推广配方肥19221.7吨，配方肥施用面积为41.1万亩，指导施肥面积达到全覆盖，已经建立起小麦、玉米等主要作物施肥指标体系。

### 五、档案管理与数据库建设

档案管理突出抓了分类管理、硬件建设和整理归档工作，购置土样储藏架21个、档案橱6个、高配置电脑4台以及移动硬盘、数码相机等。档案实行专人负责管理，定期收集、整理、归档保存。实物档案有长期保存土样2176个，音像档案分为领导视察指导、会议、培训和技术指导四大类，文字档案共立卷12大类198卷，包括组织、宣传、培训、土样采集化验、试验示范、配供肥和综合类等，档案较为系统完整。到目前为止，已经完成包括土壤化验、田间试验、土样采集地基本情况调查、农户施肥情况调查等软件系统的数据录入，宣传培训、配方肥研发推广、项目实施效果百户调查等平面资料数据库也在不断完善之中，县域耕地资源管理信息管理系统已基本建立，为展示项目成果、指导农业生产提供了资料。

## 第二节 测土配方施肥技术应用效果

### 一、摸清了耕地土壤养分状况

通过对8606个样品化验数据分析，基本摸清了曲阜市土壤养分状况。有机质8015个土样，平均为13.4g/kg，比第二次土壤普查时增加了4.5g/kg；pH 7975个土样，平均为6.74；全氮5654个土样，平均为0.78g/kg，比第二次土壤普查时增加了0.20g/kg；碱解氮1605个土样，平均为66mg/kg，比第二次土壤普查时增加了18mg/kg；有效磷8015个土样，平均为35.1mg/kg，比第二次土壤普查时增加了28.2mg/kg；速效钾8015个土样，平均为94mg/kg，比第二次土壤普查时增加了3mg/kg；缓效钾2175个土样，平均为902mg/kg；交换性钙184个土样，平均为3279mg/kg；交换性镁184个土样，平均为431mg/kg；有效硫208个土样，平均为17.5mg/kg；有效铁2165个土样，平均为17.27mg/kg；有效锰2171个土样，平均为17.40mg/kg；有效铜2176个土样，平均为1.78mg/kg；有效锌2176个土样，平均为1.20mg/kg；有效硼904个土样，平均为0.31mg/kg；有效钼184个土样，土壤有效钼含量平均为0.179mg/kg。从以上化验分析数据可以看出，碱解氮、速效钾含量处于相对较低水平，有机质处于中等含量水平，有效磷含量处于相对较高水平。微量养分含量差异悬殊，铜、锌、铁、锰处于相对丰富水平，但有效硼缺乏区面积很大，对满足作物生长发育的需要及促进平衡增产是极不利的，应根据这次测试结果对全市的肥料施用作统一规划，找出不同区域、不同作物、不同土壤的最小养分率。根据最小养分率及对产量要求合理施用肥料，真正做到低成本、高效益。

## 二、建立了主要农作物施肥指标体系

项目实施以来，随着各项工作的开展，逐步形成了以“取土测土数据分析技术体系”为基础、“精准施肥技术体系”为核心、“肥效验证技术体系”为支撑、“技术推广体系”为保障的较为完整的测土配方施肥技术体系。根据田间试验结果、土壤与植株测试结果、作物需肥规律和肥料利用率等，提出了几种主要作物的施肥技术。对小麦，实施了“稳氮、调磷、补钾、适施硼”的小麦配方施肥技术，对玉米，重点实施了“稳氮、调磷、增钾、补锌”的玉米配方施肥技术；对大蒜，提出了“减氮、降磷、增钾、补微肥”的大蒜配方施肥技术。初步建立起小麦、玉米、大蒜等主要作物施肥技术指标体系。

## 三、显著提高了测试化验技术水平

项目实施以来，化验室建设得到加强，建立健全了布局合理、功能齐全、相互配套的高标准化验室12间，面积由原来的96m$^2$建设成为现在的380m$^2$，配套购置了原子吸收仪、全自动凯式定氮仪、火焰光度计、双光束紫外分光光度计、超纯水等先进的仪器设备30余台(套)，配齐了化验急需的药品及用具，完善了化验室排风、洗刷、温控等设施，改善了化验环境。专职化验人员也由原来的5人增加到12人，其中推广研究员1名，高级农艺师1名，农艺师6名，助理农艺师4名，人员结构合理，常规化验日检测能力达到300项次以上，完全可以满足测土配方施肥批量检测的要求。项目的实施，既锻炼了队伍，又出现了一批可以独当一面的化验能手，达到了“人员、仪器、药品、技术”四到位，形成了一整套较为先进而完备的土壤肥料测试系统。

## 四、创新了技术推广服务模式

一是实行“两免四统一”(免费测土、免费配方，统一质量标准控制、统一价格配供肥、统一施肥指导、统一检查验收)的技术推广模式。按照“政府主导、企业参与、市场运作、农民受益”的总体思路，在建立保障机制的基础上，建立健全市、乡、村三级技术指导与推广服务机制，通过逐级培训，明确各级职责，运行规则，采取开通技术服务热线(4483110)、建立示范基地、印发宣传资料、媒体宣传、讲座和逐户发放施肥建议卡等形式，指导农民施肥，逐步更新农民的施肥观念，使他们成为自觉运用测土配方施肥技术的主体。二是探索建立技术服务、企业参与、市场运行的新模式。利用测土配方施肥这一平台，由农业局提供技术服务，企业组织生产配方肥料，个体商户利用市场网络服务为农民供给配方肥料，解决了技术、资金、物资的有机结合问题。三是建立测土配方施肥长效机制。以测土配方技术推广为纽带和平台，开展组织科技人员送科技下乡、进村入户活动，并把该活动形成制度，把推广配方肥料成为科技人员联系广大农民的纽带，成为长期深入基层指导农民科学种田的平台。

## 五、完成了空间数据和属性数据库建设

曲阜市按照《全国测土配方施肥技术规程》要求，一共采集了8606个土样，分析测试了土壤大、中、微量元素和水样共计22个项目，编制了22幅数字化耕地地力等级图、土壤

养分分布图等成果图件，编写了耕地地力评价工作报告、技术报告和专题报告。通过开展地力评价，达到了拥有“一本书”(三个报告)、“一张碟”(数据库)、“一套图”(22幅数字化图)、“两个系统”(测土配方施肥汇总系统、耕地资源管理信息系统)的目的。

应用测土配方施肥汇总系统、测土配方施肥管理信息系统，实现了对野外调查、分析化验、田间试验和第二次土壤普查数据的统一管理，建立了属性数据库，同时依托技术单位完成了图件的数字化工作，建立了空间数据库，并将有关图件扫描入库，为县域耕地资源管理信息系统的建设奠定了基础。

## 六、完成了耕地地力等级评价工作

本次耕地地力分析，按照农业部耕地质量调查和评价的规程及相关标准，结合当地实际情况，选取了对耕地地力影响较大、区域内变异明显、在时间序列上具有相对稳定性、与农业生产有密切关系的12个因素，建立评价指标体系。以土壤图与土地利用现状图叠加形成评价单元，应用模糊综合评判方法，通过综合分析，将全区耕地共划分为6个等级，根据评价进行耕地地力的系统分析。曲阜市区总耕地面积为42699$hm^2$，主要以一级地为主，耕地面积为20453.27$hm^2$，占总耕地面积的47.90％；其次是二级地和三级地，耕地面积分别为6441.81$hm^2$、6067.69$hm^2$，分别占总耕地面积的15.09％、14.21％；四级地、五级地和六级地面积较少，分别占耕地总面积的7.71％、7.15％、7.94％。

## 七、取得了良好的经济、社会、生态效益

测土配方施肥项目的开展，有力地推动了全市农业经济的发展，改变了群众的施肥观念。试验分析表明，与常规施肥相比，小麦平均亩减少施肥纯量4.88kg，玉米平均亩减少施肥纯量3.34kg，据初步统计，项目开展以来总增收节支1.5亿多元，直接受益农户达到10万余户。通过项目的实施，单位面积化肥投入量明显减少，特别是氮、磷肥投入量的下降，使养分流失到环境中的程度降低，减弱了对生态环境的影响，极大地改善了农业面源污染问题，农业生态环境显著提高。不仅如此，配方施肥工作的开展，还在抑制市场化肥价格、打击假冒伪劣产品等方面起到了重要作用，并且有效地拉动了农资市场。市场上化肥品种结构显著改善，农民切实得到了实惠，深受老百姓的好评。项目实施以来，取得了明显的经济效益、社会效益和生态效益。

# 第五篇 相关论文

## 曲阜市农田土壤肥力的演变与分析

张锡圣[1] 丰宗鹏[2] 李卓然[1]

(1. 曲阜市农技推广中心 2. 曲阜市农技站)

**摘 要**:通过对曲阜市农田进行长期的肥力定位监测,摸清并掌握本市农田土壤肥力的变化规律,确定农田土壤肥力状况及生产力水平,研究土壤肥力元素与农作物产量之间的相互关系,提出合理的施肥意见,指导农业生产。

**关键词**:农田;肥力;演变分析

### 1 材料与方法

#### 1.1 肥力监测点的布置

曲阜市土肥站在第二次土壤普查的基础上,从1983年起,在全市42699$hm^2$的农田土壤上设立了39处长期肥力定位监测点。布点原则:以乡镇内的农业耕地为基本单元,按当地农作物的产量指标及土普资料划分出高、中、低三种地力水平,相应地定点定位;针对本市主要土类充分考虑相同土类上肥力的相似性和不同土类间肥力的差异性,确定监测点的控制范围;监测点代表面积:山区1333～3333 $hm^2$1个;平原区666.7～1000$hm^2$ 1个。

#### 1.2 取样时间与分析方法

每年秋种前在土壤未施肥、未耕翻前取样,分析其全氮、全磷、有机质、速效氮、速效磷及速效钾含量;调查监测点所在地块的粮食产量、化肥投入量、物理性状,采取不定期取样的形式。截至2002年,共取农化样653个,物理性状测定256处。农化分析,全氮、全磷:凯氏法;有机质:油浴—重铬酸钾法;速效氮:碱解扩散法;速效磷:碳酸氢钠浸提磷钼蓝比色法;速效钾:6400火焰光度法;物理性状采用环刀法。

### 1.3 讨论范围

由于土壤肥力监测布点范围涉及面积大，多年来采集的数据较多，不能一一概述，因此，本文选择泗河沿岸潮褐土类上的5个平原乡镇的主要监测点，对其肥力监测点的养分指标、生产力水平及投入与产出情况进行分析讨论。

## 2 结果统计与分析

### 2.1 土壤有机质、速效氮、磷、钾含量及变化范围

将涉及的5个乡镇主监测点上土壤有机质、碱解氮、速效磷、速效钾的测定值列表统计。2002年度平原乡镇监测点土壤有机质平均含量为9.62g/kg；碱解氮平均含量为91.54mg/kg；速效磷平均含量为15.5mg/kg；速效钾平均含量为86.7mg/kg。与第二次土壤普查数据相比较，土壤有机质、碱解氮、速效磷的平均含量分别增加了0.16g/kg、32.7mg/kg、4mg/kg，而速效钾含量则下降5mg/kg。总的趋势是土壤有机质、速效氮、速效磷含量总体呈上升趋势，速效钾则总体下降。各项指标随年份化肥投入量的不同、农业产业政策的调整及农业气候条件的变化而呈现不规则波动，尤其以碱解氮和速效钾的波动较大。统计表明，本市平原乡镇土壤肥力在十几年的变迁中发生了深刻的变化，土壤中有机质相对稳定，磷素增加显著，全氮呈降低趋势，钾素逐年缺乏。土壤养分结构的变化也使土壤的缺素状况发生了显著变化，农业耕地由以前的缺氮、磷为主，转变为缺磷、钾，少有机质，缺微量元素，施肥结构也由从前的增氮补磷转变为现在的稳氮、调磷增钾、补施微量元素。

### 2.2 土壤物理性状统计与分析

同第二次土壤普查的数据相比较，本市平原乡镇农田土壤的物理性状有了较大改变，土壤的物理性状朝着更有利于农作物生长的方向发展，土壤的农化程度越来越高，土壤结构趋于合理，土壤的水、肥、气、热等肥力要素越来越协调，土壤的供肥、保肥能力得到进一步提高。1996年监测点的平均数据同普查数据相比较，土壤容重平均下降了0.15g/cm$^3$，其中最大的平均下降了0.22g/cm$^3$。土壤总孔隙度平均增加4.9%，其中最大的增加6.8%。2002年平原乡镇农田土壤的平均容重为1.38g/cm$^3$，总孔隙度平均为48.1%，其指标基本上达到了高产地块的要求。

### 2.3 土壤肥力的变化规律与分析

曲阜市平原乡镇土壤养分指标自土壤普查以来所表现的规律是：有机质整体含量不高，随年份呈增长趋势，每年的增长幅度相对稳定，自1991年后，有机质平均含量一直稳定在10g/kg左右；碱解氮与速效磷在所调查年份中，呈两头高、中间低的规律，碱解氮1984年到1990年间下降迅速，年平均降低7.6mg/kg，速效磷也在1990年前后降到最低点，平均含量不到10mg/kg，1993年后碱解氮与速效磷一直呈稳步增长趋势，速效钾一直

呈下降趋势，1993 年后下降速度加快，已成缺素重点。主要原因是：1982～1990 年是粮食产量突飞猛进的一个时期，这期间由于农业在国民经济中基础地位的不断提高，各级、各部门对农业的重视程度不断加强，伴随着产业投入和科技含量的增加，土地生产力得到了前所未有的发展，粮食产量逐年稳步增产，农业生产中投入和产出的矛盾表现得十分突出，传统有机肥满足不了粮食高产的要求，施肥以无机肥料为主，高投高产，粮食产量经常随肥料供给强度发生变动。因此，此阶段土壤速效养分指标在某种意义上更多地反映的是土地生产能力对肥料投入依赖程度的高低。1993 年以后，由于粮食增产能力受到增产潜力的遏制，产量相对平衡，肥料投入也相对稳定，加之农业产业结构调整带来的对农业生产投入的重新再认识，因此，重视了有机投入，在措施上把培肥地力、提高肥料利用率、增强农业生产后劲作为促进粮食稳产高产的主要手段，施肥结构也由增施氮、磷肥转变到了稳氮、增磷、补钾的高度，因此，这一时期土壤的养分指标也表现出了相对平稳的趋势，而速效钾下降较快的主要原因是：高钾作物的大面积种植，而没有整体性普施钾肥，各乡镇只是提倡性地号召补钾，钾肥增产增收的作用并没有被充分发挥出来。

## 3 小 结

土壤有机质缺乏、肥力水平整体不高是本市农田土壤的一个显著的农化特征，土壤肥力受到农业投入、农村产业政策、结构调整、农产品市场变化等诸多因素影响。地力徘徊是粮食生产无法向更高目标突破的重要原因，没有好的农田肥力环境就不能有高的粮食产量水平，因此只有进一步加强土壤培肥，在稳定粮食生产的基础上，增加有机投入，科学地进行肥料运筹，大力推广配方施肥，走用地与养地相结合的路子，方能更好地推动全市农业向高产、稳产发展，才能从基础地位上保证可持续农业的健康发展。

农田肥力随着生产力水平、肥力因素发生变化，农田施肥结构也随之发生变化。20 世纪 90 年代前农田土壤以缺氮、磷为主，施肥提倡增氮磷、补钾肥，而到 20 世纪 90 年代后，农田土壤以缺磷、钾和微量元素为主。施肥则提倡增施有机肥，稳氮、增磷、钾，补施微量元素。而目前农田土壤有机质和微量元素缺乏则成为突出的矛盾，施肥则应提倡稳施氮肥，调磷肥，增施钾肥，补施中、微量元素。

# 耕翻深度对小麦生长发育影响研究初报

王宗芳[1] 徐 民[2] 王洪誉[3] 陈存广[3]

(1. 曲阜市种子管理站 2. 曲阜市农技站 3. 曲阜市良种场)

**摘 要**:曲阜市小麦生产多采用秋季耕翻播种,秋耕深度一般在 20cm 左右,年复一年犁底层变硬,犁底层的形成限制了小麦对土壤深层肥水的利用,而且易倒伏、早衰。本试验研究采取机械翻耕,设计 4 个耕深处理,研究其对小麦生长发育及产量构成因素的影响,确定最佳耕翻深度。

**关键词**:耕翻深度;小麦;生长发育;影响

## 1 材料与方法

### 1.1 试验地点

曲阜市良种场。

### 1.2 试验地基本情况

平原井灌区。轮灌周期为 5 天,土壤为潮褐土,表层质地中壤。耕作层为 20cm。耕作层土壤营养含量:有机质 12.6g/kg,全氮 1.105g/kg,全磷 0.98g/kg,碱解氮 98mg/kg,速效磷 15.3mg/kg,速效钾 112.0mg/kg。

### 1.3 试验地耕作方式

小麦、玉米一年两作。夏玉米铁茬播种,机械作业。

### 1.4 供试品种

泰农 18。

### 1.5 耕翻处理

A. 20cm(ck);B. 25cm;C. 30cm;D. 35cm。大区布局,重复三次,计产采取小区抽样实收方式。

### 1.6 播种及田间管理

10月12日播种，基本苗16.2万株/667m²，次年6月12日收获。田间管理同一般大田。

## 2 结果与分析

### 2.1 冬前群体及次生根数

表1 不同耕深对冬前小麦群体和单株次生根的影响

| 项 目 | 20cm | | | | 25cm | | | | 30cm | | | | 35cm | | | |
|---|---|---|---|---|---|---|---|---|---|---|---|---|---|---|---|---|
| | Ⅰ | Ⅱ | Ⅲ | $\overline{X}$ | Ⅰ | Ⅱ | Ⅲ | $\overline{X}$ | Ⅰ | Ⅱ | Ⅲ | $\overline{X}$ | Ⅰ | Ⅱ | Ⅲ | $\overline{X}$ |
| 总茎数(万/667m²) | 88 | 88.8 | 89.8 | 88.9 | 88.3 | 90.7 | 89.2 | 89.4 | 88.9 | 91.1 | 88.8 | 89.6 | 88.7 | 88.1 | 88.6 | 88.5 |
| 单株次生根(条) | 9.2 | 9.4 | 9.8 | 9.5 | 10.5 | 11 | 8.6 | 9.7 | 10.4 | 10.8 | 11 | 10.7 | 10.8 | 10.9 | 10.2 | 10.6 |

由表1可知，耕翻深度对冬前小麦群体和次生根数量影响不明显。

### 2.2 春季最大群体、单株次生根数及最大叶面积系数

调查结果表明(见表2)，耕深30cm和25cm与对照最大群体次生根数的差异达极显著水平，耕深30cm与耕深35cm次生根的差异达显著水平，耕深30cm和25cm与对照叶面积系数差异达显著水平，其余则不显著。可见，耕翻深度25cm和30cm的处理能增加亩群体、单株次生根系数及叶面积系数，因此，耕深25cm和30cm能显著促进小麦生长发育。

表2 不同耕深小麦春季最大群体、单株次生根及最大叶面积系数

| 项 目 | 20cm | | | | 25cm | | | | 30cm | | | | 35cm | | | |
|---|---|---|---|---|---|---|---|---|---|---|---|---|---|---|---|---|
| | Ⅰ | Ⅱ | Ⅲ | $\overline{X}$ | Ⅰ | Ⅱ | Ⅲ | $\overline{X}$ | Ⅰ | Ⅱ | Ⅲ | $\overline{X}$ | Ⅰ | Ⅱ | Ⅲ | $\overline{X}$ |
| 最大亩茎数(万/667m²) | 102.5 | 107.2 | 93.2 | 100.6 | 110.4 | 113.4 | 104 | 109.3 | 108.6 | 115.9 | 105.6 | 110 | 107 | 104.1 | 103.4 | 104.8 |
| 次生根(条) | 37 | 35 | 42 | 38 | 42 | 48 | 50 | 46.7 | 46 | 46 | 51 | 47.7 | 43 | 39 | 42 | 41.3 |
| 叶面积系数 | 4.9 | 4.4 | 4.8 | 4.7 | 6.0 | 6.1 | 5.3 | 5.8 | 5.7 | 5.8 | 6 | 5.8 | 4.5 | 4.9 | 5.3 | 4.8 |

### 2.3 产量构成因素

表 3 亩产量构成因素

| 项 目 | 20cm | | | | 25cm | | | | 30cm | | | | 35cm | | | |
|---|---|---|---|---|---|---|---|---|---|---|---|---|---|---|---|---|
| | Ⅰ | Ⅱ | Ⅲ | $\overline{X}$ | Ⅰ | Ⅱ | Ⅲ | $\overline{X}$ | Ⅰ | Ⅱ | Ⅲ | $\overline{X}$ | Ⅰ | Ⅱ | Ⅲ | $\overline{X}$ |
| 亩穗数（万） | 26.2 | 26.8 | 26 | 26.3 | 27.8 | 27 | 27.3 | 27.4 | 28.8 | 28.5 | 27.9 | 28.1 | 26.9 | 27 | 26.8 | 26.9 |
| 穗粒数（万） | 42.6 | 42.3 | 42.9 | 42.6 | 43.7 | 43.1 | 44.5 | 43.7 | 45 | 43.9 | 44.2 | 44.4 | 43.2 | 44 | 42.5 | 43.2 |
| 千粒重（g） | 44.2 | 44.5 | 44.7 | 44.5 | 47 | 46.1 | 46.8 | 46.6 | 47.5 | 48.2 | 48.5 | 48.1 | 47.2 | 46.5 | 46 | 46.6 |
| 亩产量（kg） | 493 | 505 | 499 | 498 | 572 | 537 | 569 | 558 | 616 | 604 | 598 | 600 | 549 | 553 | 524 | 542 |

由表 3 可知，耕深对产量构成三因素都有一定影响。在高产条件下，影响程度大小依次为千粒重、亩穗数、穗粒数。表 3 结果表明，深耕对小麦产量有显著影响，在常年耕深 20cm 情况下，增加耕深至 25～30cm 增产效果最好，耕深 25cm 比 20cm 亩增产 60kg，耕深 30cm 比 25cm 亩增产 42kg。耕深 25～30cm 分别比耕深 35cm 增产 16kg、58kg。

## 3 小 结

耕翻深度对小麦生长发育有显著影响，耕翻深度通过影响根系的发育导致对地上部分和叶面积系数的影响，对小麦产量构成三要素影响程度大小依次为千粒重、亩穗数和穗粒数，因此，应增加耕深以打破犁底层，增至 25～30cm 为宜，过深耕翻由于生土上移反而不利增产。

# 曲阜市农业面源污染的现状与对策

张锡圣[1]　李卓然[1]　华勇[2]

（1. 曲阜市农技推广中心　2. 曲阜市经管站）

**摘　要**：随着经济社会的发展，农业面源污染已成为目前影响本市农村生态环境质量的重要污染源，其发展趋势令人担忧。农用化肥的径表流失，农药、农膜的大量使用，畜禽养殖废弃物的随意排放，是造成农业面源污染的主要原因。通过对近年来影响全市农业面源污染的现状调研和成因分析，提出了相应的治理对策和建议。

**关键词**：农业；面源污染；现状；对策

## 1　曲阜市农业面源污染现状

曲阜市农业面源污染物主要来自于畜禽养殖、农田化肥、农药、农作物秸秆、人粪尿、生活垃圾以及水产养殖业的污染排放。这些污染物以固体形式、污水形式、化学残留等形式污染水体、土壤及农村环境。

### 1.1　水体污染物

人畜粪尿及污水、化学耗氧量（CODcr）、总氮（TN）和总磷（TP）是曲阜市农业面源排放的主要水体污染物。2009 年，曲阜市农村常住人口为 52.7 万人，畜禽存栏总量为 587.2 万头（只），其中猪存栏 29.6 万头，牛存栏 1.6 万头，家禽 556 万只。全市农村粪尿排放总量为 39.17 万吨，其中畜禽排放量为 20.76 万吨，占 53%，人粪尿为 18.41 万吨，占 47%；污水排放总量为 2664.6 万吨，其中农村生活污水排放量为 2371.5 万吨，占 89%，畜禽养殖污水排放量为 293.1 万吨，占 11%；另外，水产养殖业的鱼饲料残饵及水产品排泄物也通过养殖场换水、清塘等途径流入周围水体。从对水体污染的主要污染物指标来看，无论是 CODcr、TN、TP 都是畜禽养殖所占比例最高，生活污染次之。

### 1.2　化肥、农药使用情况

全市 42699$hm^2$ 农业耕地都在施用化肥、农药，化肥施用量（以折纯量计）约为 34883 吨，肥料施用强度达到 831.2$kg/hm^2$，由于施肥结构和方法的不合理，肥料利用率平均只有 30%～40%。每年约有 3529 吨氮、1000 吨磷和 1340 吨的钾流失，进入水体，造成了水环境污染。全市农药施用量约为 1325 吨，农药施用面积大，使用强度高，其中高残留农药的使用量占到20%以上，导致农田生态系统受到破坏，害虫天敌种群数量下降，害虫抗药性迅速增长，甚至地下水源受到不同程度的污染。农药残留污染是发展无公害农产品生产、危害人民身体健康、影响农产品安全的重要因素。

### 1.3 农膜使用情况

全市塑料农膜使用量约为289吨，其中地膜使用量为214吨，可降解农膜使用率不足20%。农膜回收利用率约为60%，仍有40%的农膜被废弃在农田中。大量废弃在农田不可降解的农膜，对农田将会产生非常大的影响。

### 1.4 农作物秸秆利用情况

全市农作物秸秆主要以小麦、玉米、豆类、薯类、棉花、花生的秸秆为主。近年来，由于秸秆还田、青储、过腹还田等技术的大力推广，全市80%以上的农作物秸秆被利用，从调查的结果来看，当地仍有相当数量秸秆作为农家的燃料或被丢弃在田间地头，废弃秸秆污染物对环境的影响也是不容忽视的。

### 1.5 水产养殖污染现状

水产养殖的污染主要来自于鱼饲料和鱼药物的投放，由于饲料和药物投入水体使得水体COD、BOD、N、P增加，从而引起水体污染。2009年，全市鱼饲料投放达5000吨，石灰、漂白粉等药物投放为350吨。由于饲料和药物投放量过大，已有部分水库、鱼塘出现富营养化状态。

## 2 曲阜市农业面源污染分析

曲阜市农业面源污染对环境的影响主要体现在三个方面：一是对水体的污染。主要是畜禽养殖业产生的粪尿及污水的排放、农用化肥流失、农村人粪尿、农村生活污水以及水产养殖鱼饲料和药物的投放对水体造成的污染，其主要引起纳污水体COD、BOD、N、P、$NH_3$等污染指标增加。二是对空气的污染。主要是农村秸秆、废弃生活垃圾焚烧对环境产生的影响。三是固体废弃物对土壤环境造成的影响。主要是农村生活垃圾、塑料农膜和过量施用化肥造成对土壤的污染。综合来看，曲阜市的农业面源污染对水体的影响最大，而对水体影响最大的是畜禽养殖业和化肥的流失。

## 3 农业面源污染的防治对策与建议

农村面源污染治理，要坚持以科学发展观为指导，遵循“资源化、减量化、无害化、生态化”的原则，大力发展农业循环经济，加强对种植业污染和养殖业污染的防治，加快转变传统种、养业增长方式，改善农村生态环境和人居环境，促进社会主义新农村建设，实现可持续发展战略。

### 3.1 农业实现标准化生产

建设标准化、规模化生产基地,加快无公害农产品、绿色食品和有机食品生产基地的发展步伐。大力开展以测土配方施肥技术为主的农业节水、节肥、节药等各种清洁方式生产,推广生物制剂防治病虫害,科学施肥,合理用药,使种植业投入品得到最有效的利用,氮、磷等营养物质损失减少到最低程度,实现农田投入品废弃物减量化,逐步减少种植业污染。实施化肥农药减量、增效、控污技术,从生产环节入手,调整化肥农药使用结构,从源头控制种植业污染的发生。积极推广应用生物型、植物型农药,推广病虫害综合防治技术,采取合理轮作、选用抗病品种、利用杀虫灯等措施减少农药使用量,全面禁用高毒、高残留农药。

### 3.2 畜牧养殖实现区域化

建立禁养区和宜养区。禁养区内不得新建任何畜禽养殖场,已建立的畜禽养殖场要逐步搬迁或关闭。对宜养区进行规划,宜养区内以规模化小区养殖为主,养殖小区、养殖场(户)的粪便和废水采用技术措施集中进行污染治理。推广生态养殖模式,推行雨污分流、清洁生产、干湿分离技术,实现畜禽粪便合理化利用,加快推进规模化畜禽养殖场和养殖小区的污染治理。

### 3.3 大力发展农业循环经济

大力推广节约资源和保护环境的农业技术,因地制宜发展秸秆综合利用和以沼气工程为主的农业循环经济。在散养高密度区域通过建立畜禽粪便收集处理中心,利用畜禽粪便稳步发展有机肥料厂,生产有机肥。大力建设农村户用沼气池,与农户"改厕、改圈、改厨"相结合,推广"畜一沼一作物"等能源生态农业模式,开展沼气、沼液和沼渣综合利用,实现畜禽养殖废弃物资源化利用和零污染排放。要鼓励建立种植业和养殖业紧密结合的生态工程,实现种植业和养殖业协调发展,新建的养殖场要与农田、果园、山林统一布局,实行农牧结合的生态经营模式。

# 夏玉米磷、钾肥施肥效应分析

史翠青[1]　陈　亮[2]　孔宪伟[2]

（1. 曲阜市农业广播电视学校　2. 曲阜市土壤肥料工作站）

**摘　要**：为获得夏玉米最高产量与最佳经济效益的平衡施肥配方，针对不同氮、磷、钾配施水平对夏玉米的产量效应进行试验研究。结果表明：增施磷、钾肥，夏玉米增产趋势明显。产量水平为 500～600kg/667m$^2$ 夏玉米的磷、钾肥最佳施肥量分别为 4.601 kg/667m$^2$ 和 7.66kg/667m$^2$。

**关键词**：夏玉米；磷、钾肥；施肥效应

## 1　材料与方法

### 1.1　试验地点

试验设在时庄镇西辛、南辛镇西塅、董庄乡董大城、吴村镇白塔、王庄乡孟李 5 个行政村。各试验地地势平坦、肥力均匀，有水浇条件，有很好的代表性。

### 1.2　供试土壤

5 处试验地均为褐土，土壤质地各试验地有所不同，吴村镇白塔试验地 150cm 以下有黄石岗障碍层，易旱、易涝。各试验地耕层 0～20cm 土壤养分状况如表 1 所示。

表 1　　供试土壤养分状况

| 地　点 | 土壤类型 | 有机质(g/kg) | 碱解氮(mg/kg) | 有效磷(mg/kg) | 速效钾(mg/kg) |
|---|---|---|---|---|---|
| 时庄镇西辛 | 褐土 | 17.336 | 75 | 33 | 153 |
| 南辛镇西塅 | 褐土 | 11.423 | 61 | 46.5 | 121 |
| 董庄乡董大城 | 褐土 | 12.897 | 93 | 64.7 | 113 |
| 吴村镇白塔 | 褐土 | 11.42 | 60 | 30.8 | 146 |
| 王庄乡孟李 | 褐土 | 18.522 | 136 | 56.7 | 94 |

### 1.3 供试品种

供试品种均为农大108。留苗密度为3500株/667m²。

### 1.4 试验处理与设计

五处试验均采用"3414"不完全试验方案设计，选用处理为1、4～10、14九个处理(表2)。试验在农户同一块农田内进行，采用随机区组排列，重复三次，小区面积为30m²，各小区之间以水渠间隔，试验地四周设有保护区，除试验处理外，小区其他条件一致。

表2 试验各处理施肥量

| 处 理 | N (kg/667m²) | $P_2O_5$ (kg/667m²) | $K_2O$ (kg/667m²) |
|---|---|---|---|
| 1 $N_0P_0K_0$ | 0 | 0 | 0 |
| 4 $N_2P_0K_2$ | 16.23 | 0 | 6.5 |
| 5 $N_2P_1K_2$ | 16.23 | 2.23 | 6.5 |
| 6 $N_2P_2K_2$ | 16.23 | 4.46 | 6.5 |
| 7 $N_2P_3K_2$ | 16.23 | 6.69 | 6.5 |
| 8 $N_2P_2K_0$ | 16.23 | 4.46 | 0 |
| 9 $N_2P_2K_1$ | 16.23 | 4.46 | 3.25 |
| 10 $N_2P_2K_3$ | 16.23 | 4.46 | 9.75 |
| 14 $N_2P_1K_1$ | 16.23 | 2.23 | 3.25 |

### 1.5 试验实施

5处试验均为麦田套种，不施种肥，麦收前防治二代黏虫，麦收后中耕灭茬，喷施除草剂，小喇叭口期防治二代玉米螟，在小喇叭口期一次性施入所有肥料(见表3)。

表3 试验实施情况

| 地 点 | 播 期 (月/日) | 追 肥 (月/日) | 追肥时总叶数(片) | 收获期 (月/日) |
|---|---|---|---|---|
| 时庄镇西辛 | 5/25 | 7/12 | 11 | 9/9 |
| 南辛镇西堤 | 5/28 | 7/6 | 9 | 9/10 |
| 董庄乡董大城 | 5/29 | 7/7 | 8 | 9/9 |
| 吴村镇白塔 | 5/29 | 7/14 | 10 | 9/16 |
| 王庄乡孟李 | 5/24 | 7/6 | 10 | 9/7 |

### 1.6 测产方法

玉米收获期，各试验点采取五点取样法，调查每亩株数。各处理小区三点取样，每点取10株玉米，调查株高、活叶数，室内测定穗长、穗周长、秃顶、百粒重等指标，并计算单穗粒重、亩籽粒产量等。

## 2 结果与分析

### 2.1 不同养分对玉米产量的效应

(1)磷肥对玉米产量的效应

试验结果(见表4)表明：氮、钾水平下施磷肥与不施磷肥相比，玉米产量增加19.3～38.2kg/667m²，对5处试验进行统计分析与显著性比较(表5和表6)，差异极显著。在氮、钾水平下：用一元二次方程拟合，回归方程为 $y=-1.9209X^2+20.105X+484.08$，由此方程计算得在玉米500～600kg/667m² 产量水平下，磷肥的最大施肥量为5.23 kg/667m²，最佳施肥量为4.6kg/667m²。

表4 氮、钾水平下磷施肥量与玉米产量的关系

| 处 理 | 西 辛 (kg/667m²) | 西 堽 (kg/667m²) | 董大城 (kg/667m²) | 白 塔 (kg/667m²) | 孟 李 (kg/667m²) | 平 均 (kg/667m²) |
|---|---|---|---|---|---|---|
| 4 $N_2P_0K_2$ | 484.2 | 470.6 | 487.8 | 492.5 | 483.9 | 483.8 |
| 5 $N_2P_1K_2$ | 503.5 | 524.6 | 510.8 | 530.5 | 531.6 | 520.2 |
| 6 $N_2P_2K_2$ | 520.8 | 539.1 | 520.6 | 540.1 | 552.9 | 534.7 |
| 7 $N_2P_3K_2$ | 522.4 | 504.9 | 543.1 | 577.5 | 516.2 | 532.9 |

表5 氮、钾水平下磷施肥量与玉米产量统计分析表

| 方差来源 | 自由度 | 平方和 | 均 方 | F值 | F临界值 | |
|---|---|---|---|---|---|---|
| | | | | | 5% | 1% |
| 处理间 | 3 | 8364.72 | 2788.24 | 11.17 | 3.49 | 5.95 |
| 重复间 | 4 | 1930.68 | 482.67 | 1.93 | 3.26 | 5.41 |
| 误 差 | 12 | 2996.17 | 249.68 | | | |
| 总变异 | 19 | 13291.57 | | | | |

表 6　　氮、钾水平下磷施肥量与玉米产量多重比较

| 处　理 | 平均产量(kg/667m²) | 相　差 | | |
|---|---|---|---|---|
| | | 6 $N_2P_2K_2$ | 7 $N_2P_3K_2$ | 5 $N_2P_1K_2$ |
| 6 $N_2P_2K_2$ | 534.7 | | | |
| 7 $N_2P_3K_2$ | 532.9 | 1.8 | | |
| 5 $N_2P_1K_2$ | 520.2 | 14.5 | 12.9 | |
| 4 $N_2P_0K_2$ | 483.8 | 50.9** | 49.1** | 36.4** |

注：$LSD_{0.05}=21.78$，$LSD_{0.01}=30.53$

(2)钾肥对玉米产量的效应

表 7　　氮、磷水平下钾施肥量与玉米产量的关系

| 处　理 | 西　辛 (kg/667m²) | 西　塅 (kg/667m²) | 董大城 (kg/667m²) | 白　塔 (kg/667m²) | 孟　李 (kg/667m²) | 平　均 (kg/667m²) |
|---|---|---|---|---|---|---|
| 8 $N_2P_2K_0$ | 493.3 | 477.1 | 474.9 | 498.9 | 476.3 | 484.10 |
| 9 $N_2P_2K_1$ | 516.2 | 505.9 | 506.2 | 531.8 | 555.9 | 523.20 |
| 6 $N_2P_2K_2$ | 520.8 | 539.1 | 520.6 | 540.1 | 552.9 | 534.70 |
| 10 $N_2P_2K_3$ | 535 | 527.4 | 554.3 | 560.4 | 556.4 | 546.70 |

试验结果表明(见表 7)：氮、磷水平下钾肥对产量的影响，表现出随施肥量的增加，产量也随之增长，与不施钾肥相比，亩增产 39.1～62.6kg。5 处试验平均值用一元二次方程拟合，回归方程为 $y=0.6414x^2+12.386x+485.5$，由此方程计算得氮、磷水平下，在玉米 500～600kg/667m² 产量水平时，钾肥的最大施肥量为 9.66kg/667m²，最佳施肥量为 7.66kg/667m²。方差分析(见表 8 和表 9)差异极显著。说明在玉米产量相对较高的玉米田，无论是土壤中相对富钾还是缺钾，增施钾肥，往往都会给玉米产量带来显著的提高。

表 8　　氮、磷水平下钾施肥量与玉米产量方差分析表

| 方差来源 | 平方和 | 自由度 | 均　方 | $F$ 值 | $F$ 临界值 | |
|---|---|---|---|---|---|---|
| | | | | | 5% | 1% |
| 处理间 | 11045.54 | 3.00 | 3681.85 | 22.51 | 3.49 | 5.95 |
| 重复间 | 1936.90 | 4.00 | 484.22 | 2.96 | 3.26 | 5.41 |
| 误　差 | 1962.50 | 12.00 | 163.54 | | | |
| 总变异 | 14944.94 | 19.00 | | | | |

表 9　　氮、磷水平下钾施肥量与玉米产量多重比较

| 处 理 | 平均产量(kg/667m$^2$) | 相差 | | |
|---|---|---|---|---|
| | | 10 $N_2P_2K_3$ | 6$N_2P_2K_2$ | 9$N_2P_2K_1$ |
| 10 $N_2P_2K_3$ | 546.7 | | | |
| 6 $N_2P_2K_2$ | 534.7 | 12 | | |
| 9 $N_2P_2K_1$ | 523.2 | 23.5** | 11.5 | |
| 8 $N_2P_2K_0$ | 484.1 | 62.6** | 50.6** | 39.1** |

注：$LSD_{0.05}=15.49$，$LSD_{0.01}=21.72$

## 2.2 不同养分对玉米生物性状的影响

由表 10 可看出，施肥对玉米株高、活叶数、穗长、穗周长等生物性状均有不同程度的影响，多表现为增长。反映经济产量的穗粒数、百粒重和单穗粒重三项经济性状均表现出增长，穗粒数比空白对照增加 5.32～20.31 粒，百粒重比空白对照增加 0.26～0.93g，单穗粒重比空白对照增加 3.08～11.19g。

氮、钾水平下，磷肥对株高、活叶数和穗周长的影响不明显，对穗长、穗粒数、百粒重和单穗粒重的影响较大，均随施肥量的增加而增加。氮、磷水平下，钾肥对玉米各生物性状的影响与磷肥相仿，只是钾肥对穗长、穗粒数、百粒重和单穗粒重的影响比磷肥带来的规律性更强。

表 10　　各处理生物性状调查结果

| 处 理 | 株高(cm) | 活叶数(片) | 穗长(cm) | 穗周长(cm) | 穗粒数(粒) | 百粒重(g) | 单穗粒重(g) |
|---|---|---|---|---|---|---|---|
| 1 $N_0P_0K_0$ | 257.32 | 7.89 | 17.47 | 15.42 | 563.20 | 28.56 | 159.06 |
| 4 $N_2P_0K_2$ | 261.86 | 8.14 | 17.88 | 15.52 | 575.50 | 29.40 | 167.37 |
| 5 $N_2P_1K_2$ | 259.82 | 8.06 | 18.05 | 15.65 | 583.51 | 29.46 | 170.25 |
| 6 $N_2P_2K_2$ | 261.41 | 8.32 | 17.72 | 15.47 | 575.03 | 29.39 | 167.34 |
| 7 $N_2P_3K_2$ | 258.36 | 8.12 | 18.11 | 15.51 | 578.87 | 29.49 | 169.45 |
| 8 $N_2P_2K_0$ | 260.05 | 8.19 | 17.54 | 15.58 | 568.52 | 28.82 | 162.14 |
| 9 $N_2P_2K_1$ | 263.66 | 7.41 | 17.79 | 15.51 | 577.83 | 28.92 | 165.44 |
| 10 $N_2P_2K_3$ | 259.69 | 7.89 | 17.81 | 15.43 | 577.65 | 29.20 | 166.39 |
| 14 $N_2P_1K_1$ | 262.84 | 7.99 | 17.51 | 15.61 | 577.76 | 29.27 | 167.55 |

注：五处试验平均值

# 3　小结与讨论

## 3.1　氮肥水平下

增施磷、钾肥，夏玉米有明显的增产趋势，尤其在厚黏心黄土氮、磷相对不足的土壤条件下，增施磷、钾肥，夏玉米的增产效应显著，产量水平在500～600kg/667m$^2$玉米田，磷、钾肥的最大施肥量分别为5.23kg/667m$^2$和9.66kg/667m$^2$，最佳施肥量分别为4.60kg/667m$^2$和7.66kg/667m$^2$。

## 3.2　施肥对夏套玉米生物性状有不同程度的影响，尤其是对经济性状的影响，普遍表现为增长

氮素水平下，磷、钾肥对穗长、穗粒数、百粒重和单穗粒重的影响较大，表现为随施肥量的增加而增加，这种影响尤以钾肥带来的规律性更强。

# 曲阜市小麦磷、钾二因素肥效试验研究

孔宪伟　陈　亮　颜　薇

(曲阜市土壤肥料工作站)

**摘　要:** 本研究采用田间小区试验方法,在小麦上进行氮素水平下磷、钾施肥效应试验。结果表明:氮素水平下,增施磷、钾肥对小麦产量的影响并不显著。氮钾水平下,增施磷肥对小麦产量有显著影响。氮、磷水平下,增施钾肥对小麦的产量没有明显影响。

**关键词:** 小麦; 磷钾; 肥效

## 1　材料与方法

### 1.1　供试土壤

5处试验地均为褐土,土壤质地各试验地有所不同,姚村镇姚西、吴村镇白塔、王庄乡后孟为重壤、时庄镇西辛为中壤、南辛镇西埠为轻壤。各试验地土壤养分情况如表1所示。

**表1**　　供试土壤养分状况

| 试验地点 | 土壤类型 | 有机质 (g/kg) | 碱解氮 (mg/kg) | 有效磷 (mg/kg) | 速效钾 (mg/kg) |
|---|---|---|---|---|---|
| 时庄镇西辛 | 褐土 | 14.56 | 73 | 31.9 | 136 |
| 南辛镇西埠 | 褐土 | 10.499 | 79 | 22.2 | 35 |
| 姚村镇姚西 | 褐土 | 17.076 | 79 | 44.4 | 191 |
| 吴村镇白塔 | 褐土 | 10.97 | 83 | 44.2 | 71 |
| 王庄乡后孟 | 褐土 | 11.249 | 57 | 24.3 | 91 |

### 1.2　供试肥料

氮肥为峄山化肥厂产46%的尿素;磷肥为美国产64%二铵(N18%,P46%);钾肥为俄罗斯产60%的大颗粒氯化钾。

### 1.3 供试作物

5处试验地小麦品种为:姚村镇姚西、时庄镇西辛、南辛镇西墁均为潍麦8号,吴村镇白塔为泰山23号,王庄乡后孟为大科008。

### 1.4 试验时间

2009年10月至2010年6月。

### 1.5 试验设计

5处试验均采用"3414"不完全试验方案设计,选用处理为1,4~10、14九个处理(见表2),田间试验在农户同一块农田内进行,采用随机区组排列,设三个重复,小区面积为30m²。各小区之间以水渠间隔,试验地四周设有保护区。试验除处理外其他一致。

表2 试验各处理施肥量

| 处理 | N ($kg/667m^2$) | $P_2O_5$ ($kg/667m^2$) | $K_2O$ ($kg/667m^2$) |
|---|---|---|---|
| 1 $N_0P_0K_0$ | 0 | 0 | 0 |
| 4 $N_2P_0K_2$ | 14.4 | 0 | 6 |
| 5 $N_2P_1K_2$ | 14.4 | 4.25 | 6 |
| 6 $N_2P_2K_2$ | 14.4 | 8.5 | 6 |
| 7 $N_2P_3K_2$ | 14.4 | 12.75 | 6 |
| 8 $N_2P_2K_0$ | 14.4 | 8.5 | 0 |
| 9 $N_2P_2K_1$ | 14.4 | 8.5 | 3 |
| 10 $N_2P_2K_3$ | 14.4 | 8.5 | 9 |
| 14 $N_2P_1K_1$ | 14.4 | 4.25 | 3 |

### 1.6 试验实施

试验于2009年10月上旬进行,各试验地均为机耕、机耙、机播,小区肥料在播种前做畦后用播种耧豁入土中,随后播种,小麦种子全为种衣剂包衣,吴村镇白塔、姚村镇姚西、王庄乡后孟3块试验地均为播后苗前浇蒙头水,南辛镇西墁试验地浇越冬水,时庄镇西辛试验地一直未浇水,旱情严重。小麦返青后,各试验地均喷施除草剂,3月下旬追施46%尿素(15kg/667m²),中后期喷施杀菌剂和杀虫剂等防治小麦穗期常发性病虫害。

### 1.7 测产方法

小麦收获期,以小区为单位单打实收。留样进行室内考种,调查株高、穗粒数、千粒重、穗长、秕粒率、穗粒重、空粒数、分别计算各小区亩籽粒产量。

# 2 结果与分析

## 2.1 不同处理对小麦产量的影响

(1)氮素水平下,磷、钾施肥量与小麦产量的关系

表3 冬小麦肥效试验地基本情况调查表

| 地点 | 播期 | 播量 (kg/667m²) | 基本苗 (万/667m²) | 冬前分蘖 (万/667m²) | 最大分蘖 (万/667m²) | 施药情况 | 备注 |
|---|---|---|---|---|---|---|---|
| 南辛镇西堤 | 2009.10.4 | 7.75 | 12.25 | 83.1 | 104.2 | 麦克 10g/667m² | 小麦拔节期全部追施 46%尿素 15kg/667m²,小区内对照不施肥,追肥后浇水一次 |
| 时庄镇西辛 | 2009.10.3 | 8.0 | 14.47 | 71.2 | 106.1 | 多效唑 80g、粉锈宁 125mL | |
| 吴村镇白塔 | 2009.10.8 | 11.5 | 15.59 | 78.4 | 89.6 | 苯磺隆 10g/667m²、助壮素 20mL/667m² | |
| 王庄乡后孟 | 2009.10.5 | 10.0 | 15.75 | 63.5 | 104.2 | 矮角虎 10g/667m²、乐果 100mL/667m² | |
| 姚村镇姚西 | 2009.10.2 | 12.0 | 19.85 | 84.0 | 81.7 | 麦悦 15g/亩、壮丰安 50mL/667m² | |

由5处试验点小麦产量结果(见表4)可看出:在氮素水平下,各试验点随磷、钾施肥量的增加,小麦产量有随之增长的趋势,但总体来看,结果所表现出的施肥量与产量增长的规律性并不强。其回归方程为:$y=401.785862+7.096271X_1+11.377294X_2-0.028244X_1^2-0.415270X_2^2-0.596024X_1X_2$。对该方程进行显著性检验,$P=0.2740>0.05$,故用该方程描述在当地氮肥水平下的磷、钾肥效应不恰当。

表4 氮素水平下磷、钾施肥量与小麦产量的关系

| 处理 | 西堤 (kg/667m²) | 西辛 (kg/667m²) | 后孟 (kg/667m²) | 白塔 (kg/667m²) | 姚西 (kg/667m²) | 平均 (kg/667m²) |
|---|---|---|---|---|---|---|
| $4N_2P_0K_2$ | 61.67 | 59.10 | 29 · | 37.39 | 79.53 | 53.34 |
| $5N_2P_1K_2$ | 66.74 | 88.06 | 61.45 | 60.92 | 96.96 | 74.83 |
| $6N_2P_2K_2$ | 43.17 | 89.09 | 20.10 | 57.29 | 33.55 | 88.64 |
| $7N_2P_3K_2$ | 71.73 | 81.99 | 16.47 | 00.83 | 14.75 | 97.15 |
| $8N_2P_2K_0$ | 02.29 | 21.33 | 22.01 | 85.23 | 87.67 | 63.71 |
| $9N_2P_2K_1$ | 80.51 | 38.86 | 30.90 | 91.73 | 79.61 | 64.32 |
| $10N_2P_2K_2$ | 44.53 | 96.83 | 03.72 | 78.67 | 74.16 | 79.58 |
| $14N_2P_2K_3$ | 47.11 | 96.08 | 78.95 | 81.76 | 67.24 | 54.23 |
| 复相关系数($r$) | 0.7946 | 0.9583 | 0.7665 | 0.9089 | 0.7509 | 0.9380 |
| 概率值($P$) | 0.6832 | 0.1917 | 0.7354 | 0.3799 | 0.7613 | 0.2740 |

(2)氮、钾水平下磷施肥量与小麦产量的关系(见表5)

表5　氮、钾水平下磷施肥量与产量的关系

| 处理 | 西埝 (kg/667m²) | 西辛 (kg/667m²) | 后孟 (kg/667m²) | 白塔 (kg/667m²) | 姚西 (kg/667m²) | 平均 (kg/667m²) |
|---|---|---|---|---|---|---|
| $4N_2P_0K_2$ | 461.67 | 359.10 | 529.00 | 437.39 | 479.53 | 453.34 |
| $5N_2P_1K_2$ | 566.74 | 388.06 | 461.45 | 460.92 | 496.96 | 474.83 |
| $6N_2P_2K_2$ | 543.17 | 388.09 | 520.10 | 457.29 | 533.55 | 488.64 |
| $7N_2P_3K_2$ | 571.73 | 381.99 | 516.47 | 500.83 | 514.75 | 497.15 |
| 相关系数($r$) | 0.889083 | 0.983178 | 0.608356 | 0.932536 | 0.910060 | 0.999871 |
| 概率值($P$) | 0.0457746 | 0.182648 | 0.793665 | 0.361077 | 0.414477 | 0.016055 |

表5可看出,五处试验的平均值在氮、钾水平下,磷肥对小麦的产量有显著的影响,均表现出随施肥量的增加,产量也随之增长(回归方程:$y=453.458894+5.707990X_1-0.179655X_1^2$,概率值$P=0.016<0.05$)。由其回归方程计算得:在氮、钾水平下,磷肥最大施肥量为15.886kg/667m²,最佳施肥量为8.163kg/667m²。说明当前小麦生长现状,无论是相对富磷或缺磷土壤,增施磷肥带来的增产效果非常明显。

(3)氮、磷水平下钾施肥量与产量的关系(见表6)

表6　氮、磷水平下钾施肥量与产量的关系

| 处理 | 西埝 (kg/667m²) | 西辛 (kg/667m²) | 后孟 (kg/667m²) | 白塔 (kg/667m²) | 姚西 (kg/667m²) | 平均 (kg/667m²) |
|---|---|---|---|---|---|---|
| $6N_2P_2K_2$ | 543.17 | 389.09 | 520.1 | 457.29 | 533.55 | 488.64 |
| $8N_2P_2K_0$ | 602.29 | 321.33 | 422.01 | 485.23 | 487.67 | 463.71 |
| $9N_2P_2K_1$ | 480.51 | 338.86 | 530.9 | 491.73 | 479.61 | 464.32 |
| $10N_2P_2K_3$ | 544.53 | 396.83 | 503.72 | 478.67 | 474.16 | 479.58 |
| 相关系数($r$) | 0.7702 | 0.9652 | 0.9545 | 0.5488 | 0.5503 | 0.7961 |
| 概率值($P$) | 0.6378 | 0.2614 | 0.2982 | 0.8359 | 0.8350 | 0.6051 |

表6可看出,5处试验平均值在氮、磷水平下,钾肥对小麦产量没有明显的影响,各试验点有较好的一致性(回归方程:$y=460.8555+4.815167X_2-0.268611X_2^2$,概率值$P=0.6015>0.05$)。

## 2.2 不同处理对小麦生物学性状的影响

(1)氮素水平下,磷、钾施肥量对小麦生物学性状的影响

试验结果(见表7)表明:氮素水平下,磷、钾对小麦部分经济形状有影响,对小麦株高、穗长影响甚微,施肥后小麦穗粒重、穗粒数、千粒重都有明显的增长。穗粒重、穗粒数、千粒重分别比空白对照增加0.03~0.179g、0.6~2粒、0.11~3.06g。

(2)氮、钾水平下，磷施肥量对小麦生物学性状的影响

试验结果表明，磷对小麦部分经济性状有影响，对小麦株高、穗长、穗粒数几乎没有影响，对穗粒重、千粒重有明显影响。穗粒重与千粒重分别增加0.035g和0.56g。

(3)氮、磷水平下，钾施肥量对小麦生物学性状的影响

试验结果表明，钾对小麦部分性状有影响，对穗长、穗粒重、穗粒数几乎没有影响，施钾后小麦株高与千粒重增加明显。株高比对照增加1.32～2.67cm，千粒重最高增加2.88g。

表7 各处理生物性状调查结果

| 处 理 | 株高(cm) | 穗长(cm) | 穗粒重(g) | 穗粒数(粒) | 千粒重(g) |
|---|---|---|---|---|---|
| 1 $N_0P_0K_0$ | 80.64 | 9.25 | 1.342 | 40.6 | 38.18 |
| 4 $N_2P_0K_2$ | 82.51 | 9.53 | 1.486 | 41.2 | 40.68 |
| 5 $N_2P_1K_2$ | 81.16 | 9.47 | 1.51 | 40.2 | 41.24 |
| 6 $N_2P_2K_2$ | 82.73 | 9.55 | 1.521 | 43.1 | 41.17 |
| 7 $N_2P_3K_2$ | 82.36 | 9.38 | 1.407 | 42.6 | 39.11 |
| 8 $N_2P_2K_0$ | 81.06 | 9.7 | 1.405 | 42.5 | 38.29 |
| 9 $N_2P_2K_1$ | 83.1 | 9.15 | 1.372 | 41.5 | 38.13 |
| 10 $N_2P_2K_3$ | 82.38 | 9.43 | 1.463 | 41.5 | 40.16 |
| 14 $N_2P_1K_1$ | 81.17 | 9.36 | 1.4 | 40.1 | 40.73 |

## 3 小 结

### 3.1 试验结果分析

氮素水平下，增施磷、钾肥对小麦产量的影响并不显著，这是由于钾肥的增产优势不明显所造成的。然而增施磷、钾肥后，小麦的部分经济性状如穗粒重、穗粒数、千粒重等都有明显的增长。

### 3.2 氮、钾水平下

增施磷肥对小麦的产量有显著影响由回归方程计算得其最大施肥量为15.886kg/667m$^2$，最佳施肥量为8.163kg/667m$^2$，增施磷肥后小麦的穗粒重与千粒重有明显的增长。

### 3.3 氮、磷水平下

增施钾肥后对小麦的产量没有明显的影响，仅个别试验点有微弱的增产趋势。钾肥对小麦的株高及千粒重有明显的增长趋势。

# 大蒜"3414"肥料效应试验初报

常　丽[1]　桂秀平[1]　杜云飞[2]　孔　超[1]

(1. 曲阜市土壤肥料工作站　2. 曲阜市蔬菜生产管理办公室)

**摘要:**本文对大蒜生产中 N、$P_2O_5$、$K_2O$ 投入量进行了专题研究,通过 3 因素 4 水平回归试验证明:不同处理间差异显著。结果分析表明,本市大蒜所需 N、$P_2O_5$、$K_2O$ 最大用量为:36.89kg/667m²、14.13kg/667m²、32.6kg/667m²;最佳用量为:20.39kg/667m²、10.59kg/667m²、20.03kg/667m²。

**关键词:**大蒜;3414;肥料试验

## 1　材料与方法

### 1.1　试验地基本情况

试验地点:书院街道办事处徐家村。试验地土壤为褐土,耕层深度为 30cm,地势平坦,肥力均匀,土壤肥沃,属于平原井灌区,灌溉周期为 5～7 天。耕作层养分含量:有机质为 12.3g/kg,碱解氮为 77mg/kg,有效磷为 26.6mg/kg,速效钾为 93mg/kg,pH 为 6.2。前茬作物为玉米,亩产量为 650kg;耕作方式:大蒜—玉米一年两作。

### 1.2　供试品种

苍山大蒜。种植密度为 35000 株/667m²。

### 1.3　供试肥料

氮肥为尿素(N 46%),磷肥为磷酸二铵(N 18%、$P_2O_5$ 46%)或过磷酸钙,钾肥为硫酸钾($K_2O$ 50%)。

### 1.4　试验处理及设计

试验采用"3414"完全试验方案(见表 1),随机区组排列,三次重复,小区面积为 30m²,各小区之间以畦背与水渠间隔,试验地四周设有保护区,除试验处理外,小区其他条件一致。

### 1.5 测产方法

大蒜收获期，采取 1m 双行取样法，调查每亩株数。各处理小区三点取样调查株高、茎长、茎粗、单株鲜重等指标，并计算出亩产量。

表 1 试验各处理施肥量

| 处 理 | N(kg/667m$^2$) | $P_2O_5$(kg/667m$^2$) | $K_2O$(kg/667m$^2$) |
|---|---|---|---|
| 1 $N_0P_0K_0$ | 0 | 0 | 0 |
| 2 $N_0P_2K_2$ | 0 | 10 | 20 |
| 3 $N_1P_2K_2$ | 10 | 10 | 20 |
| 4 $N_2P_0K_2$ | 20 | 0 | 20 |
| 5 $N_2P_1K_2$ | 20 | 5 | 20 |
| 6 $N_2P_2K_2$ | 20 | 10 | 20 |
| 7 $N_2P_3K_2$ | 20 | 15 | 20 |
| 8 $N_2P_2K_0$ | 20 | 10 | 0 |
| 9 $N_2P_2K_1$ | 20 | 10 | 10 |
| 10 $N_2P_2K_3$ | 20 | 10 | 30 |
| 11 $N_3P_2K_2$ | 30 | 10 | 20 |
| 12 $N_1P_1K_2$ | 10 | 5 | 20 |
| 13 $N_1P_2K_1$ | 10 | 10 | 10 |
| 14 $N_2P_1K_1$ | 20 | 5 | 10 |

## 2 结果与分析

### 2.1 生物性状调查结果

由大蒜的生长情况看(见表 2)，不同肥料配比，大蒜出苗情况基本一致，但五叶期及始薹期有不同差别，氮、磷、钾配比较为均衡的处理，五叶期、始薹期、盛薹期相对较晚，与对照相差 2～3 天，且植株生长相对健壮，茎长且粗，蒜头、蒜薹的产量较高，如处理 2、12、13。氮、磷元素相对缺乏的小区，大蒜植株生长相对缓慢，缺素对后期蒜头膨大、蒜薹生长影响较大。

表 2　　生育期植株性状比较

| 处　理 | 播种期 | 五叶期 | 始薹期 | 株高 (cm) | 茎长 (cm) | 茎粗 (cm) | 单株鲜重 (g) | 折亩产 (kg/667m$^2$) |
|---|---|---|---|---|---|---|---|---|
| 1 $N_0P_0K_0$ | 9.30 | 12.17 | 2.28 | 68.9 | 19.4 | 1.29 | 73.3 | 1620.7 |
| 2 $N_0P_2K_2$ | 9.30 | 12.15 | 2.27 | 73.6 | 20.3 | 1.37 | 77.9 | 1816 |
| 3 $N_1P_2K_2$ | 9.30 | 12.16 | 2.26 | 71.8 | 20.8 | 1.33 | 78.3 | 2123 |
| 4 $N_2P_0K_2$ | 9.30 | 12.15 | 2.29 | 69.7 | 21.2 | 1.28 | 74.6 | 1850 |
| 5 $N_2P_1K_2$ | 9.30 | 12.15 | 2.28 | 71.9 | 21.6 | 1.35 | 78.2 | 2125.3 |
| 6 $N_2P_2K_2$ | 9.30 | 12.18 | 2.29 | 68.7 | 20.4 | 1.36 | 80.3 | 2251.3 |
| 7 $N_2P_3K_2$ | 9.30 | 12.18 | 2.29 | 72.6 | 21.4 | 1.35 | 79.2 | 2192 |
| 8 $N_2P_2K_0$ | 9.30 | 12.16 | 2.27 | 70.1 | 21.2 | 1.27 | 76.1 | 1763 |
| 9 $N_2P_2K_1$ | 9.30 | 12.17 | 2.28 | 70.6 | 19.7 | 1.31 | 75.6 | 2134 |
| 10 $N_2P_2K_3$ | 9.30 | 12.18 | 2.29 | 73.1 | 21.8 | 1.35 | 80.1 | 2165 |
| 11 $N_3P_2K_2$ | 9.30 | 12.18 | 2.29 | 73.5 | 22.4 | 1.36 | 81.2 | 2157 |
| 12 $N_1P_1K_2$ | 9.30 | 12.16 | 2.27 | 69.8 | 20.4 | 1.28 | 76.4 | 2068 |
| 13 $N_1P_2K_1$ | 9.30 | 12.16 | 2.27 | 68.4 | 19.8 | 1.27 | 75.6 | 2023.7 |
| 14 $N_2P_1K_1$ | 9.30 | 12.16 | 2.27 | 68.9 | 19.6 | 1.26 | 74.8 | 2084 |

## 2.2　产量结果分析

由表 2 和表 3 可以看出，不同的施肥水平，对大蒜苗期生长和后期的产量影响很大，当采用 $N_2P_2K_2$ 的配方水平时，蒜头与蒜薹的产量最高，分别为 1530kg/667m$^2$ 和 721.33kg/667m$^2$，总产为 2251.33kg。

表 3　　蒜薹、蒜头产量一览表

| 序　号 | 处　理 | 蒜薹产量 (kg/667m$^2$) | 蒜头产量 (kg/667m$^2$) | 总　产 (kg/667m$^2$) |
|---|---|---|---|---|
| 1 | $N_0P_0K_0$ | 530.67 | 1090 | 1620.67 |
| 2 | $N_0P_2K_2$ | 606 | 1210 | 1816 |
| 3 | $N_1P_2K_2$ | 692 | 1431 | 2123 |
| 4 | $N_2P_0K_2$ | 635 | 1215 | 1850 |
| 5 | $N_2P_1K_2$ | 700 | 1425.33 | 2125.33 |
| 6 | $N_2P_2K_2$ | 721.33 | 1530 | 2251.33 |
| 7 | $N_2P_3K_2$ | 707 | 1485 | 2192 |

续表

| 序 号 | 处 理 | 蒜薹产量 (kg/667m²) | 蒜头产量 (kg/667m²) | 总 产 (kg/667m²) |
|---|---|---|---|---|
| 8 | $N_2P_2K_0$ | 551 | 1212 | 1763 |
| 9 | $N_2P_2K_1$ | 679 | 1455 | 2134 |
| 10 | $N_2P_2K_3$ | 712 | 1453 | 2165 |
| 11 | $N_3P_2K_2$ | 705 | 1452 | 2157 |
| 12 | $N_1P_1K_2$ | 670 | 1398 | 2068 |
| 13 | $N_1P_2K_1$ | 657 | 1366.67 | 2023.67 |
| 14 | $N_2P_1K_1$ | 633.67 | 1450.33 | 2084 |

注：统计最佳施肥量投入成本价格：N：4.35 元/kg，$P_2O_5$：9.13 元/kg，$K_2O$：10 元/kg。产品价格：蒜薹、蒜头均价为 3.00 元/kg。

(1)蒜薹产量结果与分析

由表 3 计算出蒜薹缺氮的相对产量为 83.62%，缺磷的相对产量为 87.63%，缺钾的相对产量为 76.03%。

统计分析回归方程为：

$$Y=528.24-1.355*X_1-0.225*X_1^2+12.259*X_2-0.678*X_2^2+9.7386*X_3-0.297*X_3^2+0.4283*X_1*X_2+0.3651*X_1*X_3-0.273*X_2*X_3$$

($X_1$ 为 N 用量，$X_2$ 为 $P_2O_5$ 用量，$X_3$ 为 $K_2O$ 用量，$Y$ 为产量)

通过回归方程和方差分析(见表 4)得出 N、P、K 最大施肥量分别为 36.89kg/667m²、14.13kg/667m²、32.6kg/667m²。N、P、K 最佳施肥量分别为 14.16kg/667m²、8.16 kg/667m²、15.94kg/667m²。

表 4 氮、磷、钾施肥量与蒜薹产量方差分析表

| 变异来源 | $DF$ | $SS$ | $MS$ | $F$ | $F_{0.05}$ | $F_{0.01}$ |
|---|---|---|---|---|---|---|
| 回 归 | 9 | 47447 | 5271.9 | 31.73 | 6 | 14.66 |
| 残 差 | 4 | 664.69 | 166.17 | | | |
| 总 体 | 13 | 48112 | | | | |

(2)蒜头产量结果与分析

由表 3 计算出蒜头缺氮的相对产量为 79.08%，缺磷的相对产量为 79.41%，缺钾的相对产量为 79.22%。

统计分析回归方程为：

$$Y=1090+21.812*X_1-0.769*X_1^2+7.3254*X_2-2.601*X_2^2+14.786*X_3-0.77*X_3^2+0.9132*X_1*X_2+0.0157*X_1*X_3+1.584*X_2*X_3$$

（$X_1$ 为 N 素用量，$X_2$ 为 $P_2O_5$ 用量，$X_3$ 为 $K_2O$ 用量，$Y$ 为产量）

通过回归方程和方差分析（见表 5）得出 N、P、K 最大施肥量分别为 21.49kg/667m$^2$、11.91kg/667m$^2$、22.09kg/667m$^2$。N、P、K 最佳施肥量分别为 19.13kg/667m$^2$、9.47kg/667m$^2$、17.37kg/667m$^2$。

表 5　　氮、磷、钾施肥量与蒜头产量方差分析表

| 变异来源 | DF | SS | MS | F | $F_{0.05}$ | $F_{0.01}$ |
|---|---|---|---|---|---|---|
| 回　归 | 9 | 225460 | 25051 | 546.91 | 6 | 14.66 |
| 残　差 | 4 | 183.22 | 45.8 | | | |
| 总　体 | 13 | 225643 | | | | |

2.2.3　蒜头和蒜薹产量结果与分析

由表 3 计算出大蒜总产缺氮的相对产量为 80.66%，缺磷的相对产量为 82.17%，缺钾的相对产量为 78.31%。

统计分析回归方程为：

$$Y=1619.9+25.07*X_1-1.008*X_1^2+15.711*X_2+-3.345*X_2^2+22.684*X_3-1.084*X_3^2+1.1363*X_1*X_2+0.2727*X_1*X_3+1.749*X_2*X_3$$

（$X_1$ 为 N 素用量，$X_2$ 为 $P_2O_5$ 用量，$X_3$ 为 $K_2O$ 用量，$Y$ 为产量）

通过回归方程和方差分析（见表 6）得出 N、P、K 最大施肥量分别为 22.44kg/667m$^2$、12.21kg/667m$^2$、23.13kg/667m$^2$。N、P、K 最佳施肥量分别为 20.39kg/667m$^2$、10.59kg/667m$^2$、20.03kg/667m$^2$。

表 6　　氮、磷、钾施肥量与大蒜总产方差分析表

| 变异来源 | DF | SS | MS | F | $F_{0.05}$ | $F_{0.01}$ |
|---|---|---|---|---|---|---|
| 回　归 | 9 | 458857 | 50984 | 364.71 | 6 | 14.66 |
| 残　差 | 4 | 559.18 | 139.79 | | | |
| 总　体 | 13 | 459416 | | | | |

## 3　结果与应用

曲阜市近几年大蒜种植面积在 3 万亩以上，主要分布在鲁城、书院等生产条件较好的农业区。通过试验成果推广应用，有 50%以上大蒜种植开始应用含量 44%大蒜配方肥料(14-10-20)，蒜头、蒜薹增产 5%～10%以上，亩增效益在 300 元以上。

## 4　小　结

不同配方施肥水平对大蒜的出苗时间影响不大，而对大蒜植株苗期生长和后期产量

形成影响较大。不同的氮、磷、钾施用水平对大蒜的蒜头、蒜薹产量有着直接的影响。氮、磷、钾肥对蒜薹产量影响的顺序为氮肥→磷肥→钾肥，对蒜头产量影响的顺序为磷肥→钾肥→氮肥。在低氮时，磷肥对蒜薹产量的增产作用大；在中高氮时，磷肥对蒜薹产量的增产作用前期大、后期小。本区域内，生产方式以薹瓣兼用型为主，高产蒜田的氮、磷、钾肥最佳用量分别为 20.39kg/667m$^2$、10.59kg/667m$^2$、20.03kg/667m$^2$。

# 绿赛配方肥夏玉米生产应用试验初报

徐　民[1]　王宗芳[2]　王洪誉[3]

(1. 曲阜市农技站　2. 曲阜市种子管理站　3. 曲阜市良种场)

**摘　要**:绿赛配方肥是国家测土配方施肥项目指定生产企业——曲阜绿赛肥业有限公司生产的玉米专用肥。为探讨验证 N、$P_2O_5$、$K_2O$ 总含量在 42%、40%的条件下,不同配比对夏玉米产量的影响,我们进行了系统的不同用量的对比试验。结果表明,在本市目前夏玉米亩产 500～800kg 条件下,不同配比的处理较 CK 增产都达到极显著水平,两个配比含量间差异不显著。同一配比不同用量间产量差异显著。总含量 42%的配方最大施肥量为 63kg/667m²,总含量 40%的配方最大施肥量为 79kg/667m²。

**关键词**:配方肥;夏玉米;应用试验

## 1　材料与方法

(1)试验地点:曲阜市良种场。

(2)试验土壤基础:土壤潮褐土,耕层土壤质地中壤。土壤肥沃,耕层为 35cm,耕作层土壤营养含量:有机质 14g/kg、全氮 1.20g/kg、全磷 1.01g/kg、碱解氮 104mg/kg、速效磷 16.1mg/kg、速效钾 112mg/kg。平原井灌区,轮灌周期为 5 天。

(3)前茬作物及产量水平:小麦,600kg/667m²。

(4)种植基础:麦收后抢时耕翻整地,耕翻时亩施商品有机肥(N、P、K 含量高于 6%,有机质大于 30%)300kg,二铵 7.5kg。

(5)供试品种:郑单 958。

(6)播种方式:人工开沟。

(7)播种时间:6 月 14 日,播量:3.5kg/667m²。

(8)亩留苗:5500 株/667m²。

(9)试验处理:拔节期(7 月 10 日)按处理用量追施。

A. N、$P_2O_5$、$K_2O$ 配比 25∶7∶10,总含量 42%:75kg/667m²。

B. N、$P_2O_5$、$K_2O$ 配比 25∶7∶10,总含量 42%:65kg/667m²。

C. N、$P_2O_5$、$K_2O$ 配比 25∶7∶10,总含量 42%:50kg/667m²。

D. N、$P_2O_5$、$K_2O$ 配比 27∶5∶8,总含量 40%:75kg/667m²。

E. N、$P_2O_5$、$K_2O$ 配比 27∶5∶8,总含量 40%:65kg/667m²。

F. N、$P_2O_5$、$K_2O$ 配比 27：5：8，总含量 40%：50kg/667m²。

G. CK(不施肥)。

(10) 小区设计：长 15m，宽 4m，面积 60m²，8 行区种植，顺序排列，重复 3 次。

# 2 试验结果及分析

## 2.1 试验对夏玉米生育期影响结果及分析(见表 1)

表 1 生育期调查结果统计表

| 处 理 | 播期（日/月） | 出苗（日/月） | 拔节（日/月） | 大口（日/月） | 抽雄（日/月） | 开花（日/月） | 成熟（日/月） | 全生育期天 |
|---|---|---|---|---|---|---|---|---|
| A | 14/6 | 19/6 | 9/7 | 27/7 | 17/8 | 20/8 | 15/10 | 108 |
| B | 14/6 | 19/6 | 9/7 | 27/7 | 17/8 | 19/8 | 15/10 | 108 |
| C | 14/6 | 19/6 | 9/7 | 27/7 | 17/8 | 19/8 | 15/10 | 108 |
| D | 14/6 | 19/6 | 9/7 | 27/7 | 17/8 | 20/8 | 15/10 | 108 |
| E | 14/6 | 19/6 | 9/7 | 27/7 | 17/8 | 19/8 | 15/10 | 108 |
| F | 14/6 | 19/6 | 9/7 | 27/7 | 17/8 | 19/8 | 15/10 | 108 |
| G | 14/6 | 19/6 | 9/7 | 27/7 | 15/8 | 17/8 | 10/10 | 104 |

由表 1 可见，试验施肥处理间对玉米生育期影响无明显差异，但 CK(不施肥)有明显早衰现象。

## 2.2 试验对夏玉米最大单株叶面积系数影响结果及分析(见表 2)

表 2 试验最大叶面积调查结果统计表

| 处 理 | A | B | C | D | E | F | G |
|---|---|---|---|---|---|---|---|
| 单株叶面积(m²) | 0.641 | 0.635 | 0.664 | 0.637 | 0.632 | 0.622 | 0.542 |
| 亩绿叶面积(m²) | 3429.9 | 3396.6 | 3389.9 | 3409.9 | 3383.3 | 3330.0 | 2897.1 |
| 叶面积系数 | 5.15 | 5.10 | 5.07 | 5.12 | 5.05 | 5.00 | 4.35 |

注：此表数据为抽雄期 8 月 17 日调查，每处理调查测定 10 株平均值统计。亩实收 5350 株/667m²

## 2.3 试验对植株性状影响结果及分析(见表 3)

表 3 试验单株性状调查统计表

| 处 理 | 株高(cm) | 穗位高(cm) | 穗叶长(cm) | 穗长(cm) | 轴粗(cm) | 粒行数 | 秃顶(cm) | 空秆率(%) |
|---|---|---|---|---|---|---|---|---|
| A | 254 | 105 | 100 | 15.8 | 2.9 | 15.2 | 0.8 | 2.8 |
| B | 249 | 110 | 98.6 | 14.3 | 2.8 | 14.6 | 1.0 | 2.7 |

续表

| 处理 | 株高(cm) | 穗位高(cm) | 穗叶长(cm) | 穗长(cm) | 轴粗(cm) | 粒行数 | 秃顶(cm) | 空秆率(%) |
|---|---|---|---|---|---|---|---|---|
| C | 244 | 102 | 96.5 | 14.8 | 2.9 | 13.8 | 1.5 | 2.4 |
| D | 250 | 110 | 97.3 | 14.3 | 2.9 | 14.6 | 0.7 | 2.8 |
| E | 256 | 103 | 95.5 | 14.5 | 2.9 | 15.2 | 0.9 | 3.0 |
| F | 248 | 115 | 96.4 | 15.0 | 3.0 | 14.8 | 1.0 | 2.6 |
| G | 236 | 112 | 90.3 | 13.7 | 2.4 | 14.4 | 4.7 | 6.4 |

由表3可见，试验施肥处理间的植株性状差异不明显，但施肥处理较CK间都有明显差异，特别是株高、秃顶、空秆差异更加明显。

### 2.4 试验对植株穗部性状影响结果及分析

试验调查随机抽取总含量42%亩施肥量65kg处理10穗、CK10穗，进行对比调查与分析。结果显示配方肥对穗长、行粒数、穗粒数、秃顶和千粒重5个穗部性状指标都有极显著促进作用。

(1)穗部性状调查结果分析统计表(见表4-1)

表4-1 穗部性状调查结果分析统计表

| 项目 | 1 | 2 | 3 | 4 | 5 | 6 | 7 | 8 | 9 | 10 | 平均 |
|---|---|---|---|---|---|---|---|---|---|---|---|
| 处理 | 18.5 | 18.5 | 18.5 | 18.0 | 18.5 | 17.5 | 17.5 | 18.5 | 17.5 | 18.0 | 18.1 |
| CK | 14.5 | 13.5 | 13.0 | 14.5 | 14.0 | 13.5 | 13.0 | 13.5 | 13.5 | 14.0 | 14.5 |

注：$SD=0.215$　$t$值$=19.535^{**}$　$t_{0.01}=2.101$　$t_{0.05}=2.878$

(2)行粒数调查结果分析统计表(见表4-2)

表4-2 行粒数调查结果分析统计表

| 项目 | 1 | 2 | 3 | 4 | 5 | 6 | 7 | 8 | 9 | 10 | 平均 |
|---|---|---|---|---|---|---|---|---|---|---|---|
| 处理 | 38 | 35 | 36 | 37 | 35 | 36 | 34 | 35 | 36.5 | 37.5 | 36.0 |
| CK | 32 | 34 | 32 | 30 | 32 | 30 | 32 | 30 | 31 | 30 | 30.9 |

注：$SD=0.727$　$t$值$=7.015^{**}$　$t_{0.01}=2.101$　$t_{0.05}=2.878$

(3)穗粒数调查结果分析统计表(见表4-3)

表4-3 穗粒数调查结果分析统计表

| 项目 | 1 | 2 | 3 | 4 | 5 | 6 | 7 | 8 | 9 | 10 | 平均 |
|---|---|---|---|---|---|---|---|---|---|---|---|
| 处理 | 490 | 496 | 492 | 515 | 512 | 512 | 500 | 498 | 510 | 503 | 503 |
| CK | 448 | 452 | 450 | 448 | 448 | 447 | 462 | 464 | 456 | 453 | 453 |

注：$SD=4.606$　$t$值$=10.855^{**}$　$t_{0.01}=2.101$　$t_{0.05}=2.878$

(4)穗部秃顶调查结果分析统计表(见表4-4)

表4-4　穗部秃顶调查结果分析统计表

| 项　目 | 1 | 2 | 3 | 4 | 5 | 6 | 7 | 8 | 9 | 10 | 平均 |
|---|---|---|---|---|---|---|---|---|---|---|---|
| 处　理 | 0.5 | 1.5 | 1.5 | 0.8 | 0.9 | 0.5 | 0.5 | 0.8 | 1.5 | 1.5 | 1.0 |
| CK | 3.5 | 3.5 | 4.5 | 4.5 | 3.8 | 4.5 | 3.5 | 4.0 | 3.5 | 4.0 | 4.0 |

注:$SD=0.404$　$t$值$=7.426^{**}$　$t_{0.01}=2.101$　$t_{0.05}=2.878$

(5)千粒重调查结果分析统计表(见表4-5)

表4-5　千粒重调查结果分析统计表

| 项　目 | 1 | 2 | 3 | 4 | 5 | 6 | 7 | 8 | 9 | 10 | 平均 |
|---|---|---|---|---|---|---|---|---|---|---|---|
| 处　理 | 335 | 338 | 333 | 335 | 339 | 338 | 339 | 337 | 338 | 338 | 337.3 |
| CK | 305 | 305 | 310 | 308 | 310 | 305 | 307 | 310 | 310 | 310 | 308 |

注:$SD=1.366$　$t$值$=21.230^{**}$　$t_{0.01}=2.101$　$t_{0.05}=2.878$

**2.5　试验产量结果及分析**

(1)试验产量结果(见表5)

表5　试验田间测产调查结果统计表

| 处　理 | 穗(亩) | 粒(穗) | 千粒重(测定值g) | 理论亩产量(kg/667m²) | 较CK (kg/667m²) | 较CK (%) |
|---|---|---|---|---|---|---|
| A | 5352 | 510.3 | 327.5 | 760.3 | 246.8 | 48.1 |
| B | 5233 | 505.2 | 326.1 | 732.8 | 219.3 | 42.7 |
| C | 5368 | 490.6 | 321.8 | 720.4 | 206.9 | 40.3 |
| D | 5310 | 511.5 | 319.6 | 737.8 | 224.3 | 43.7 |
| E | 5306 | 498.2 | 322.3 | 724.1 | 210.6 | 41.0 |
| F | 5237 | 480.6 | 318.4 | 681.2 | 167.7 | 32.7 |
| G | 4834 | 407.8 | 306.5 | 513.5 | | |

(2)试验产量结果分析(表6、表7和表8)

表6　试验小区试验产量结果统计表

| 处　理 | 小区实产(kg) Ⅰ | Ⅱ | Ⅲ | $\sum x$ | $\bar{x}$ | 折产(kg/667m²) | 较CK (kg) | 较CK (%) | 位次 |
|---|---|---|---|---|---|---|---|---|---|
| A | 68.0 | 67.27 | 67.50 | 202.71 | 67.59 | 751.0 | 242.1 | 47.5 | 1 |
| B | 64.99 | 66.31 | 65.11 | 196.41 | 65.47 | 727.4 | 218.5 | 42.9 | 3 |

续表

| 处　理 | 小区实产(kg) | | | | | 折产 (kg/667m²) | 较 CK | | 位次 |
|---|---|---|---|---|---|---|---|---|---|
| | Ⅰ | Ⅱ | Ⅲ | $\sum x$ | $\bar{x}$ | | (kg) | (%) | |
| C | 64.29 | 63.91 | 62.90 | 191.10 | 63.70 | 707.8 | 198.9 | 39.1 | 5 |
| D | 67.0 | 65.21 | 66.3 | 198.51 | 66.17 | 735.2 | 226.3 | 44.5 | 2 |
| E | 63.95 | 64.36 | 63.87 | 192.18 | 64.06 | 711.8 | 202.9 | 39.9 | 4 |
| F | 59.99 | 62.02 | 60.00 | 182.01 | 60.67 | 674.1 | 165.2 | 32.5 | 6 |
| G | 46.9 | 44.9 | 45.6 | 137.40 | 45.80 | 508.9 | | | 7 |
| $\sum x$ | 435.12 | 433.98 | 431.28 | 1300.38 | 61.92 | 688.0 | | | |
| 平均 | 62.16 | 62.00 | 61.61 | | | | | | |

表 7　　试验变量分析表

| 变　因 | 自由度 | 平方和 | 变　量 | $F$ 值 | $F_{0.05}$ | $F_{0.01}$ |
|---|---|---|---|---|---|---|
| 组　间 | 2 | 1.111 | 0.5555 | 0.4212 | 3.88 | 6.93 |
| 处理间 | 6 | 987.83 | 164.638 | 124.82** | 3.00 | 4.82 |
| 机　误 | 12 | 15.829 | 1.319 | | | |
| 总　和 | 20 | 1004.87 | | | | |

*注：$SD=0.9377$

表 8　　试验差异显著性比较表

| 处　理 | 小区实产 (kg) | | | | | | |
|---|---|---|---|---|---|---|---|
| A | 67.58 | | | | | | |
| D | 66.17 | 1.41 | | | | | |
| B | 65.47 | 2.11* | 0.7 | | | | |
| E | 64.06 | 3.52** | 2.11* | 1.41 | | | |
| C | 63.70 | 3.88** | 2.47* | 1.77 | 0.36 | | |
| F | 60.67 | 6.91** | 5.50** | 4.80** | 2.03 | 1.67 | |
| G | 45.80 | 21.78** | 20.37** | 19.6**7 | 17.9** | 17.54** | 15.87** |

* $LSD_{0.05}=2.043$　$LSD_{0.01}=2.864$

(3)试验最佳配方肥施用量线性分析

总含量 42%：$y=-0.0296x^2+3.75x+508.9$

[$y$ 为亩产量(kg/667m²)，$x$ 为施肥量]

$\hat{x}=-b/2a=63.0\text{kg}/667\text{m}^2$

总含量 40%：$y=-0.0117x^2+1.858x+508.9$

[$y$为亩产量(kg/667m$^2$),$x$为施肥量]

$\hat{x}=-b/2a=79$kg/667m$^2$

## 3 小 结

(1) 两个配比的配方肥施用都较CK增产,达到极显著水平。

(2) 线性分析:两个配方的最大施肥量分别为63kg/667m$^2$(总含量42%)和79kg/667m$^2$(总含量40%)。在两个配方中,由于配方1(42%)P、K比例大,对玉米生长比较有利,对总量需求偏少;配方2(40%)P、K含量偏低,所以实际需求值偏大。

(3) 两种不同配方间同一用量相比,对产量影响不显著,同一配方不同用量间产量差异显著。

(4) 配方肥的施用,主要是通过影响单株生长发育对产量产生影响。

本年度试验,因受特殊天气(苗期内涝、拔节期至收获前光照不足)影响,试验结果可能受到影响,需进一步试验探讨。

# 小麦氮肥后移技术应用试验简报

徐　民[1]　桂秀平[2]　王宗芳[3]　陈存广[4]

（1. 曲阜市农技站　2. 曲阜市土肥站

3. 曲阜市种子管理站　4. 曲阜市良种场）

**摘　要**：随着小麦栽培水平的不断提高，小麦产量水平不断提高，对施肥技术的改进也提出了新的要求。根据全国著名小麦专家余振文院士研制的小麦氮肥后移技术理论体系，结合曲阜小麦生产实际，进行了小麦氮肥后移技术应用试验探讨，由过去传统的“三追不如一底”改为氮肥底追结合，看苗情将追肥适当后移，由原来的重施返青起身推迟至重施起身拔节，对于加快年后群体两极分化、提高分蘖成穗、拿大穗、防治后期早衰、提高产量具有十分重要的意义。

**关键词**：小麦；氮肥后移；应用试验

## 1　材料与方法

（1）试验种植基础：试验地点：曲阜市良种场；土壤潮褐土，耕层土壤质地中壤。土壤肥沃，耕作层土壤营养含量：有机质 14g/kg、全氮 1.20g/kg、全磷 1.01g/kg、碱解氮 104mg/kg、有效磷 16.1mg/kg、速效钾 112mg/kg。平原井灌区，轮灌周期为 5 天。前茬作物：玉米，单产水平为 800kg/667m$^2$。

（2）试验处理：

A：全做底肥。

B：全做追肥。

C：底肥 40%、追肥 60%。

D：底肥 60%、追肥 40%。

E：底肥、追肥各 50%。

（3）试验时间：2009 年 9 月～2010 年 6 月。

（4）供试品种：泰农 18，基本苗 16 万～18 万。

（5）供试肥料：亩施纯 N18kg，折合尿素（46%）40kg。

（6）计产方法：收获时小区实打计产，每小区取样 1m$^2$ 室内考种。

（7）田间设计与排列：小区设计长 10m，宽 2m，面积为 20m$^2$，顺序排列，重复 3 次。

# 2 试验结果与分析

## 2.1 试验生育期群体动态调查记载表(见表 1)

**表 1** 试验生育期群体动态调查记载表

| 处理 | 基本苗（万/667m²） | 越冬（万/667m²） | 返青（万/667m²） | 起身（万/667m²） | 拔节（万/667m²） | 挑旗（万/667m²） | 亩成穗（万/667m²） |
|---|---|---|---|---|---|---|---|
| A | 15.5 | 52.6 | 63.1 | 91.2 | 55.9 | 44.7 | 35.6 |
| B | 14.7 | 44.7 | 53.6 | 81.1 | 60.5 | 48.4 | 36.7 |
| C | 16.2 | 48.9 | 58.8 | 98.4 | 65 | 52 | 40.1 |
| D | 15.4 | 50.1 | 60 | 97.2 | 57.2 | 45.7 | 36.2 |
| E | 16.4 | 45.2 | 55.6 | 81.6 | 59.8 | 47.8 | 37.9 |

## 2.2 叶面积调查记载表(见表 2)

**表 2** 叶面积调查记载表

| 处理 | 冬前（m²） | 返青（m²） | 起身（m²） | 拔节（m²） | 挑旗（m²） | 开花（m²） | 灌浆（m²） |
|---|---|---|---|---|---|---|---|
| A | 0.66 | 0.93 | 1.34 | 3.64 | 4.85 | 5.82 | 4.47 |
| B | 0.48 | 0.76 | 1.13 | 3.05 | 4.07 | 4.92 | 3.78 |
| C | 0.53 | 0.87 | 1.22 | 3.29 | 4.38 | 5.26 | 4.04 |
| D | 0.57 | 0.85 | 1.19 | 3.21 | 4.28 | 5.14 | 3.95 |
| E | 0.46 | 0.90 | 1.3 | 3.51 | 4.68 | 5.62 | 4.32 |

## 2.3 试验植株性状调查记载表(见表 3)

**表 3** 植株性状调查记载表

| 处理 | 株高（cm） | 穗下茎长（cm） | 穗长（cm） | 小穗数 | | | 粒/穗 | 穗/667m² | g/千粒 | 理论亩产（kg/667m²） |
|---|---|---|---|---|---|---|---|---|---|---|
| | | | | 计 | 结实 | 不孕 | | | | |
| A | 71.6 | 22.7 | 8.7 | 17.3 | 16.6 | 0.7 | 43.7 | 33.6 | 41.4 | 516.7 |
| B | 72.3 | 21.5 | 8.6 | 16.5 | 15.3 | 1.2 | 43.3 | 33.9 | 44.5 | 552.2 |
| C | 69.6 | 22.4 | 8.8 | 17 | 16.5 | 0.5 | 47.1 | 35.4 | 44.7 | 633.5 |
| D | 71.7 | 22.7 | 8.4 | 18.3 | 17.5 | 0.8 | 46.2 | 35.8 | 44.1 | 619.9 |
| E | 71.7 | 21.9 | 9.6 | 17 | 16.8 | 0.2 | 47.1 | 34.8 | 43.9 | 611.6 |

## 2.4 生育期根系、分蘖调查记载表(见表4)

表4 生育期根系、分蘖调查记载表

| 处理 | 冬前 | | 返青 | | | 起身 | | | 拔节 | | |
|---|---|---|---|---|---|---|---|---|---|---|---|
| | 单株次生根(条) | 单株分蘖(个) | 单株次生根(条) | 单株分蘖(个) | 三蘖大蘖(个) | 单株次生根(条) | 单株分蘖(个) | 单株大蘖(个) | 单株次生根(条) | 单株分蘖(个) | 单株大蘖(个) |
| A | 1.8 | 2.2 | 3.9 | 4 | 2.3 | 11.4 | 6.4 | 4.5 | 21.6 | 3.87 | 2.8 |
| B | 1.5 | 2.5 | 3.9 | 3.8 | 2.2 | 10.9 | 4.7 | 3.5 | 20.6 | 2.85 | 2.2 |
| C | 1.8 | 2.8 | 3.2 | 4 | 2.2 | 10.5 | 7 | 4.1 | 19.8 | 4.24 | 2.6 |
| D | 2.3 | 3.0 | 3.4 | 4.1 | 2.8 | 9.5 | 6.6 | 3.8 | 18.1 | 4 | 2.4 |
| E | 1.3 | 2.2 | 3.8 | 4.2 | 2.5 | 8.9 | 5.3 | 3.9 | 18.7 | 3.21 | 2.44 |

## 2.5 试验小区实产统计与分析(见表5、表6和表7)

表5 试验小区实产记载表

| 处理 | 小区实产(kg) | | | | | 折亩产(kg/667m²) | 位次 |
|---|---|---|---|---|---|---|---|
| | Ⅰ | Ⅱ | Ⅲ | $\sum x$ | $\bar{x}$ | | |
| A | 14.9 | 14.9 | 15.5 | 45.3 | 15.1 | 503.4 | 5 |
| B | 15.7 | 16.4 | 15.9 | 48.0 | 16.0 | 533.4 | 4 |
| C | 19.3 | 18.4 | 18.1 | 55.8 | 18.6 | 620.0 | 1 |
| D | 18 | 18.5 | 18.1 | 54.6 | 18.2 | 606.7 | 2 |
| E | 18.4 | 17.5 | 17.8 | 53.7 | 17.9 | 596.7 | 3 |
| $\sum x$ | 86.3 | 85.7 | 85.4 | 257.4 | | | |
| 平均 | 17.26 | 17.14 | 17.08 | | | | |

表6 试验变量分析表

| 变因 | 自由度 | 平方和 | 变量 | $F$值 | $F_{0.05}$ | $F_{0.01}$ |
|---|---|---|---|---|---|---|
| 组间 | 2 | 0.084 | 0.042 | 0.1913 | 4.46 | 8.65 |
| 处理间 | 4 | 27.876 | 6.969 | 31.75 | 3.84 | 7.01 |
| 机误 | 8 | 1.756 | 0.2195 | | | |
| 总和 | 14 | 29.716 | | | | |

注:$SD=0.3825$

表 7 试验产量结果差异显著情况比较表

| 处理 | 小区实产(kg) | | | | | | |
|---|---|---|---|---|---|---|---|
| C | 18.6 | | | | | | |
| D | 18.2 | 0.4 | | | | | |
| E | 17.9 | 0.7 | 0.3 | | | | |
| B | 16.0 | 2.6** | 2.2** | 1.9** | | | |
| A | 15.1 | 3.5** | 3.1** | 2.8** | 1.1* | | |

$LSD_{0.05}=0.882$ $LSD_{0.01}=1.276$

## 3 小 结

(1)氮肥后移技术应用对高产条件下的小麦具有极显著的促进作用,处理C较A增产16.1%。

(2)可使亩穗数显著增加。处理C亩穗数达到40.1万穗,较处理A增加11.7%。

(3)可使挑旗期后的叶面积显著增加。处理C较A灌浆期叶面积系数多0.57。

(4)促进单穗粒数增多。处理C平均穗粒数达到47.1粒,较处理A多3.4粒。

(5)可促进千粒重显著提高。用追肥的处理平均千粒重为44.3g,比处理A(做底肥)增加2.9g。

# 生姜测土配方施肥试验初报

王宗芳[1] 常 丽[2] 徐 民[3] 陈存广[4]

(1. 曲阜市种子管理站 2. 曲阜市土肥站

3. 曲阜市农技站 4. 曲阜市良种场)

**摘 要:** 生姜是重要的调味品经济作物,也是山东三辣的区域特色农产品,生育期长(周年),需水量大,特别是利用生物工程技术(脱毒)良种生产产量高,对肥料的需求量更大。为探讨脱毒生姜生产的最佳施肥方案,我们采用通用的肥料田间试验"3414"方案设计,进行了对比试验。结果分析,不同施肥量和不同配比对生姜产量影响极显著,$N_2P_2K_3$处理产量最高,其次为$N_2P_2K_2$处理。具体施肥方案还需进一步验证。

**关键词:** 生姜;配方施肥;试验

## 1 材料方法

### 1.1 试验地基本情况

试验地为常年菜田,冬前深耕 40cm 以上,年后整地做畦播种。表层质地中壤,耕作层营养含量:有机质 12.6g/kg,碱解氮 98mg/kg,速效磷 25.2 mg/kg,速效氮 125mg/kg,速效钾 112mg/kg,pH 为 7.0。

### 1.2 供试品种

莱芜脱毒大姜。

### 1.3 种子处理

早春火炕暖芽。

### 1.4 播种期整地做畦

### 1.5 种植方式

行距 50cm,株距 27cm,双膜覆盖栽培,苗期遮阳网遮阴。

### 1.6 试验处理及设计

所用肥料为 N、P、K、Zn。采用完全“3414”方案另加第 15 处理，15 处理加硫酸锌 4kg/667$^2$。4 行区，小区长 5m，小区面积为 10m$^2$，三次重复。4 月 5 日播种，10 月 29 日收获，全生育期 207 天，试验处理如表 1 所示。

表 1 生姜肥效试验处理设计

| 序 号 | 处 理 | N(kg/667m$^2$) | $P_2O_5$(kg/667m$^2$) | $K_2O$(kg/667m$^2$) |
|---|---|---|---|---|
| 1 | $N_0P_0K_0$ | 0 | 0 | 0 |
| 2 | $N_0P_2K_2$ | 0 | 3.6 | 2.3 |
| 3 | $N_1P_2K_2$ | 5.25 | 3.6 | 2.3 |
| 4 | $N_2P_0K_2$ | 10.5 | 0 | 2.3 |
| 5 | $N_2P_1K_2$ | 10.5 | 1.8 | 2.3 |
| 6 | $N_2P_2K_2$ | 10.5 | 3.6 | 2.3 |
| 7 | $N_2P_3K_2$ | 10.5 | 5.4 | 2.3 |
| 8 | $N_2P_2K_0$ | 10.5 | 3.6 | 0 |
| 9 | $N_2P_2K_1$ | 10.5 | 3.6 | 1.2 |
| 10 | $N_2P_2K_3$ | 10.5 | 3.6 | 3.6 |
| 11 | $N_3P_2K_2$ | 15.75 | 3.6 | 2.3 |
| 12 | $N_1P_1K_2$ | 5.25 | 1.8 | 2.3 |
| 13 | $N_1P_2K_1$ | 5.25 | 3.6 | 1.2 |
| 14 | $N_2P_1K_1$ | 10.5 | 1.8 | 1.2 |
| 15 | $N_2P_2K_2Zn_4$ | 10.5 | 3.6 | 2.3 |

### 1.7 田间管理

同一般大田。

## 2 结果与分析

### 2.1 产量结果统计(见表 2)

表 2 试验产量结果统计表

| 处 理 | 小区实产(kg) | | | | | 折亩产(kg) | 位 次 |
|---|---|---|---|---|---|---|---|
| | Ⅰ | Ⅱ | Ⅲ | $\sum x$ | $\overline{xx}$ | | |
| 1 | 75.1 | 76.1 | 75.0 | 226.2 | 75.4 | 5021.6 | 14 |

续表

| 处　理 | 小区实产(kg) | | | | | 折亩产(kg) | 位　次 |
|---|---|---|---|---|---|---|---|
| | Ⅰ | Ⅱ | Ⅲ | $\sum x$ | $\overline{xx}$ | | |
| 2 | 78.2 | 75.9 | 78.7 | 232.8 | 77.6 | 5168.2 | 13 |
| 3 | 100 | 105.6 | 105.2 | 310.8 | 103.6 | 6899.7 | 5 |
| 4 | 95.2 | 95.4 | 90.5 | 281.1 | 93.7 | 6240.4 | 10 |
| 5 | 93.1 | 94.0 | 95.2 | 282.3 | 94.1 | 6267.1 | 9 |
| 6 | 121.0 | 120.5 | 120.9 | 362.4 | 120.8 | 8054.3 | 2 |
| 7 | 115.8 | 125.2 | 115.7 | 356.7 | 118.9 | 7918.7 | 3 |
| 8 | 75.0 | 72.4 | 75.2 | 222.6 | 74.2 | 4941.7 | 15 |
| 9 | 100.9 | 100.9 | 105.1 | 306.9 | 102.3 | 6813.2 | 6 |
| 10 | 119.0 | 122.0 | 122.0 | 363.0 | 121.0 | 8059.6 | 1 |
| 11 | 116.9 | 115.4 | 114.2 | 346.5 | 115.5 | 7692.3 | 4 |
| 12 | 98.2 | 99.1 | 103.0 | 300.3 | 100.1 | 6666.7 | 8 |
| 13 | 91.9 | 93.9 | 92.3 | 278.1 | 92.7 | 6173.8 | 11 |
| 14 | 100.5 | 102.5 | 103.6 | 306.6 | 102.2 | 6806.5 | 7 |
| 15 | 93.0 | 91.3 | 93.5 | 277.8 | 92.6 | 6167.2 | 12 |

## 2.2　生姜茎腐病发病株率调查结果(见表3)

表3　　生姜茎腐病发病率调查统计表

| 处　理 | 小区调查结果 | | | |
|---|---|---|---|---|
| | Ⅰ | Ⅱ | Ⅲ | $\sum x$ |
| 1 | 0 | 0 | 0 | 0 |
| 2 | 0 | 5.04 | 0 | 5.04 |
| 3 | 7.5 | 2.5 | 5.06 | 15.06 |
| 4 | 0 | 10.21 | 5.0 | 15.21 |
| 5 | 15.8 | 15.7 | 0 | 31.5 |
| 6 | 0 | 0 | 5.1 | 5.1 |
| 7 | 0 | 7.5 | 0 | 7.5 |
| 8 | 0 | 25.9 | 13.1 | 39.0 |
| 9 | 21.17 | 0 | 10.0 | 31.17 |
| 10 | 0 | 2.64 | 0 | 2.64 |
| 11 | 22.89 | 0 | 0 | 22.89 |
| 12 | 0 | 0 | 21.09 | 21.09 |

续表

| 处 理 | 小区调查结果 | | | |
|---|---|---|---|---|
| | Ⅰ | Ⅱ | Ⅲ | $\sum x$ |
| 13 | 16.83 | 0 | 0 | 16.83 |
| 14 | 0 | 3.0 | 0 | 3.0 |
| 15 | 18.0 | 0 | 16.5 | 34.5 |

**2.3 试验结果分析**

表 4 生姜茎腐病发病率方差分析结果

| | $df$ | $SS$ | $MS$ | $F$ | $F_{0.01}$ |
|---|---|---|---|---|---|
| 回归分析 | 3 | 71.23676 | 23.74559 | 1.245351121 | 0.340226683 |
| 残 差 | 11 | 209.7412 | 19.06738 | | |
| 总 计 | 14 | 280.978 | | | |

表 5 生姜产量方差分析结果

| | $df$ | $SS$ | $MS$ | $F$ | $F_{0.01}$ |
|---|---|---|---|---|---|
| 回归分析 | 3 | 9861659 | 3287220 | 6.676128789 | 0.00786822 |
| 残 差 | 11 | 5416225 | 492384.1 | | |
| 总 计 | 14 | 15277884 | | | |

通过表 3、表 4 和表 5 可以看出，15 个处理发病率结果和产量结果的分析发现，生姜茎腐病的发病率和产量各处理间都达到了 95%差异显著性，说明不同的施肥配方对茎腐病和产量影响极大。

从表 2 抽取 2、3、6、11 四个不同氮肥用量处理，比较其氮肥对生姜茎腐病发病率和产量影响。可以看出，发病率最低的 2 水平氮肥处理的发病率只有 0.78%，发病率最高的是 3 水平氮处理为 7.63%，无氮处理的发病率为 1.68%，说明氮肥使用的多少对发病率有一定的影响，适量使用氮肥可以减轻茎腐病的发生。从产量来看，2 水平氮处理的产量最高为 8048kg/667m$^2$，无氮处理产量最低为 5170kg/667m$^2$，而 3 水平氮处理产量为 7695kg/667m$^2$，说明氮肥的使用对产量影响比较大，适量的使用氮肥能达到增产效果。结合产量和发病率情况看生产上只应推荐使用 2 水平氮肥。

从表 2 抽取 4、5、6、7 四个不同磷用量处理，比较其磷肥对生姜发病率和产量的影响。可以看出，2 水平磷处理较 0 水平、1 水平、3 水平磷处理发病率都低，产量也有相同的趋势，所以生产上也是应推荐使用 2 水平磷肥。

从表 2 抽取 6、8、9、10 四个不同钾用量处理，比较其钾肥对生姜茎腐病和产量的影响。可以看出，无钾处理发病率最高达 13.5%，2 水平、3 水平钾的发病率差异不大，也是整个试验中有氮处理组合中发病率最低的两组，从产量看这两组处理也是本次试验组合中最高的，说明了钾肥的使用对防治生姜茎腐病的重要性，生产使用应推荐使用 2 水平钾肥。

从表 2 中抽取 1、2、4、6、8 等常规五项作茎腐病和产量相对处理 6(全肥区)的比较。如表 6 所示。

表 6　　常规五项作茎腐病和产量相对处理 6(全肥区)的比较

| 处　理 | 发病率(%) | 产量(kg) | 相对 6 发病率(倍) | 相对 6 产量(%) |
|---|---|---|---|---|
| 1 | 0 | 5020 | — | 25.2 |
| 2 | 1.68 | 5190 | 2.15 | 29.4 |
| 4 | 5.77 | 6243 | 7.39 | 55.4 |
| 6 | 0.78 | 8048 | — | — |
| 8 | 13.59 | 4938.4 | 17.42 | 23.2 |

从表 6 发病率看，无氮处理发病率是 6 处理(全肥区)发病率的 2.15 倍，无磷处理发病率是 6 处理(全肥区)的 7.39 倍，无钾处理发病率是 6 处理(全肥区)的 17.42 倍，从相对产量来看，无肥区处理是 6 处理(全肥区)的 25.1%，无氮处理产量是 6 处理(全肥区)的 29.4%，无磷处理产量是 6 处理(全肥区)的 55.4%，无钾处理是 6 处理(全肥区)的 23.2%，这说明钾是制约生姜茎腐病和产量的主导肥料因素，其次是氮肥；磷肥的多少对本地生姜病害和产量影响较小。

通过处理 15 与处理 6 的比较可以看出，本地生姜种植用锌肥有害而无利，茎腐病发病率增加 15 倍，产量只有处理 6 的 53.6%，所以生产上种姜不宜加锌肥。

## 3 结　论

肥料对茎腐病的影响存在明显差异，特别是钾肥对生姜茎腐病发病率和产量影响较大，在生产上推荐适量施用氮、磷肥的情况下增施钾肥较好。

施肥数量、施肥种类对生姜产量影响较为明显。在生姜生产上暂推荐配方为 $N_2P_2K_2$，即每亩施用纯 N 10.5kg，$P_2O_5$ 3.6kg，$K_2O$ 2.3kg。该配方还需进一步验证。

# 缓控释肥使用现状及存在问题和对策

孔　霞[1]　孔英姿[1]　丰宗鹏[2]

（1. 曲阜市姚村镇农业服务站　2. 曲阜市农技站）

**摘　要**：缓控释肥料是以各种调控机制使其养分释放延缓，使其养分按照设定的释放率和释放期缓慢或控制释放的肥料。这种肥料突出的特点是其释放率和释放期与作物生长规律有机结合，从而使肥料养分有效利用率提高30%以上。不但可以大幅减少化肥的使用量及施肥次数，而且能够大大减轻化肥对生态环境的破坏，因而被称为"21世纪高科技环保肥料"，成为人类肥料产业的发展方向。

**关键词**：缓控释肥；施用现状；存在问题；对策

## 1　缓控释肥使用现状

我国从1971年开始研制出脲甲醛肥料（UF），在控制养分的释放、抑制氨的挥发等方面具有良好的增产效果。20世纪80年代，缓控施肥料的研究力度加大，包硫、包膜、聚乙烯醇（PVA）包膜剂与氮肥增效剂、缓释剂、保水剂及土壤改良剂等混合包膜工艺逐渐运用成熟，尿素、复合肥料实现了常温下包膜，肥料养分控释效果好。20世纪90年代缓控释肥趋于成熟，各方面的研究不断完善细化，并在新的领域进行探索研究，目前缓控释肥料已经形成了以物理包膜技术为主的一系列肥料品种，其中硫包膜肥料、金属氧化物和金属盐包裹肥料、树脂包膜肥料、蜡包膜肥料、不饱和油包膜肥料、改性天然橡胶包膜肥料等在保证一次施肥能满足作物整个营养期对养分的需要的同时，包膜材料在土壤中能降解或转化，无毒副作用，符合环境友好型肥料要求。

缓控释肥技术已在农业生产中广泛使用，年使用量约2.8万吨，而且有逐年上升的趋势。试验表明，与习惯施肥相比，缓控肥在节肥、增产、增效等方面效果显著，平均增幅达10%，最高达到40%以上，经济效益也得到显著提高，亩增效益达120元左右。

## 2　缓控释肥施用存在的误区

随着缓控释肥在我国的普及推广，农民都形象地将这种穿着"五彩衣服"的缓控释肥产品叫"智能肥"、"傻瓜肥"，在一些地方已成了农民施肥的首选。只有科学合理施用缓控释肥才能达到增产、增收、省事、减少用工的效果。目前，农民施用缓控释肥还存在以下误区。

### 2.1 盲目跟从,不加选择

从目前缓控释肥应用来看,农民盲目跟从心理强烈,不分作物、不分地块,不分时机,一哄而上的现象较重。一种缓控释肥往往在不同地点、不同作物上使用,而不同作物、不同土壤条件下作物生育期间需肥特点有所差异,未充分考虑地域差异、气候差异、土壤差异等特点,往往导致缓释效果降低,达不到增产效果,农民还以为买了假化肥,造成上访事件不断。

### 2.2 价格高,难普及

目前国内缓控释肥价格偏高仍是限制推广的主要原因之一,农民受生产成本控制,往往选择质优价廉的普通肥料,对新兴的缓控施肥料可望而不可即,生产厂家重生产,轻试验、示范,推广较难。价格高,使缓控释肥应用范围较窄,主要应用在蔬菜、园艺上,大田作物应用较少。

### 2.3 产品鱼目混杂,市场混乱

普通肥料养分释放迅速,苗期施用后使植物处在烧根、烧苗、后期缺肥的危险之中。真正的缓控释肥能根据作物不同阶段生长发育对养分的需求,控制肥料养分释放速度和释放量,持续不断地供给养分达3～9个月的时间,而且对植物安全,不会造成烧根、烧苗,一次性施肥就能满足作物全生育期生长发育对养分的需要,养分利用率高,不会造成浪费,更不会残留在土壤中造成污染。但缓控施肥生产工艺复杂,生产成本较高,价格较普通肥料要高一些,目前市场上许多根本就没有缓控释性能的肥料也号称是缓控释肥料,欺骗农民,赚取高利润,导致缓控释肥料市场十分混乱,农民花高价不一定买到真正的缓控释肥,农户和正规企业都蒙受巨大损失。

### 2.4 施用时期、施用量混乱

作物生长初期即苗期,此时作物依靠种子自身的营养再吸收少许土壤中的营养就能维持生长,不需要施加肥料。一个月后,待幼苗长出4个叶片以后,步入成长期,就像一个开始发育的青少年,随着时间推移,对养分的需求越来越大,只有此时给其补充足够的养分,才能保证其“发育良好”,实现最终的优质高产。而目前农民还遵循普通肥料一炮轰的施肥方法,对缓控释肥料不分时期乱施肥,施肥量随意加大,有时往往达不到缓控释的效果。

### 2.5 施用技术不当

主要表现在种肥混施或种(根)肥距离太近,造成烧根和烧苗现象;在作物生长中后期追施缓控释肥或将缓控释肥进行撒施、冲施,使缓控释肥不能充分发挥肥效,达不到增产效果。

# 3 建议

### 3.1 企业生产工艺与栽培技术措施相配套

企业生产要结合我国推行的测土配方施肥技术，根据不同土壤肥力、土壤质地和不同作物需肥特性，形成不同的生产工艺技术，开发不同作物专用缓控释复混肥料，提高其专用性。目前缓控释肥根据不同控释时期和养分含量不同有多个种类，不同控释时期主要对应于作物生育期的长短，不同养分含量主要对应不同作物的需肥量，因此农户一定要有针对性地选择施用，像玉米，一般选择控释期为 3 个月较为适宜，养分含量要因地制宜选择。

### 3.2 降低生产成本，加快试验、示范、推广范围

生产厂家应从包膜材料选择、改进生产工艺流程和设备、节能降耗等出发，降低生产成本，减少与传统肥料价格差距，加快示范应用推广范围，使农民买得起，用得起。生产企业可以通过技物结合的推广模式，向农民推广缓控释肥产品的同时，通过培训、讲座、建设示范田等技术服务形式向农民进行相应的技术指导，提高农民科学种田水平，促进农业增产增收，农民得实惠。

### 3.3 加大农资市场执法力度，保护农民合法权益

农业、质检、工商部门要联合起来，加大农资市场执法力度，严厉查处生产、经营假冒伪劣农资行为，切实保护农民合法权益。

### 3.4 适期适量施肥

缓控释肥一定要做基肥或前期追肥，即在作物播种时或在播种后的幼苗生长期施用，像玉米，可在播种时施用，也可在幼苗 6 叶前施用，再晚不宜施用。其施用量首先要考虑到包膜控释肥的养分种类、含量及其所占的比例。例如某掺混肥料中仅含 30％的硫包膜尿素，其他 70％为常规速效复合肥，如果施用可以减少 1/3 施用量，则此肥料的施用量只能减少其中 30％包膜尿素的 1/3 氮素用量，仅比常规肥减少 10％左右的用量。同时，缓控释肥的施用量还要根据作物的目标产量、土壤的肥力水平和肥料的养分含量综合考虑后确定。如果作物的目标产量高，也就是说如果要达到高产或超高产的产量水平，就要相应提高肥料用量。

### 3.5 注意施用方法

施用缓控释肥要做到种肥隔离，沟(条)施覆土，像玉米、棉花等一般要求种子和肥料的间隔距离为 8～10cm，施入土中的深度为 10cm 左右。

# 小麦播后镇压效果试验

于金宝[1]　宋庆国[2]　刘玉清[3]

（1. 曲阜农业局农技站　2. 吴村镇农业服务站
3. 时庄街道办事处农业服务站）

**摘　要**：为验证播后镇压的实际效果，我们进行了播后镇压效果试验，试验结果表明：小麦播后镇压能使种子和幼苗根系与土壤亲密接触，提高种子出苗率和幼苗抗旱、抗寒能力，是保证苗齐、苗全、苗壮的重要措施。尤其对于秸秆还田地块，播后镇压更是保证小麦出苗率高、生长健壮、增强抗旱抗冻能力的必要措施，是提高小麦产量的重要手段。

**关键词**：小麦；播后；镇压；试验

## 1　材料与方法

### 1.1　试验地点与基础

试验于2009～2010年在曲阜市息陬乡三张曲村进行。供试土壤为褐土，耕作层为25cm，秋种前取土化验土壤养分含量：有机质11g/kg，全氮0.97g/kg，全磷0.87g/kg，速效氮89.2mg/kg，速效磷36.6mg/kg，速效钾105mg/kg。属平原井灌区，轮灌周期为7天。

### 1.2　试验处理

供试品种为泰农18号，播种量为8kg/667m²，玉米秸秆还田后旋耕，耙2遍，10月8日播种。

试验处理：(1)小麦播种时镇压器进行镇压；(2)播种后不镇压作为对照(CK)。小区面积为300m²。不浇越冬水，其他田间管理同一般大田。

# 2 结果与分析

## 2.1 不同处理对小麦出苗率的影响(见表1)

表1 不同处理对小麦出苗率的影响

| 处理方式 | 基本苗(万/667m²) | | | |
|---|---|---|---|---|
| | 点1 | 点2 | 点3 | 平均 |
| 播后镇压 | 15.6 | 14.9 | 15.4 | 15.3 |
| 播后未镇压 | 12.8 | 13.7 | 14.3 | 13.6 |

从表1可看出,小麦播后镇压比未镇压地块基本苗要多1.7万/667m²,出苗率高12.5%,并且播后镇压小麦出苗均匀一致,基本没有缺苗断垄的现象;而播后未镇压的小麦缺苗断垄现象较为常见。

## 2.2 不同处理对小麦耕层土壤物理性状的影响(见表2)

表2 不同处理对小麦耕层土壤物理性状的影响

| 层次(cm) | 播后镇压 | | | | | 播后未镇压 | | | | |
|---|---|---|---|---|---|---|---|---|---|---|
| | 容重(g/cm³) | 总孔隙度(%) | 毛管孔隙度(%) | 非毛管孔隙度(%) | 相对含水量(%) | 容重(g/cm³) | 总孔隙度(%) | 毛管孔隙度(%) | 非毛管孔隙度(%) | 含水量(%) |
| 0~5 | 1.33 | 49.81 | 23.11 | 26.70 | 79.1 | 1.05 | 60.38 | 18.64 | 41.74 | 75.9 |
| 5~10 | 1.34 | 49.43 | 24.31 | 25.12 | 83.2 | 1.07 | 59.62 | 19.42 | 40.20 | 77.3 |
| 10~15 | 1.36 | 48.68 | 24.98 | 23.70 | 85.4 | 1.08 | 59.25 | 19.85 | 39.40 | 79.5 |
| 15~20 | 1.38 | 47.92 | 26.42 | 21.50 | 86.8 | 1.29 | 51.32 | 23.20 | 28.12 | 81.8 |
| 0~15 | 1.343 | 49.306 | 24.133 | 25.173 | 82.566 | 1.067 | 59.750 | 19.303 | 40.447 | 77.566 |

播种后至12月13日,共降水32.9mm,其中10月下旬降水16.4mm,11月中旬降水18.8mm,12月中旬降水1.3mm。从表2可以看出,播后镇压比播后未镇压0~15cm容重提高0.276g/cm³,提高25.9%;非毛管孔隙度降低15.28%,减少37.8%;毛管孔隙度增加4.83%,增加25.0%;在播种后至测定日降水32.9mm的条件下含水率仍增加5%,增加6.4%。

### 2.3 不同处理对小麦生长发育的影响(见表3和表4)

表3 不同处理对小麦幼苗受冻率的影响

| 冻害程度 | 播后镇压 | | | | 播后未镇压 | | | |
|---|---|---|---|---|---|---|---|---|
| | 点1 | 点2 | 点3 | 平均 | 点1 | 点2 | 点3 | 平均 |
| 一般冻害 | 无 | 较轻 | 轻 | 轻 | 重 | 重 | 较重 | 重 |
| 中度冻害 | 无 | 轻 | 无 | 较轻 | 较重 | 较重 | 重 | 较重 |
| 严重冻害 | 无 | 无 | 无 | 无 | 轻 | 较轻 | 轻 | 轻 |

注:一般冻害指叶片受冻枯死,未发生死蘖;中度冻害指部分主茎和大分蘖受冻死亡,部分幼穗受冻死亡;严重冻害指全株受冻死亡,幼穗受冻死亡。调查时间:2010年1月15日。

表4 不同处理对小麦越冬期单株性状的影响

| 单性性状 | 播后镇压 | | | | 播后未镇压 | | | |
|---|---|---|---|---|---|---|---|---|
| | 点1 | 点2 | 点3 | 平均 | 点1 | 点2 | 点3 | 平均 |
| 小麦叶片数 | 6.4 | 5.7 | 6.5 | 6.2 | 5.2 | 5.1 | 5.6 | 5.3 |
| 三叶以上大蘖 | 2.8 | 3.4 | 3.4 | 3.2 | 2.2 | 2.6 | 2.7 | 2.5 |
| 单株分蘖 | 3.2 | 4.1 | 3.9 | 3.7 | 2.7 | 2.9 | 3.4 | 3.0 |
| 单株次生根 | 7.6 | 6.2 | 5.8 | 6.5 | 4.8 | 5.2 | 5.9 | 5.3 |

从表3和表4可以看出,播后镇压处理冬前小麦个体发育健壮,遭受的冻害轻,仅为一般冻害,小麦叶片数达到6叶1心,3叶以上大蘖3.2个,单株分蘖3.7个,单株次生根6.5条,达到较为理想的壮苗标准。而播后未镇压处理遭受冻害较重,为中度冻害。播后镇压比未镇压处理小麦越冬期单株性状分别高1片叶、0.7个大蘖、0.7个分蘖、1.2条次生根。

## 3 结论与讨论

播后镇压具有显著的沉实耕作层(0～20cm),特别是沉实0～15cm层次效果。容重提高有利于种子、根系与土壤密接,提高种子发芽率、根系喷发及伸长下扎。非毛管孔隙度降低有助于减少土壤水分蒸发,提高土壤水分有效利用率,提高麦田抵抗气象干旱灾害能力,同时,冬季还能减轻冷空气侵入土壤,防止根系受冻。毛管孔隙度增加有助于提墒,充分利用底墒,提高小麦苗期分蘖节处水分适宜程度,促进次生根喷发和伸长,确保幼苗蘖根比,保证小麦出苗质量,抵御低温冻害和春季干旱,是提高小麦产量的重要手段。而播后不镇压地块出苗率低,容易出现缺苗断垄现象,苗后次生根难以喷发、冻旱害死苗率高,冬前难以形成合理的小麦群体结构和单株性状。据2010年小麦越冬期考察结果,播后镇压地块比未镇压地块单株叶片增加1片,三叶以上大蘖增加0.7个,单株分蘖增加0.7个,单株次生根增加1.2条,充分显示出镇压的优越性。

# 25%脒鲜胺EC防治小麦赤霉病田间药效试验

靳桂芝[1]　张金英[1]　陈桂英[1]　闫洪伟[1]　孔祥利[2]

(1. 曲阜市植保站　2. 曲阜市南辛镇农业服务站)

**摘　要**:为明确25%脒鲜胺EC防治小麦赤霉病的效果、施用剂量及安全性,为该药剂的推广应用提供科学依据,2010年4～5月在曲阜市书院街道办事处西林西村小麦田对其进行了田间药效试验,结果表明,25%脒鲜胺EC 50～60mL/667m² 于4月底喷药,对小麦赤霉病防效达90%左右,对小麦安全,无药害和其他异常现象出现。

**关键词**:脒鲜胺;小麦赤霉病;药效试验

## 1　试验材料

### 1.1　供试作物

小麦。

### 1.2　防治对象

赤霉病。

### 1.3　供试药剂

(1)试验药剂:25%脒鲜胺EC(江苏辉丰农化股份有限公司生产)。
(2)对照药剂:50%多菌灵WP(山东华阳科技股份有限公司生产)。
(3)对照药剂:70%甲基硫菌灵WP(山东华阳科技股份有限公司生产)。

### 1.4　处理剂量

| | |
|---|---|
| (1)25%脒鲜胺EC | 40mL/667m² |
| (2)25%脒鲜胺EC | 50mL//667m² |
| (3)25%脒鲜胺EC | 60mL//667m² |
| (4)50%多菌灵WP | 80mL//667m² |
| (5)70%甲基硫菌灵WP | 60g//667m² |

## 2 试验设计和方法

### 2.1 试验地概况

该试验设在曲阜市书院街道办事处西林西村，小麦品种为济麦 22，面积为 $840m^2$，土壤为潮褐土，有机质 14.6g/kg，碱解氮 94.67mg/kg，速效磷 61.34 mg/kg，速效钾 102 mg/kg，pH 为 7.19，各试验小区栽培管理均匀一致，该田常年种植方式为小麦—玉米，一年两熟。

### 2.2 试验区设计

该试验共设 6 个处理，每处理 4 次重复，共计 24 个小区，小区面积为 $30m^2$，各小区随机排列。药前不查基数，药后于小麦灌浆期为害症状稳定时(5 月 28 日)，采用对角线五点取样，每点调查 100 穗，统计病穗数、病穗率，与空白对照的病穗率比较，计算防治效果。

### 2.3 施药时间及方法

于 2010 年 4 月 28 日(小麦扬花前期)喷药。采用工农 16 型背负式手动喷雾器常规喷雾，每亩喷药液 45kg。

### 2.4 调查方法

于 2010 年 5 月 28 日调查各小区病穗数、病穗率，与空白对照的病穗率比较，计算防治效果。调查时，对药害及其他病害情况进行调查登记。试验结果采用“DMRT”生物统计方法进行分析。

### 2.5 药效计算方法

$$\text{病穗率}(\%)=\frac{\text{病穗数}}{\text{调查总穗数}}\times 100$$

$$\text{防治效果}(\%)=\frac{\text{对照区病穗率}-\text{处理区病穗率}}{\text{对照区病穗率}}\times 100$$

## 3 结果与分析

5 月 28 日调查(见表 1)，25%脒鲜胺 EC 40mL/667$m^2$、50mL/667$m^2$、60mL/667$m^2$ 的防效依次为 82.62%、89.21%、91.39%，50%多菌灵 WP 80g/667$m^2$ 防效为 84.19%，70%甲基硫菌灵 WP 60 g/667$m^2$ 防效为 86.29%。从试验结果可以看出，25%脒鲜胺 EC50～60mL/667$m^2$ 的防效好于 50%多菌灵 WP 80g/667$m^2$ 和 70%甲基硫菌灵 WP 60g/667$m^2$ 的处理。“DMRT”分析表明(见表 2 和表 3)，25%脒鲜胺 EC 60mL/667$m^2$ 的防效与 50%多菌灵 WP 80g/667$m^2$ 和 25%脒鲜胺 EC 40mL/667$m^2$ 的处理差异显著，其

他处理间无显著差异。

表 1 25%脒鲜胺 EC 防治小麦赤霉病田间药效试验结果表

| 处理 | 重复 | 调查穗数 | 病穗数 | 病穗率(%) | 防治效果(%) |
|---|---|---|---|---|---|
| 25%脒鲜胺 EC 40mL/667m² | Ⅰ | 500 | 20.00 | 4.00 | 83.74 |
| | Ⅱ | 500 | 17.00 | 3.40 | 84.40 |
| | Ⅲ | 500 | 18.00 | 3.60 | 75.00 |
| | Ⅳ | 500 | 11.00 | 2.20 | 87.36 |
| | 平均 | 500 | 16.50 | 3.30 | 82.62 |
| 25%脒鲜胺 EC 50mL/667m² | Ⅰ | 500 | 12.00 | 2.40 | 90.24 |
| | Ⅱ | 500 | 14.00 | 2.80 | 87.16 |
| | Ⅲ | 500 | 9.00 | 1.80 | 87.50 |
| | Ⅳ | 500 | 7.00 | 1.40 | 91.95 |
| | 平均 | 500 | 10.50 | 2.10 | 89.21 |
| 25%脒鲜胺 EC 60mL/667m² | Ⅰ | 500 | 10.00 | 2.00 | 91.87 |
| | Ⅱ | 500 | 7.00 | 1.40 | 93.58 |
| | Ⅲ | 500 | 11.00 | 2.20 | 84.72 |
| | Ⅳ | 500 | 4.00 | 0.80 | 95.40 |
| | 平均 | 500 | 8.00 | 1.60 | 91.39 |
| 50%多菌灵 WP 40mL/667m² | Ⅰ | 500 | 14.00 | 2.80 | 88.62 |
| | Ⅱ | 500 | 11.00 | 2.20 | 89.91 |
| | Ⅲ | 500 | 16.00 | 3.20 | 77.78 |
| | Ⅳ | 500 | 17.00 | 3.40 | 80.46 |
| | 平均 | 500 | 14.52 | 5.80 | 84.19 |
| 70%甲基硫菌灵 WP 40mL/667m² | Ⅰ | 500 | 21.00 | 4.20 | 82.93 |
| | Ⅱ | 500 | 10.00 | 2.00 | 90.83 |
| | Ⅲ | 500 | 9.00 | 1.80 | 87.50 |
| | Ⅳ | 500 | 14.00 | 2.80 | 83.91 |
| | 平均 | 500 | 13.50 | 2.70 | 86.29 |

续表

| 处　理 | 重　复 | 调查穗数 | 病穗数 | 病穗率(%) | 防治效果(%) |
|---|---|---|---|---|---|
| CK | Ⅰ | 500 | 123.00 | 24.60 | |
| | Ⅱ | 500 | 109.00 | 21.80 | |
| | Ⅲ | 500 | 72.00 | 14.40 | |
| | Ⅳ | 500 | 87.00 | 17.40 | |
| | 平均 | 500 | 97.75 | 19.55 | |

**表 2　　25%脒鲜胺 EC 防治小麦赤霉病防效方差分析表**

| 变异来源 | *DF* | *SS* | *MS* | *F* | $F_{0.05}$ | $F_{0.01}$ |
|---|---|---|---|---|---|---|
| 处理间 | 4 | 205.53 | 51.38 | 3.34 | 3.26 | 5.41 |
| 区组间 | 3 | 128.09 | 42.7 | 2.78 | 3.49 | 5.95 |
| 误　差 | 12 | 184.53 | 15.38 | | | |
| 总变异 | 19 | 518.15 | | | | |

**表 3　　25%脒鲜胺 EC 防治小麦赤霉病防效新复极差测验表**

| 药剂名称 | 处理剂量(mL/667m²) | 平均防效(%) | 差异显著性 | |
|---|---|---|---|---|
| | | | 5% | 1% |
| 25%脒酰胺 EC | 60 | 91.39 | a | A |
| 25%脒酰胺 EC | 50 | 89.21 | ab | A |
| 70%甲基硫菌灵 WP | 60 | 86.29 | ab | A |
| 50%多菌灵 WP | 80 | 84.19 | b | A |
| 25%脒酰胺 EC | 40 | 82.62 | b | A |

# 4　小　结

25%脒鲜胺 EC 50～60mL/667m² 防治小麦赤霉病效果均在 90%左右，好于两种对照药剂，并对小麦叶枯病等病害有一定兼治效果，对小麦安全，无药害和其他异常现象出现。

25%脒鲜胺 EC 对小麦赤霉病具有较好的防治效果，且对小麦安全，建议大面积推广应用，使用药剂量可选用 50～60mL/667m²。

# 2%武夷菌素水剂防治黄瓜白粉病田间药效试验

王芝民[1]　徐　静[1]　孔凡凤[1]　田昌平[1]　翟建强[2]

(1. 曲阜市植保站　2. 曲阜市息陬镇农业服务站)

**摘　要**:为明确2%武夷菌素水剂对黄瓜白粉病防治效果、施用剂量及安全性,为大面积推广应用提供科学依据,2010年7月,我们在曲阜市时庄街道办事处单家村对其进行了田间药效试验,结果表明,2%武夷菌素水剂180～260倍于发病初期喷药,隔7天喷第二次药,对黄瓜白粉病具有较好的防治效果,且对黄瓜安全,无药害和其他异常现象出现。

**关键词**:武夷菌;水剂;黄瓜白粉病;药效试验

## 1　试验材料

### 1.1　供试作物

黄瓜。

### 1.2　防治对象

白粉病。

### 1.3　供试药剂

(1)试验药剂:2%武夷菌素水剂(山东省潍坊万胜生物农药有限公司生产)。
(2)对照药剂:50%福美双 WP(江苏南通宝叶化工有限公司生产)。

### 1.4　处理剂量

(1)2%武夷菌素水剂　　340倍
(2)2%武夷菌素水剂　　260倍
(3)2%武夷菌素水剂　　180倍
(4)50%福美双 WP　　　500倍

# 2 试验设计和方法

## 2.1 试验地概况

该试验设在曲阜市时庄街道办事处单家村，黄瓜品种津春4号，黄瓜地面积700$m^2$，土壤为潮褐土，有机质1.08g/kg，碱解氮89.06mg/kg，速效磷12.2 mg/kg，速效钾105mg/kg，各试验小区栽培管理均匀一致，该菜田连续9年种植黄瓜，常年使用的杀菌剂有代森锰锌、乙膦铝、甲基托布津等。

## 2.2 试验区设计

该试验共设5个处理，每个处理4次重复，共计20个小区，各小区随机排列，小区面积为15$m^2$，每小区采用四点取样法，每点定株调查2株，每株调查全部叶片，根据黄瓜白粉病分级标准进行分级。

## 2.3 施药时间及方法

于2010年7月8日(发病初期)上午采用工农16型背负式手动喷雾器常规喷雾，每亩喷药液100kg，此时黄瓜刚进入收获期。隔7天后喷第二次药。

## 2.4 调查方法

对各小区固定黄瓜植株挂牌标记，于药前调查病情基数，分别在每次药后7天调查病情，调查时，对药害及其他病害情况进行调查登记，药后10天，根据调查结果计算病情指数和防效，比较差异。试验结果采用"DMRT"生物统计方法进行分析。

## 2.5 黄瓜白粉病分级标准(以叶片为单位)

(1)0级:无病斑。

(2)1级:病斑面积占整个叶面积的5%以下。

(3)3级:病斑面积占整个叶面积的6%～10%。

(4)5级:病斑面积占整个叶面积的11%～20%。

(5)7级:病斑面积占整个叶面积的21%～40%。

(6)9级:病斑面积占整个叶面积的40%以上。

## 2.6 药效计算方法

(1)病情指数$=\dfrac{\sum(\text{各级病叶数}\times\text{相对级数值})}{\text{调查总叶数}\times 9}\times 100$

(2)防治效果(%)$=\left(1-\dfrac{\text{对照区药前病指数}\times\text{处理区药后病指数}}{\text{对照区药后病指数}\times\text{处理区药前病指数}}\right)\times 100$

# 3 结果与分析

药后10天，2%武夷菌素水剂340倍、260倍、180倍的防效依次为62.02%、78.56%、80.60%，50%福美双W，500倍液的防效为66.95%。从试验结果可以看出，2%武夷菌素水剂260～180倍的防效明显优于对照药剂，且差异达到极显著水平；2%武夷菌素水剂340倍的防效低于对照药剂的防效，差异达到极显著水平。如表1～3所示。

表1 2%武夷菌素水剂防治黄瓜白粉病田间药效试验结果表

| 处理 | 重复 | 药前病情基数 | | | | | | | | 药后10天防效 | | | | | | | | |
|---|---|---|---|---|---|---|---|---|---|---|---|---|---|---|---|---|---|---|
| | | 调查叶数 | 各级病叶数 | | | | | | 病指 | 调查叶数 | 各级病叶数 | | | | | | 病指 | 防效(%) |
| | | | 0 | 1 | 3 | 5 | 7 | 9 | | | 0 | 1 | 3 | 5 | 7 | 9 | | |
| 2%武夷菌素水剂340倍 | Ⅰ | 120 | 65 | 47 | 4 | 1 | 0 | 0 | 5.93 | 200 | 104 | 55 | 15 | 11 | 7 | 3 | 12.83 | 60.45 |
| | Ⅱ | 120 | 62 | 50 | 4 | 0 | 0 | 0 | 5.74 | 200 | 97 | 68 | 12 | 9 | 7 | 3 | 12.50 | 65.59 |
| | Ⅲ | 120 | 74 | 37 | 7 | 0 | 0 | 0 | 5.37 | 200 | 102 | 63 | 14 | 9 | 7 | 2 | 12.06 | 61.89 |
| | Ⅳ | 120 | 77 | 36 | 5 | 1 | 0 | 0 | 5.19 | 200 | 101 | 67 | 13 | 9 | 6 | 2 | 11.72 | 60.14 |
| | 平均 | 120 | 69.5 | 42.5 | 5. | 0.5 | 0 | 0 | 5.56 | 200 | 101 | 63.3 | 13.5 | 9.5 | 6.8 | 2.5 | 12.28 | 60.02 |
| 2%武夷菌素水剂260倍 | Ⅰ | 120 | 79 | 27 | 10 | 4 | 0 | 0 | 7.13 | 200 | 119 | 53 | 14 | 8 | 3 | 0 | 8.67 | 77.77 |
| | Ⅱ | 120 | 61 | 50 | 6 | 0 | 0 | 0 | 6.30 | 200 | 117 | 63 | 9 | 6 | 2 | 1 | 7.94 | 80.08 |
| | Ⅲ | 120 | 79 | 37 | 4 | 2 | 0 | 0 | 5.46 | 200 | 126 | 59 | 8 | 4 | 3 | 0 | 6.89 | 78.59 |
| | Ⅳ | 120 | 68 | 42 | 5 | 1 | 0 | 0 | 5.74 | 200 | 117 | 64 | 9 | 6 | 0 | 1 | 7.22 | 77.80 |
| | 平均 | 120 | 71.8 | 39.0 | 6.3 | 1.8 | 0 | 0 | 6.16 | 200 | 119.8 | 59.8 | 10.0 | 6.0 | 2 | 0.5 | 7.68 | 78.56 |
| 2%武夷菌素水剂180倍 | Ⅰ | 120 | 84 | 26 | 11 | 1 | 0 | 0 | 5.93 | 200 | 133 | 48 | 11 | 2 | 2 | 0 | 5.83 | 82.03 |
| | Ⅱ | 120 | 59 | 49 | 8 | 0 | 0 | 0 | 6.76 | 200 | 115 | 66 | 13 | 4 | 1 | 0 | 7.33 | 82.87 |
| | Ⅲ | 120 | 80 | 34 | 6 | 0 | 0 | 0 | 4.81 | 200 | 127 | 61 | 6 | 3 | 2 | 0 | 6.00 | 78.84 |
| | Ⅳ | 120 | 76 | 35 | 6 | 0 | 0 | 0 | 4.91 | 200 | 130 | 57 | 7 | 3 | 2 | 0 | 5.94 | 78.65 |
| | 平均 | 120 | 74.8 | 36.0 | 7.8 | 0.25 | 0 | 0 | 5.60 | 200 | 126.3 | 58.0 | 9.3 | 3 | 1.8 | 0.25 | 6.28 | 80.60 |
| 50%福美双WP500倍 | Ⅰ | 120 | 70 | 40 | 7 | 0 | 0 | 0 | 5.65 | 200 | 110 | 53 | 16 | 8 | 4 | 2 | 10.39 | 66.38 |
| | Ⅱ | 120 | 64 | 51 | 2 | 0 | 0 | 0 | 5.28 | 200 | 106 | 62 | 14 | 7 | 5 | 3 | 11.17 | 66.57 |
| | Ⅲ | 120 | 69 | 41 | 10 | 0 | 0 | 0 | 6.57 | 200 | 102 | 63 | 17 | 8 | 6 | 3 | 12.39 | 68.00 |
| | Ⅳ | 120 | 75 | 41 | 4 | 0 | 0 | 0 | 4.91 | 200 | 112 | 63 | 9 | 6 | 4 | 2 | 9.22 | 66.85 |
| | 平均 | 120 | 69.5 | 43.3 | 5.8 | 0.5 | 0 | 0 | 5.60 | 200 | 107.5 | 60.3 | 14.0 | 7.3 | 4.8 | 2.5 | 10.79 | 66.95 |

续表

| 处理 | 重复 | 药前病情基数 | | | | | | | | 药后10天防效 | | | | | | | | |
|---|---|---|---|---|---|---|---|---|---|---|---|---|---|---|---|---|---|---|
| | | 调查叶数 | 各级病叶数 | | | | | | 病指 | 调查叶数 | 各级病叶数 | | | | | | 病指 | 防效(%) |
| | | | 0 | 1 | 3 | 5 | 7 | 9 | | | 0 | 1 | 3 | 5 | 7 | 9 | | |
| CK | Ⅰ | 120 | 78 | 36 | 5 | 1 | 0 | 0 | 5.19 | 200 | 44 | 68 | 40 | 30 | 17 | 6 | 28.39 | |
| | Ⅱ | 120 | 69 | 40 | 4 | 0 | 0 | 0 | 4.81 | 200 | 43 | 56 | 47 | 36 | 18 | 5 | 30.44 | |
| | Ⅲ | 120 | 72 | 41 | 7 | 0 | 0 | 0 | 5.74 | 200 | 32 | 66 | 37 | 37 | 25 | 8 | 33.83 | |
| | Ⅳ | 120 | 85 | 28 | 7 | 0 | 0 | 0 | 4.54 | 200 | 62 | 61 | 31 | 28 | 19 | 4 | 25.72 | |
| | 平均 | 120 | 76.0 | 36.3 | 5.8 | 0.25 | 0 | 0 | 5.07 | 200 | 45.3 | 62.8 | 38.8 | 32.8 | 19.8 | 5.8 | 29.60 | |

表 2　2%武夷菌素水剂防治黄瓜白粉病药后10天防效方差分析表

| 变异来源 | $DF$ | $SS$ | $MS$ | $F$ | $F_{0.05}$ | $F_{0.01}$ |
|---|---|---|---|---|---|---|
| 处理间 | 3 | 968.39 | 322.80 | 148.76 | 3.26 | 5.41 |
| 区组间 | 3 | 18.40 | 6.13 | 2.82 | 3.49 | 5.95 |
| 误　差 | 9 | 19.56 | 2.17 | | | |
| 总变异 | 15 | 1006.35 | | | | |

表 3　2%武夷菌素水剂防治黄瓜白粉病药后10天防效新复极差测验表

| 药剂名称 | 处理剂量 | 平均防效(%) | 差异显著性 | |
|---|---|---|---|---|
| | | | 5% | 1% |
| 2%武夷菌素水剂 | 180 倍 | 80.60 | a | A |
| 2%武夷菌素水剂 | 260 倍 | 78.56 | a | A |
| 50%福美双 WP | 500 倍 | 66.95 | b | B |
| 2%武夷菌素水剂 | 340 倍 | 62.02 | c | C |

## 4　小　结

2%武夷菌素水剂对黄瓜白粉病具有较好的防治效果，且对黄瓜安全，建议大面积推广应用，使用剂量可选用180～260倍。一般7天左右用药一次，连续喷药2～3次为宜。

# 附　图

## 曲阜市耕地地力评价等级图

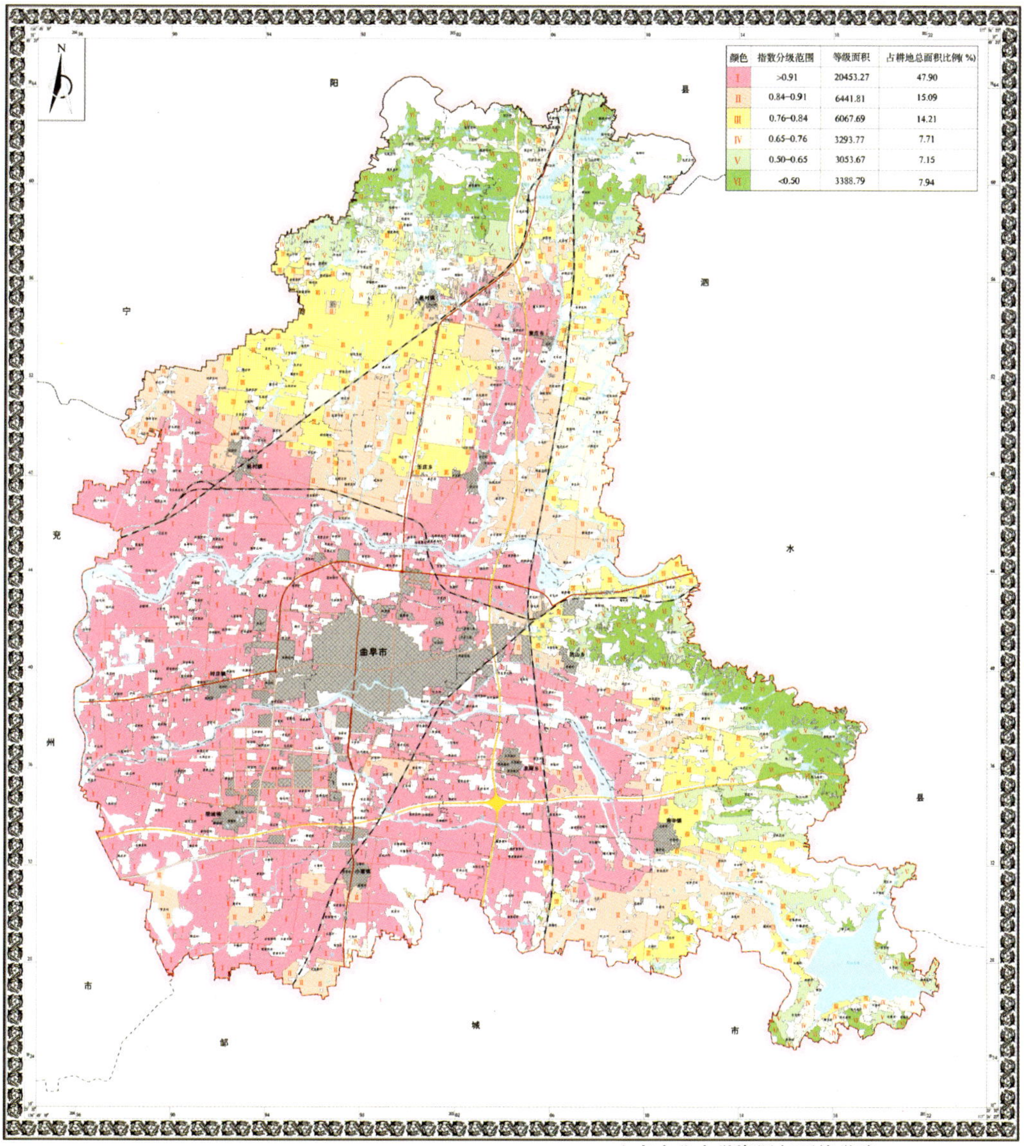


1954年北京坐标系　1956年黄河高程系　　比例尺1：300000　　山东农业大学资源与环境学院
山东天地亚太国土遥感有限公司　二〇〇九年十月

# 曲阜市土壤有机质含量分布图

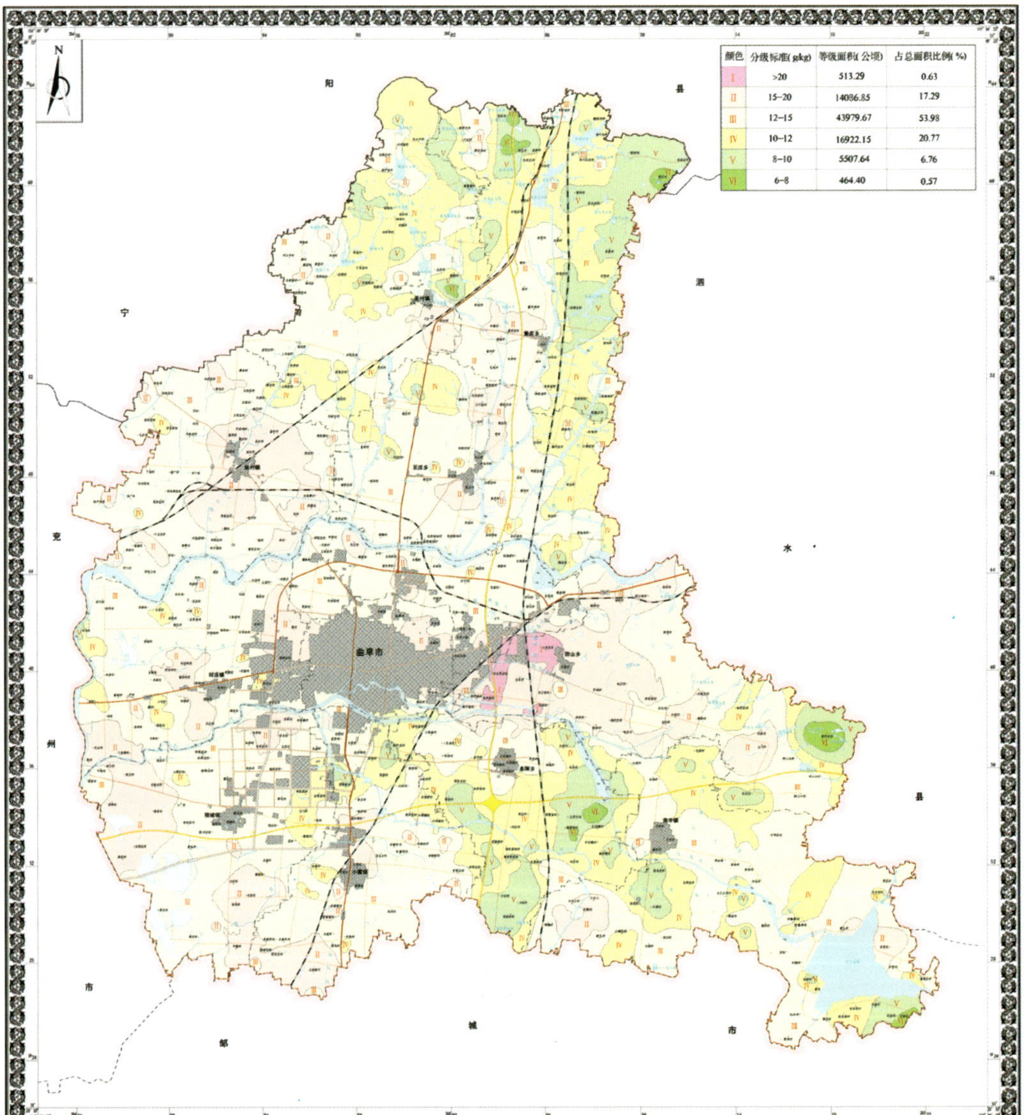


| 颜色 | 分级标准(g/kg) | 等级面积(公顷) | 占总面积比例(%) |
|---|---|---|---|
| I | >20 | 513.29 | 0.63 |
| II | 15–20 | 14036.85 | 17.29 |
| III | 12–15 | 43979.67 | 53.98 |
| IV | 10–12 | 16922.15 | 20.77 |
| V | 8–10 | 5507.64 | 6.76 |
| VI | 6–8 | 464.40 | 0.57 |

1954年北京坐标系　1956年黄河高程系　比例尺1：300000　山东农业大学资源与环境学院　山东天地亚太国土遥感有限公司　二〇〇九年十月

# 曲阜市土壤pH分布图

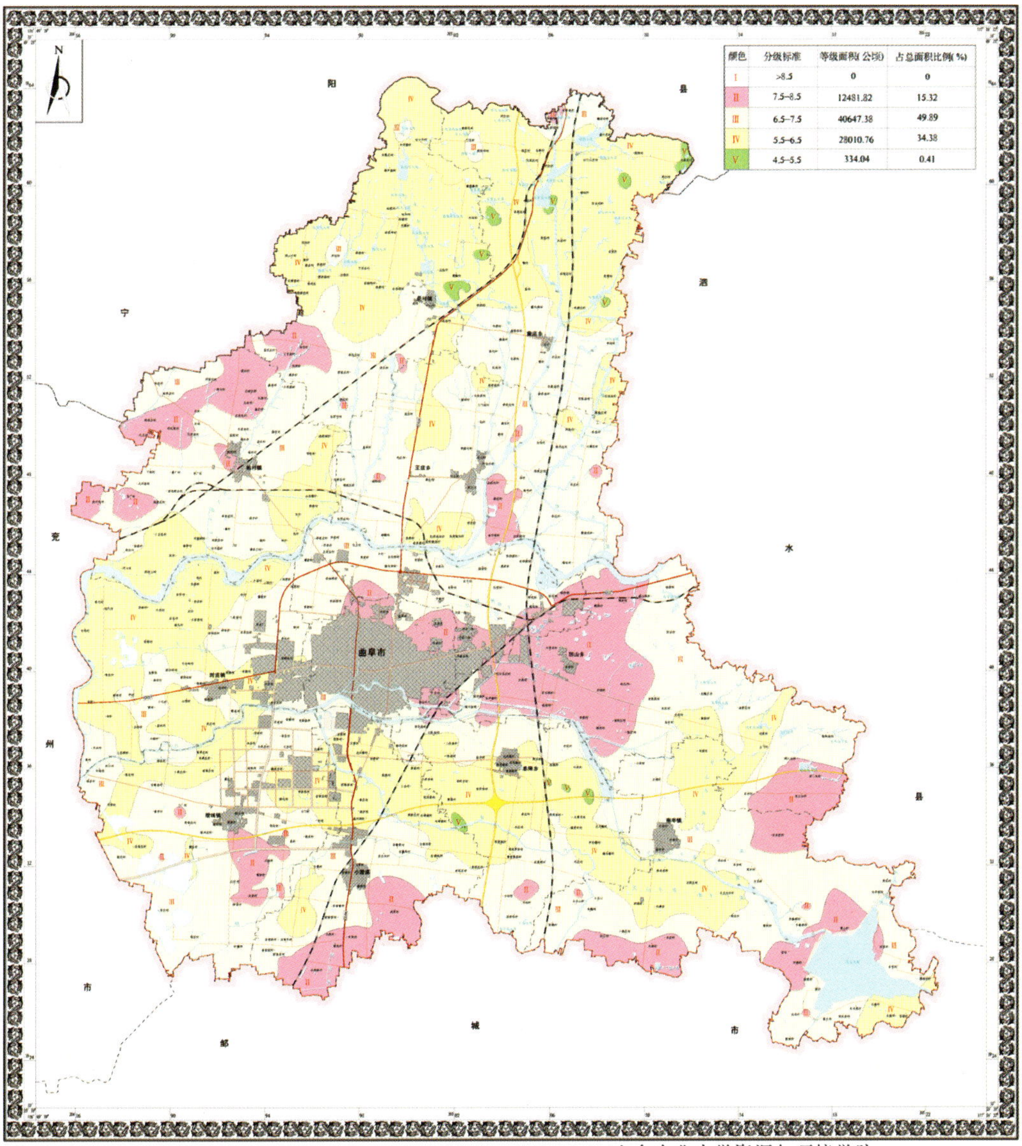


| 颜色 | 分级标准 | 等级面积(公顷) | 占总面积比例(%) |
|---|---|---|---|
| I | >8.5 | 0 | 0 |
| II | 7.5~8.5 | 12481.82 | 15.32 |
| III | 6.5~7.5 | 40647.38 | 49.89 |
| IV | 5.5~6.5 | 28010.76 | 34.38 |
| V | 4.5~5.5 | 334.04 | 0.41 |

1954年北京坐标系　1956年黄河高程系　　比例尺1：300000

山东农业大学资源与环境学院
山东天地亚太国土遥感有限公司　二〇〇九年十月

# 曲阜市土壤全氮含量分布图

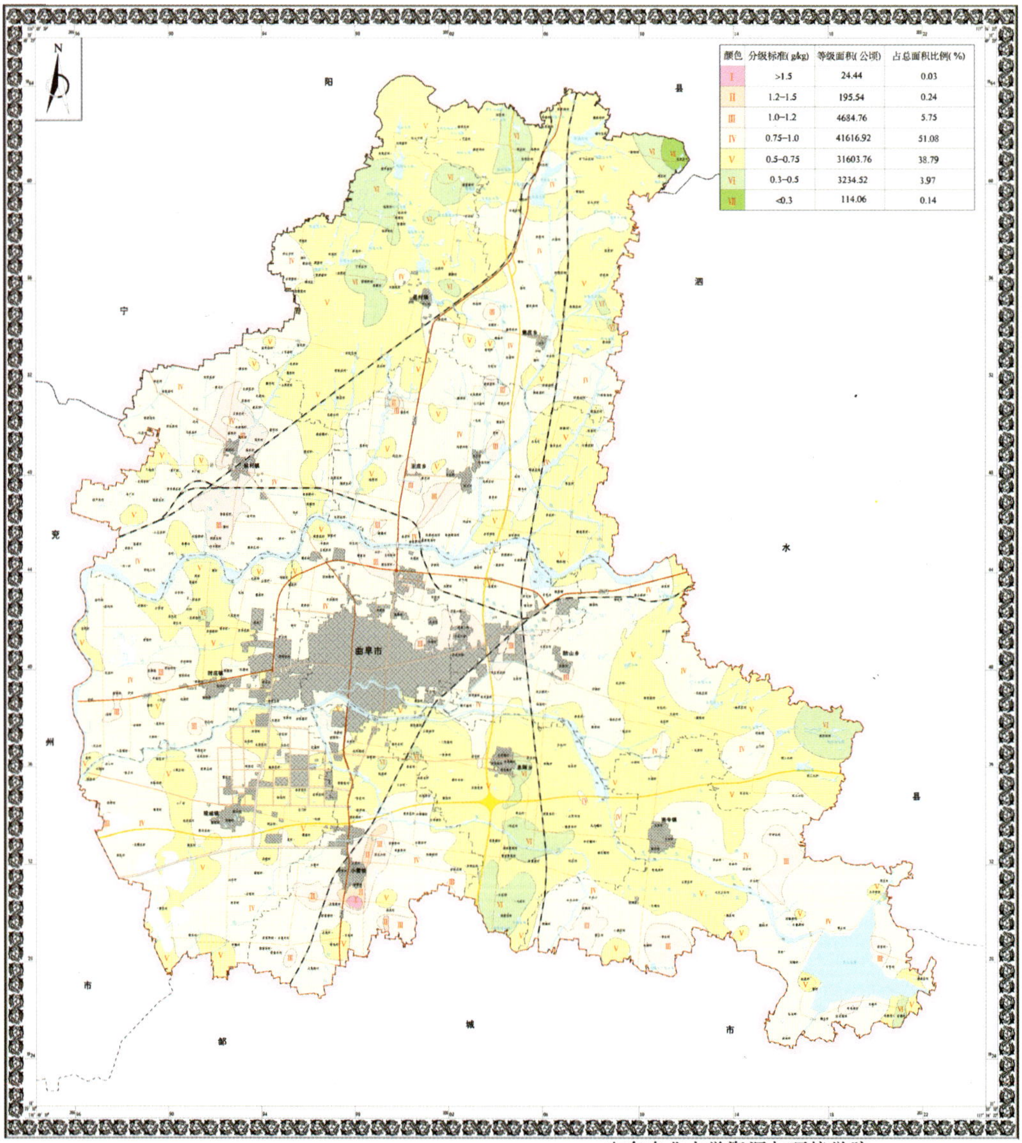


1954年北京坐标系 1956年黄河高程系 比例尺1：300000 山东农业大学资源与环境学院 山东天地亚太国土遥感有限公司 二〇〇九年十月

# 曲阜市土壤碱解氮含量分布图

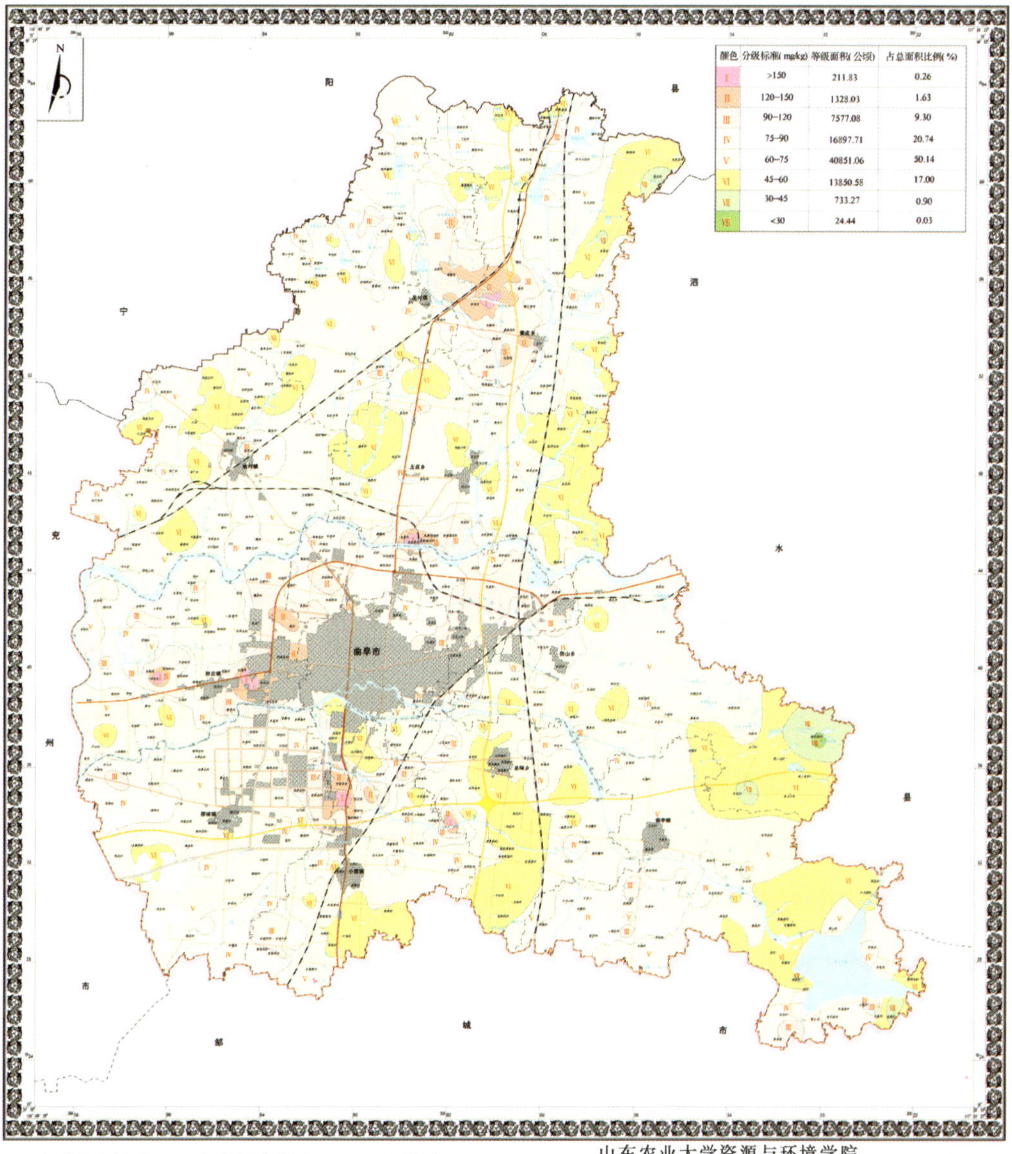


| 颜色 | 分级标准(mg/kg) | 等级面积(公顷) | 占总面积比例(%) |
|---|---|---|---|
| Ⅰ | >150 | 211.83 | 0.26 |
| Ⅱ | 120~150 | 1328.03 | 1.63 |
| Ⅲ | 90~120 | 7577.08 | 9.30 |
| Ⅳ | 75~90 | 16897.71 | 20.74 |
| Ⅴ | 60~75 | 40851.06 | 50.14 |
| Ⅵ | 45~60 | 13850.58 | 17.00 |
| Ⅶ | 30~45 | 733.27 | 0.90 |
| Ⅷ | <30 | 24.44 | 0.03 |

1954年北京坐标系 1956年黄河高程系 比例尺1：300000

山东农业大学资源与环境学院
山东天地亚太国土遥感有限公司 二〇〇九年十月

# 曲阜市土壤有效磷含量分布图

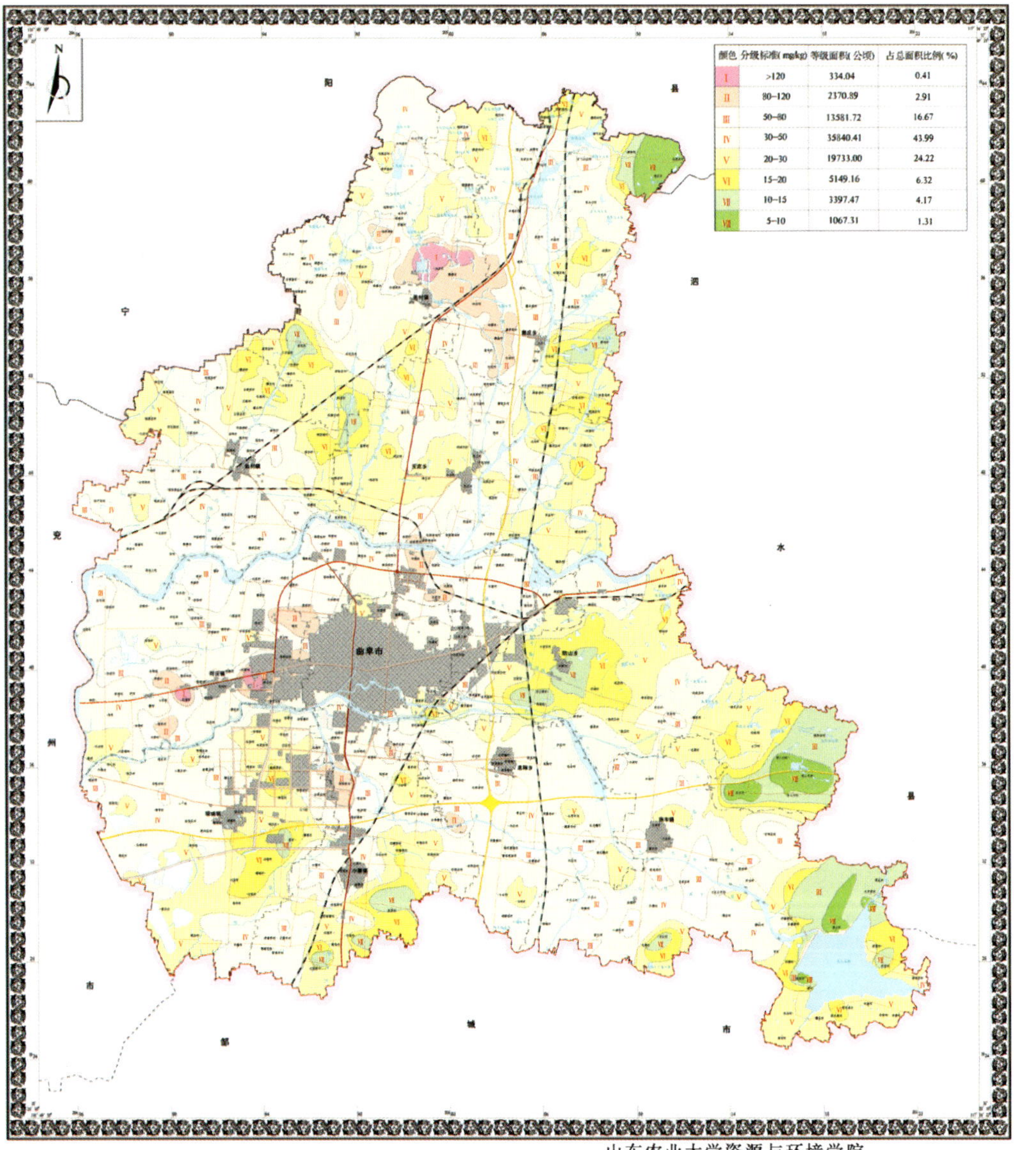


| 颜色 | 分级标准(mg/kg) | 等级面积(公顷) | 占总面积比例(%) |
| --- | --- | --- | --- |
| Ⅰ | >120 | 334.04 | 0.41 |
| Ⅱ | 80~120 | 2370.89 | 2.91 |
| Ⅲ | 50~80 | 13581.72 | 16.67 |
| Ⅳ | 30~50 | 35840.41 | 43.99 |
| Ⅴ | 20~30 | 19733.00 | 24.22 |
| Ⅵ | 15~20 | 5149.16 | 6.32 |
| Ⅶ | 10~15 | 3397.47 | 4.17 |
| Ⅷ | 5~10 | 1067.31 | 1.31 |

1954年北京坐标系 1956年黄河高程系 比例尺1：300000

山东农业大学资源与环境学院
山东天地亚太国土遥感有限公司 二〇〇九年十月

# 曲阜市土壤速效钾含量分布图

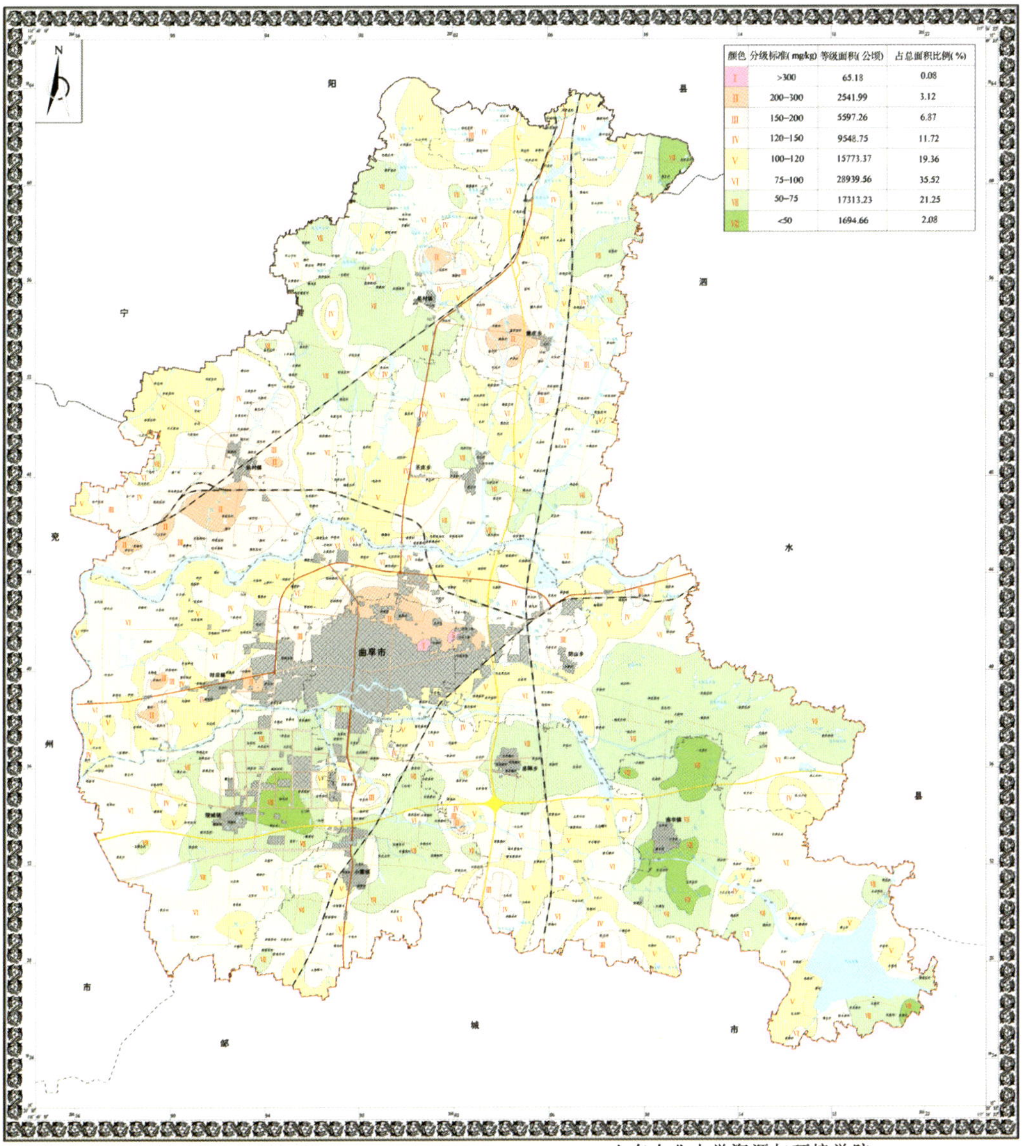


| 颜色 | 分级标准(mg/kg) | 等级面积(公顷) | 占总面积比例(%) |
|---|---|---|---|
| Ⅰ | >300 | 65.18 | 0.08 |
| Ⅱ | 200–300 | 2541.99 | 3.12 |
| Ⅲ | 150–200 | 5597.26 | 6.87 |
| Ⅳ | 120–150 | 9548.75 | 11.72 |
| Ⅴ | 100–120 | 15773.37 | 19.36 |
| Ⅵ | 75–100 | 28939.56 | 35.52 |
| Ⅶ | 50–75 | 17313.23 | 21.25 |
| Ⅷ | <50 | 1694.66 | 2.08 |

1954年北京坐标系　1956年黄河高程系　　比例尺1：300000　　山东农业大学资源与环境学院　山东天地亚太国土遥感有限公司　二〇〇九年十月

# 曲阜市土壤缓效钾含量分布图

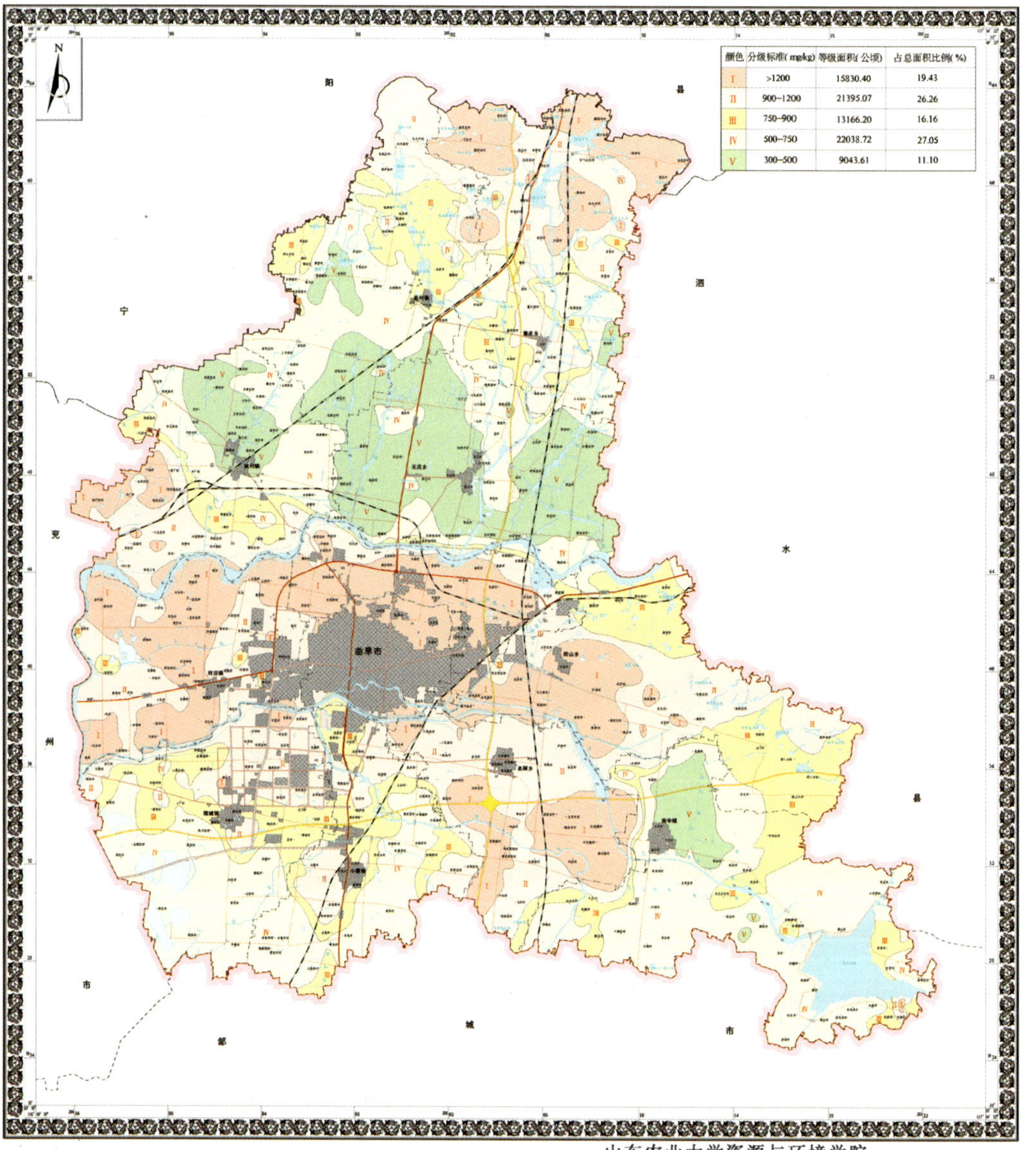


| 颜色 | 分级标准(mg/kg) | 等级面积(公顷) | 占总面积比例(%) |
|---|---|---|---|
| I | >1200 | 15830.40 | 19.43 |
| II | 900~1200 | 21395.07 | 26.26 |
| III | 750~900 | 13166.20 | 16.16 |
| IV | 500~750 | 22038.72 | 27.05 |
| V | 300~500 | 9043.61 | 11.10 |

1954年北京坐标系　1956年黄河高程系　　比例尺1：300000

山东农业大学资源与环境学院
山东天地亚太国土遥感有限公司　二〇〇九年十月

# 曲阜市土壤交换性钙含量分布图

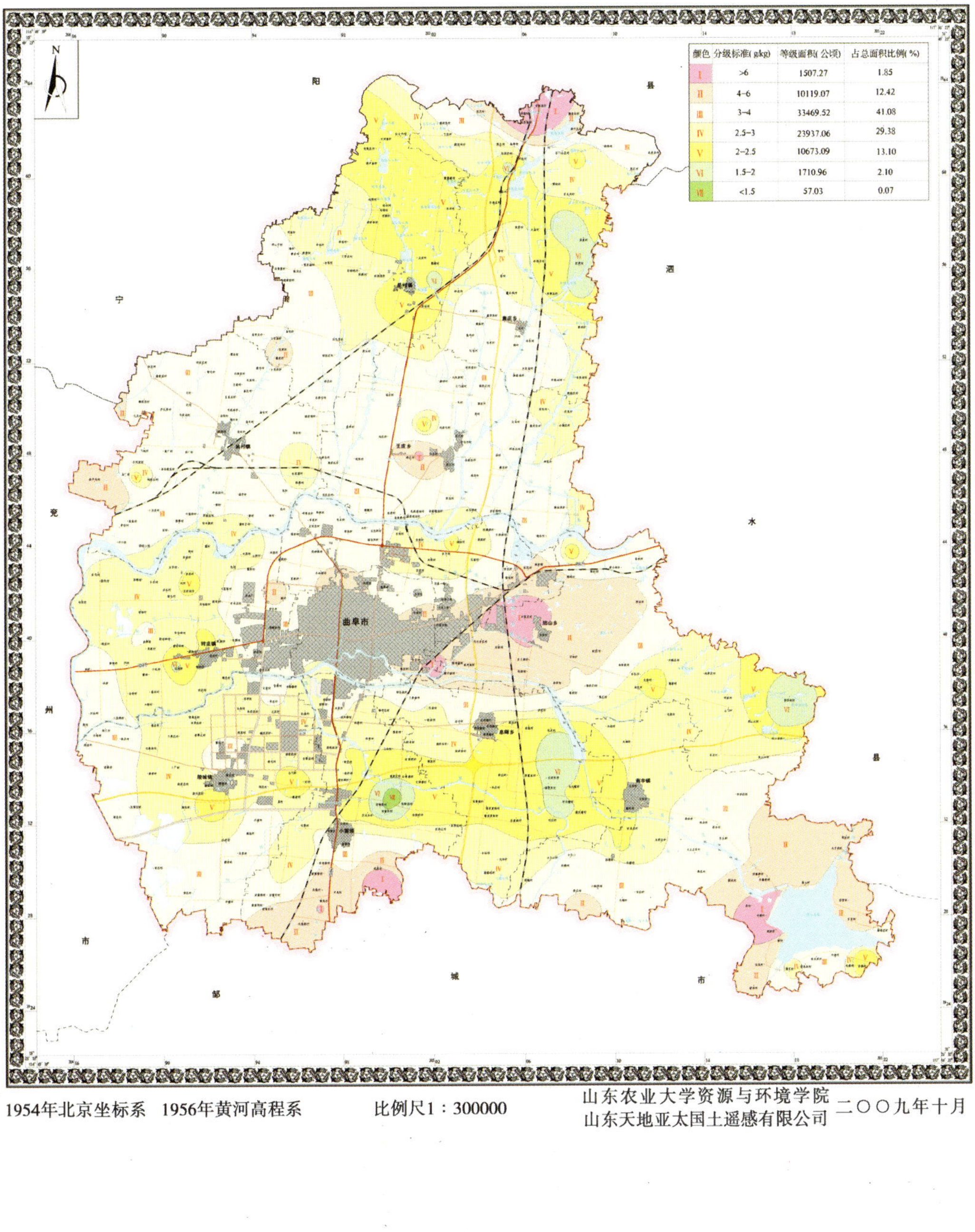


| 颜色 | 分级标准(g/kg) | 等级面积(公顷) | 占总面积比例(%) |
|---|---|---|---|
| Ⅰ | >6 | 1507.27 | 1.85 |
| Ⅱ | 4~6 | 10119.07 | 12.42 |
| Ⅲ | 3~4 | 33469.52 | 41.08 |
| Ⅳ | 2.5~3 | 23937.06 | 29.38 |
| Ⅴ | 2~2.5 | 10673.09 | 13.10 |
| Ⅵ | 1.5~2 | 1710.96 | 2.10 |
| Ⅶ | <1.5 | 57.03 | 0.07 |

1954年北京坐标系　1956年黄河高程系　　比例尺1：300000　　山东农业大学资源与环境学院　山东天地亚太国土遥感有限公司　二〇〇九年十月

# 曲阜市土壤有效硫含量分布图

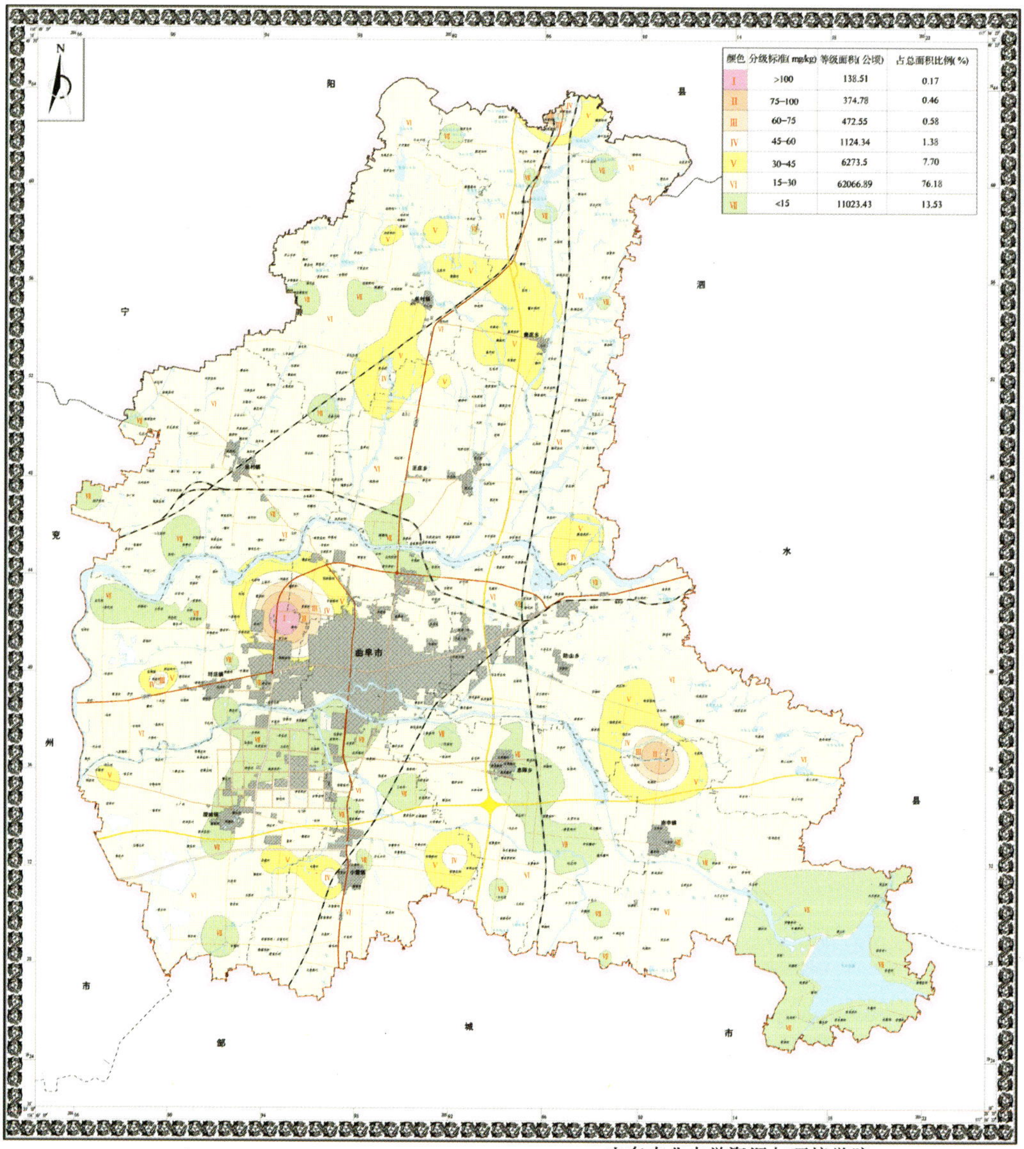


| 颜色 | 分级标准(mg/kg) | 等级面积(公顷) | 占总面积比例(%) |
|---|---|---|---|
| Ⅰ | >100 | 138.51 | 0.17 |
| Ⅱ | 75~100 | 374.78 | 0.46 |
| Ⅲ | 60~75 | 472.55 | 0.58 |
| Ⅳ | 45~60 | 1124.34 | 1.38 |
| Ⅴ | 30~45 | 6273.5 | 7.70 |
| Ⅵ | 15~30 | 62066.89 | 76.18 |
| Ⅶ | <15 | 11023.43 | 13.53 |

1954年北京坐标系　1956年黄河高程系　　比例尺1：300000　　山东农业大学资源与环境学院　山东天地亚太国土遥感有限公司　二〇〇九年十月

# 曲阜市土壤有效锌含量分布图

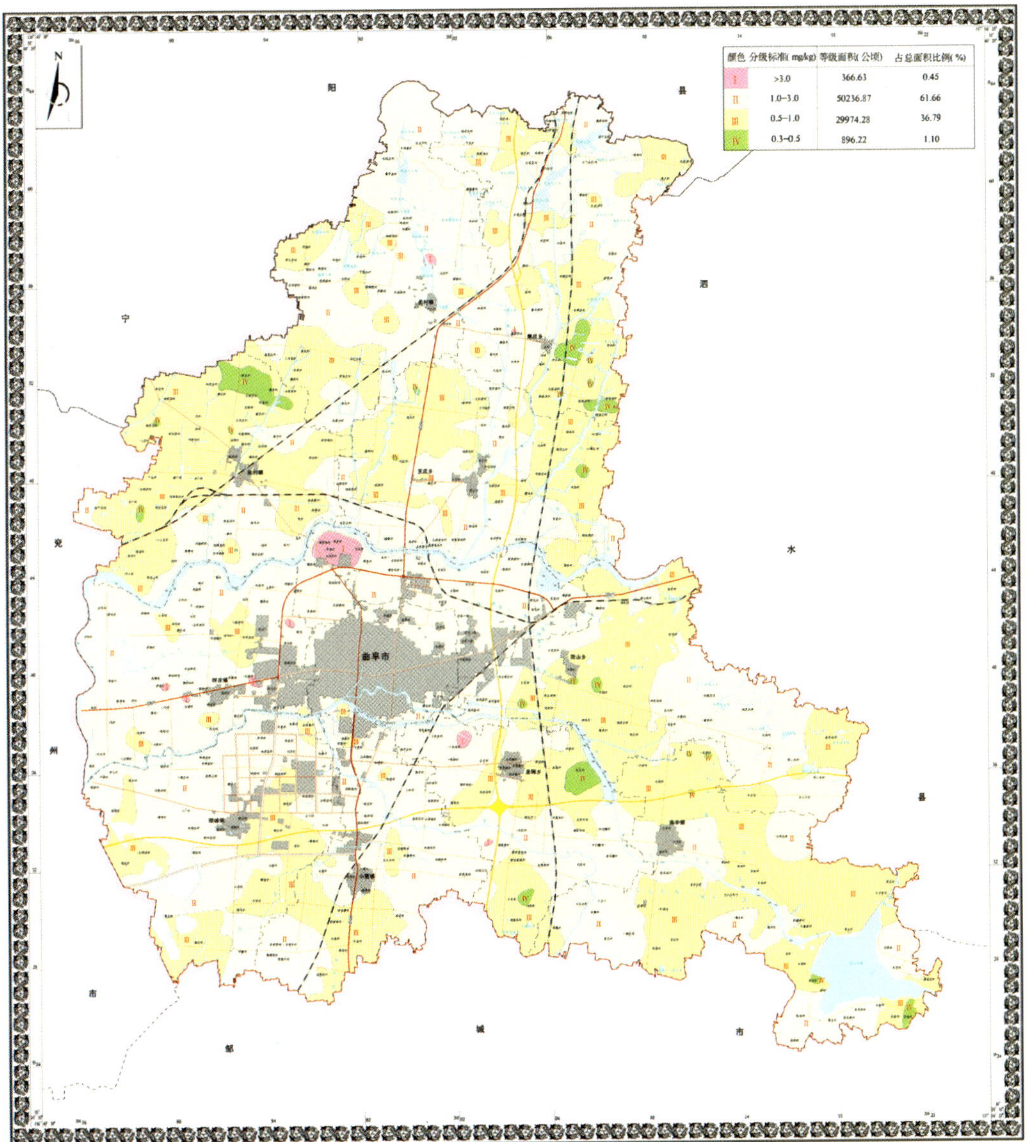


1954年北京坐标系　1956年黄河高程系　　比例尺1：300000　　山东农业大学资源与环境学院
山东天地亚太国土遥感有限公司　二〇〇九年十月

# 曲阜市土壤有效铁含量分布图

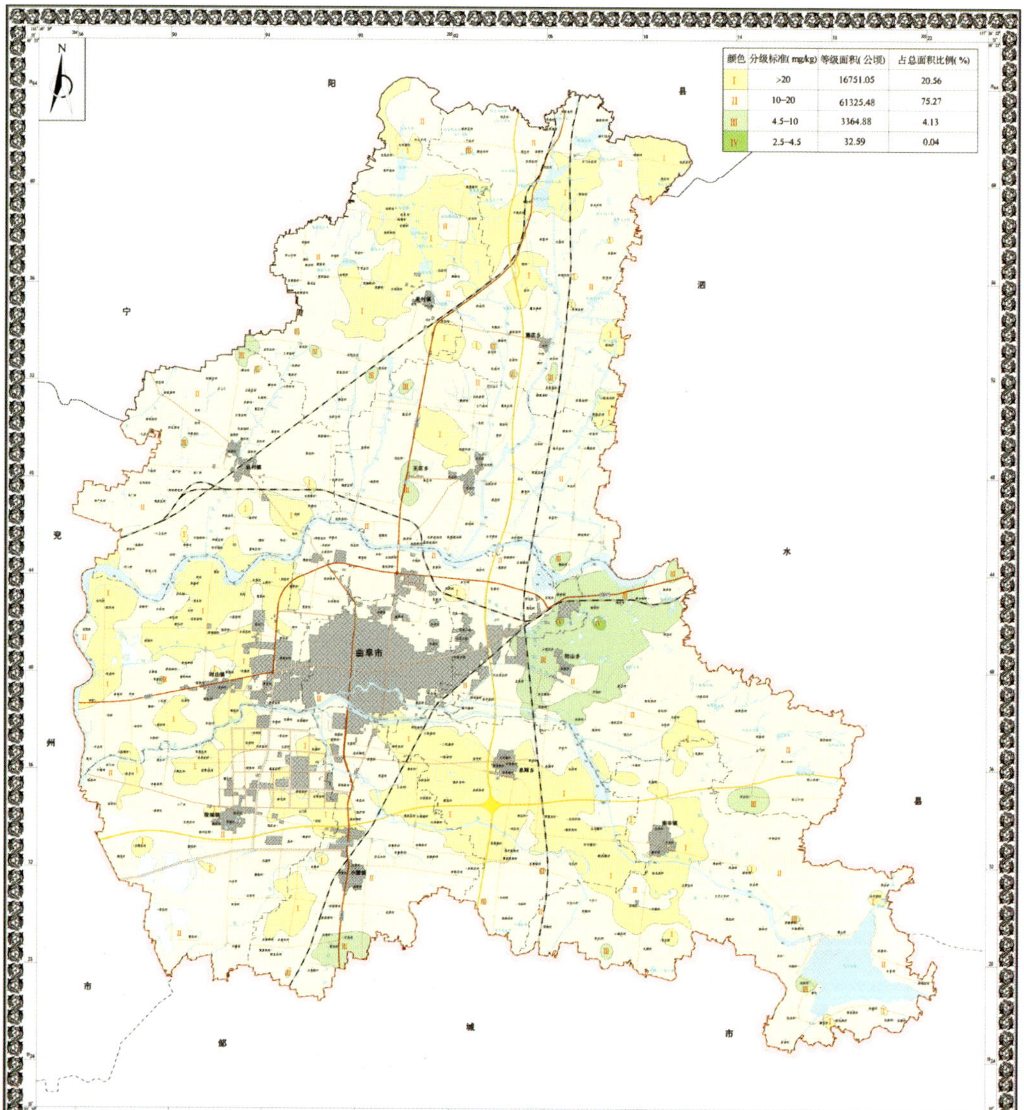


| 颜色 | 分级标准(mg/kg) | 等级面积(公顷) | 占总面积比例(%) |
|---|---|---|---|
| Ⅰ | >20 | 16751.05 | 20.56 |
| Ⅱ | 10~20 | 61325.48 | 75.27 |
| Ⅲ | 4.5~10 | 3364.88 | 4.13 |
| Ⅳ | 2.5~4.5 | 32.59 | 0.04 |

1954年北京坐标系　1956年黄河高程系　　比例尺1：300000　　山东农业大学资源与环境学院　山东天地亚太国土遥感有限公司　二〇〇九年十月

# 曲阜市土壤有效锰含量分布图

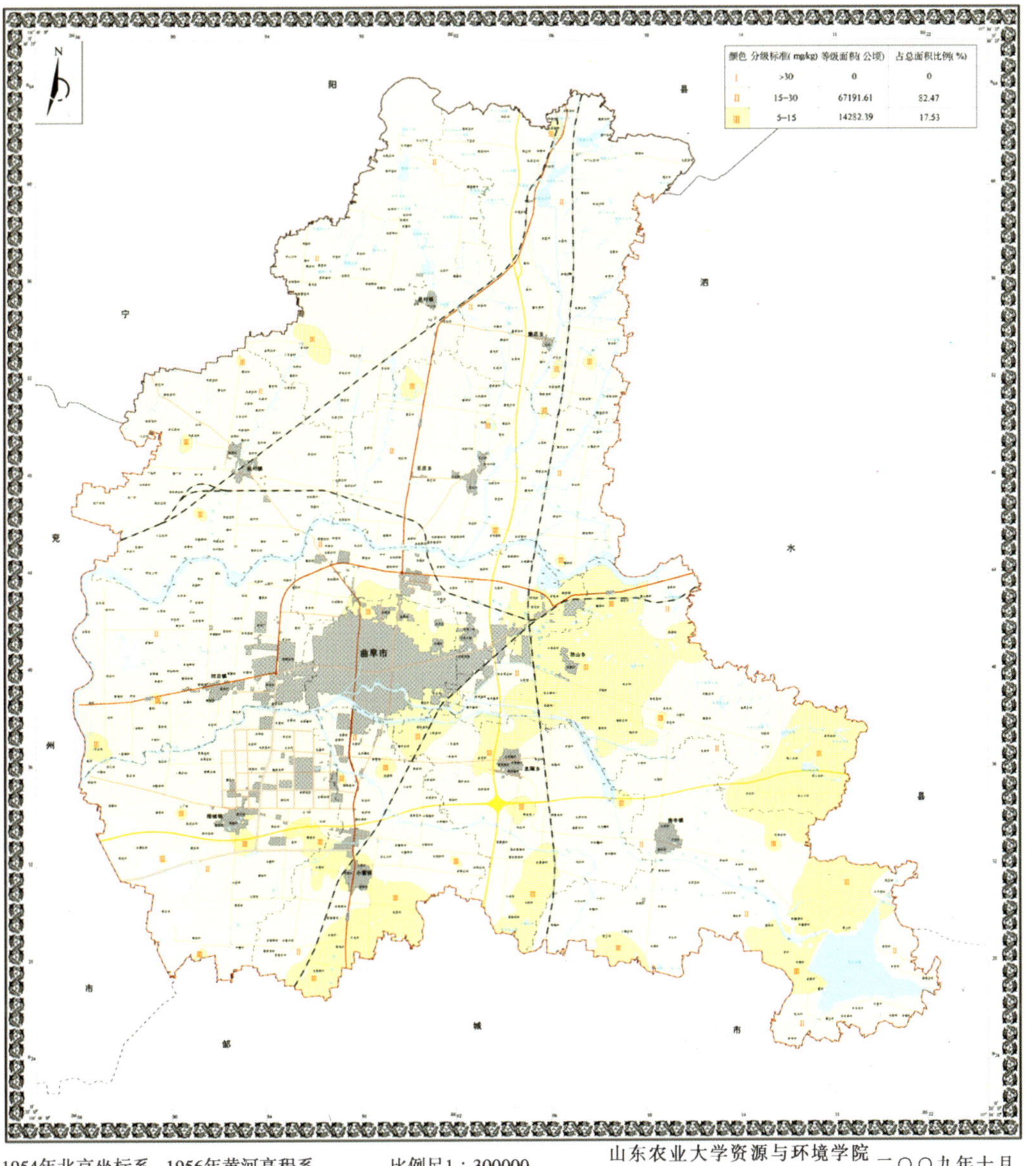


1954年北京坐标系 1956年黄河高程系 比例尺1：300000 山东农业大学资源与环境学院 山东天地亚太国土遥感有限公司 二〇〇九年十月

# 曲阜市土壤有效硼含量分布图

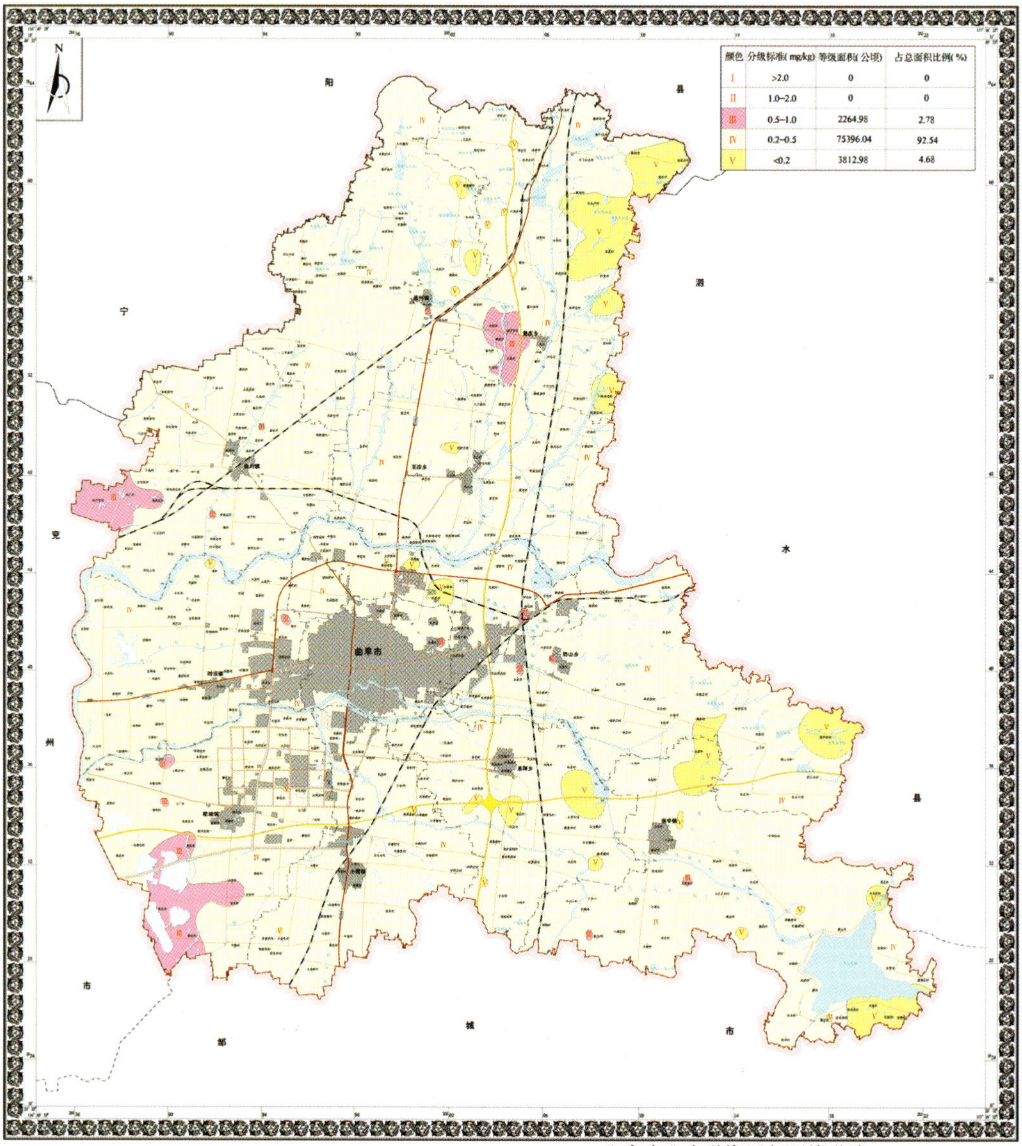


1954年北京坐标系　1956年黄河高程系　　　比例尺1：300000　　　山东农业大学资源与环境学院　山东天地亚太国土遥感有限公司　二〇〇九年十月

# 曲阜市土壤有效钼含量分布图

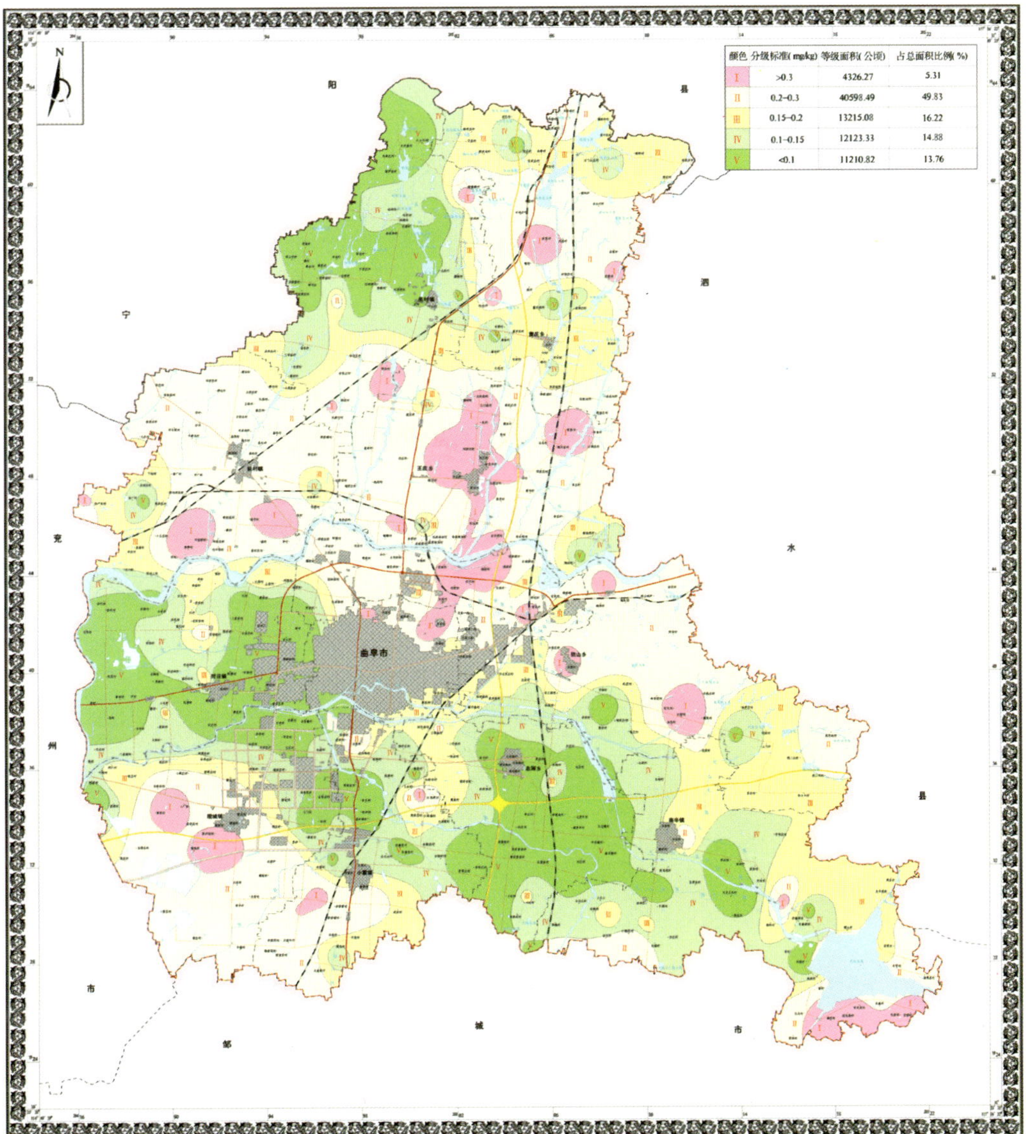


| 颜色 | 分级标准(mg/kg) | 等级面积(公顷) | 占总面积比例(%) |
|---|---|---|---|
| Ⅰ | >0.3 | 4326.27 | 5.31 |
| Ⅱ | 0.2–0.3 | 40598.49 | 49.83 |
| Ⅲ | 0.15–0.2 | 13215.08 | 16.22 |
| Ⅳ | 0.1–0.15 | 12123.33 | 14.88 |
| Ⅴ | <0.1 | 11210.82 | 13.76 |

1954年北京坐标系　1956年黄河高程系　　比例尺1：300000　　山东农业大学资源与环境学院　山东天地亚太国土遥感有限公司　二〇〇九年十月

# 曲阜市土壤有效铜含量分布图

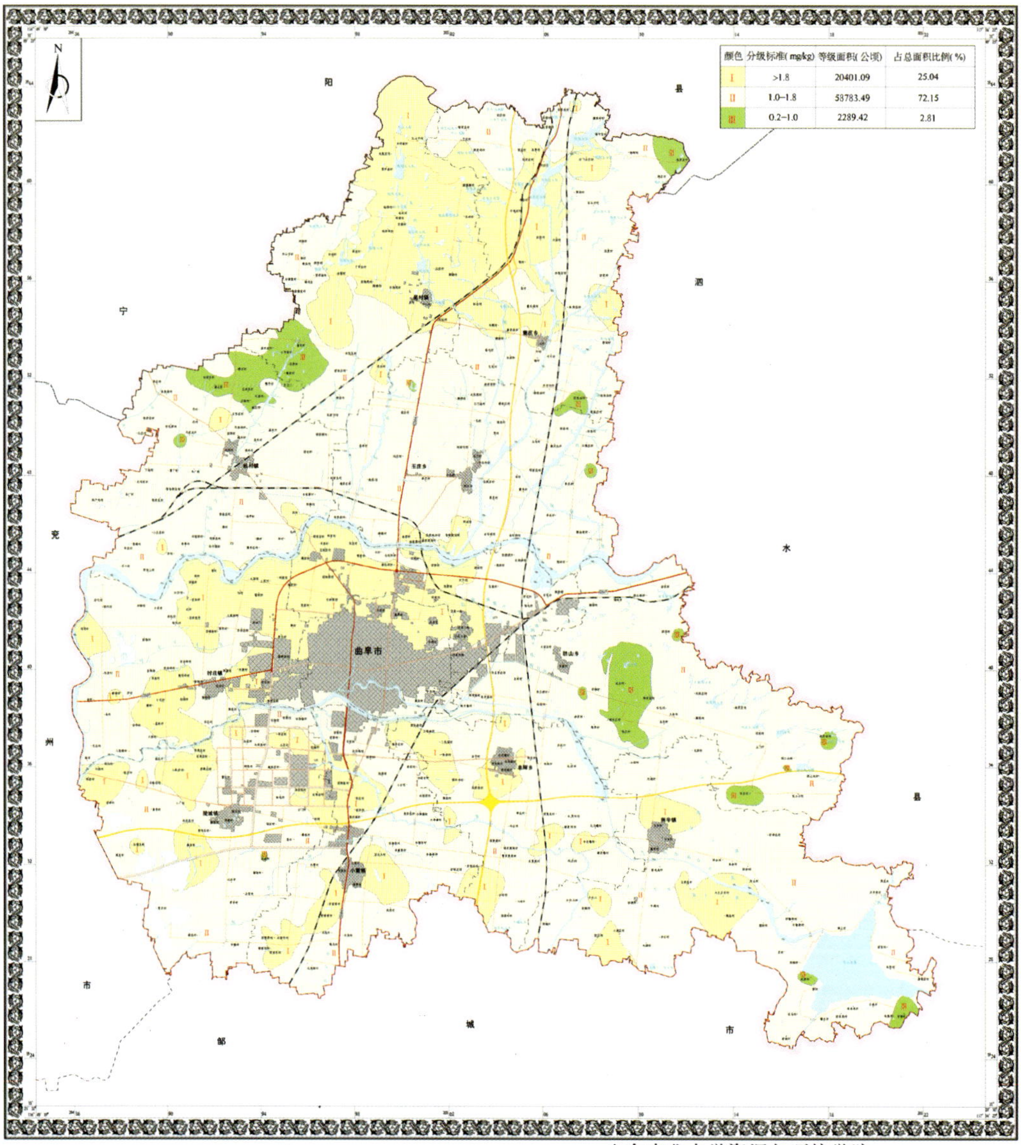


| 颜色 | 分级标准(mg/kg) | 等级面积(公顷) | 占总面积比例(%) |
|---|---|---|---|
| Ⅰ | >1.8 | 20401.09 | 25.04 |
| Ⅱ | 1.0–1.8 | 58783.49 | 72.15 |
| Ⅲ | 0.2–1.0 | 2289.42 | 2.81 |

1954年北京坐标系 1956年黄河高程系 比例尺1：300000 山东农业大学资源与环境学院 山东天地亚太国土遥感有限公司 二〇〇九年十月

# 曲阜市土地利用现状图

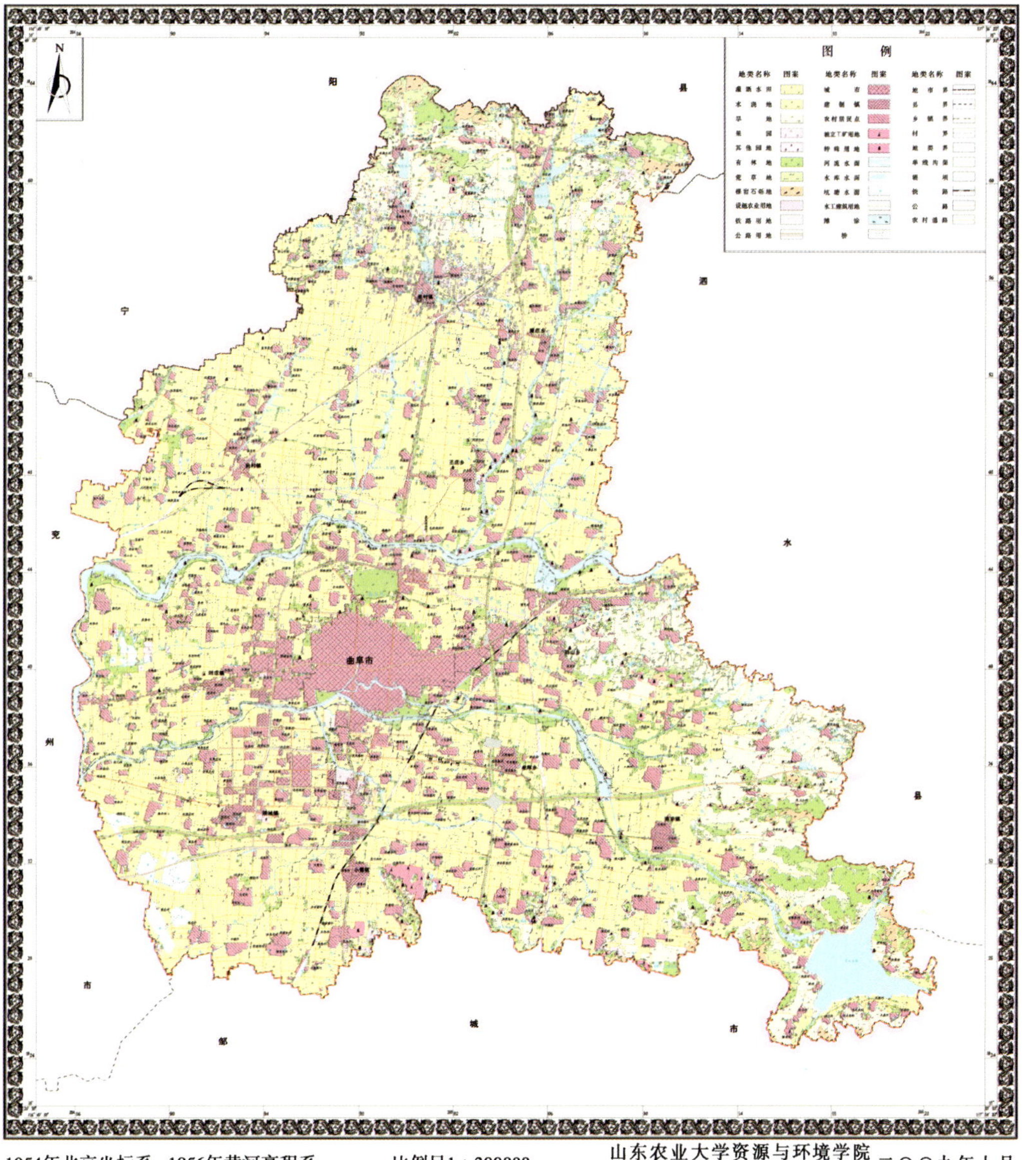


1954年北京坐标系 1956年黄河高程系 比例尺1：300000

山东农业大学资源与环境学院
山东天地亚太国土遥感有限公司 二〇〇九年十月

# 曲 阜 市 土 壤 图

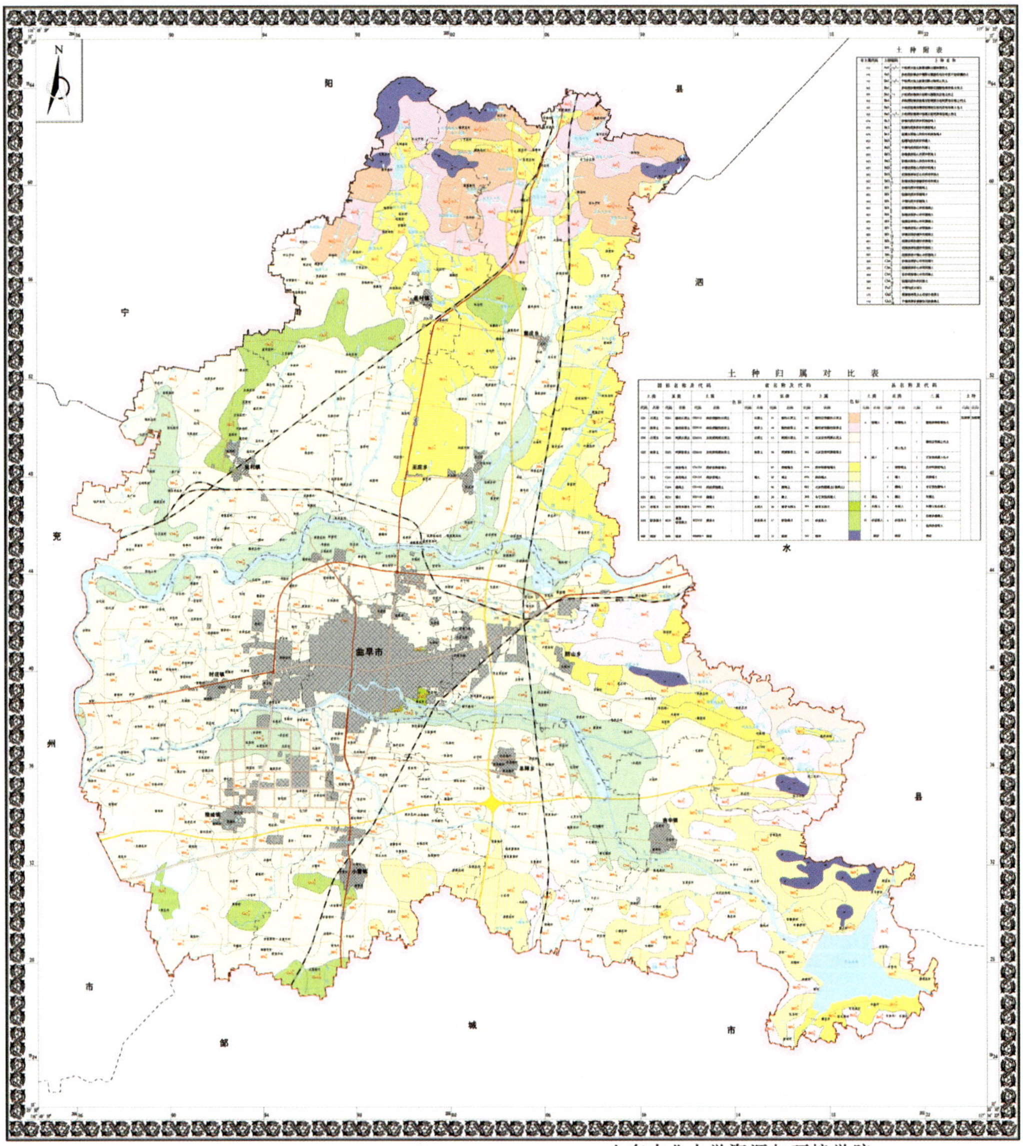


1954年北京坐标系　1956年黄河高程系　　比例尺1：300000　　山东农业大学资源与环境学院
山东天地亚太国土遥感有限公司　二〇〇九年十月

# 曲 阜 市 地 貌 图

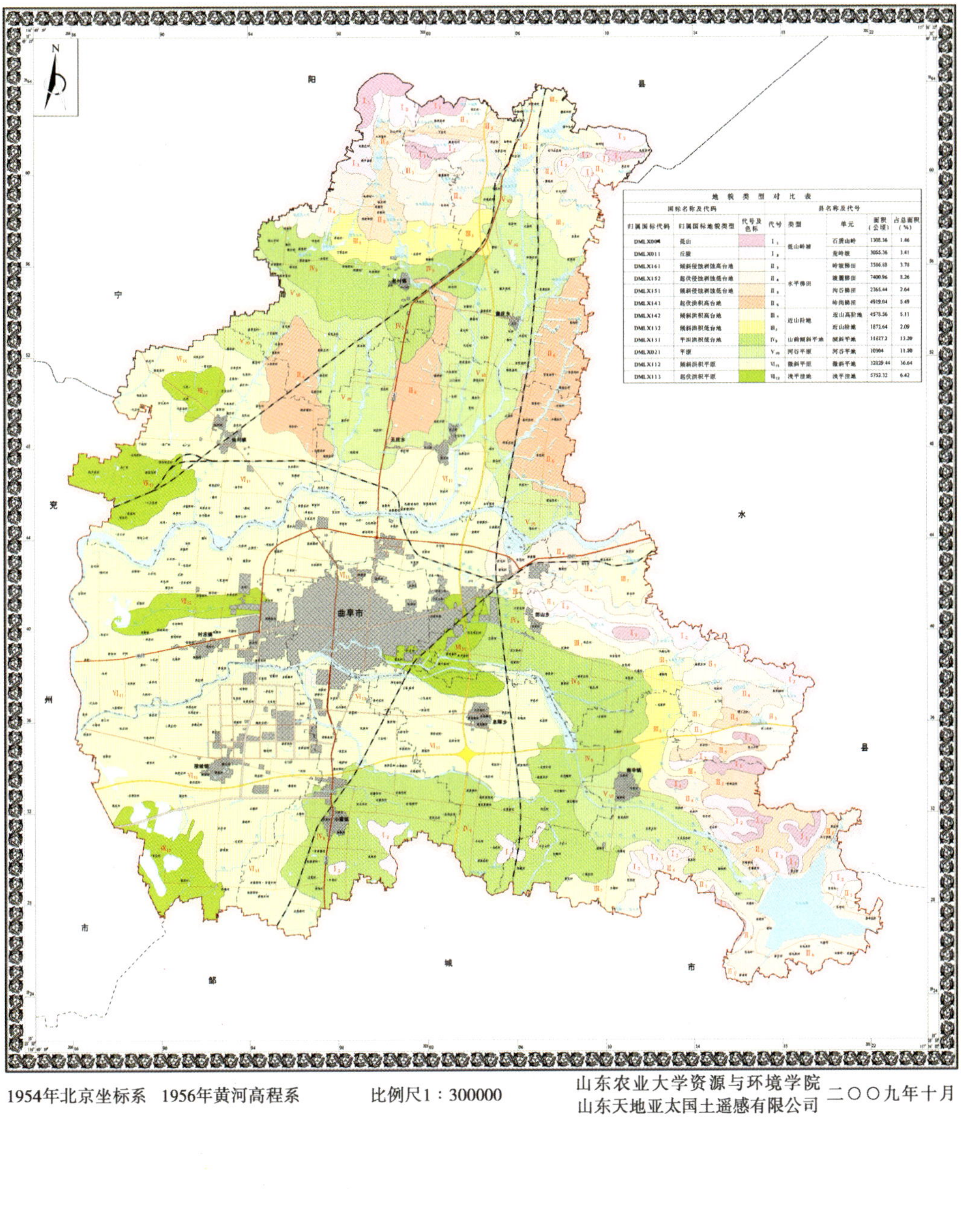


| 地 貌 类 型 对 比 表 | | | | | | | |
|---|---|---|---|---|---|---|---|
| 国标名称及代码 | | | 县名称及代号 | | | | |
| 归属国标代码 | 归属国标地貌类型 | 代号及色标 | 代号 | 类型 | 单元 | 面积（公顷） | 占总面积（%） |
| DMLX004 | 低山 | | $\text{I}_1$ | 低山岭脊 | 石质山岭 | 1308.36 | 1.46 |
| DMLX011 | 丘陵 | | $\text{I}_2$ | | 宽岭坡 | 3055.36 | 3.41 |
| DMLX161 | 倾斜侵蚀剥蚀高台地 | | $\text{II}_3$ | 水平梯田 | 岭坡梯田 | 3386.88 | 3.78 |
| DMLX152 | 起伏侵蚀剥蚀低台地 | | $\text{II}_4$ | | 坡麓梯田 | 7400.96 | 8.26 |
| DMLX151 | 倾斜侵蚀剥蚀低台地 | | $\text{II}_5$ | | 沟谷梯田 | 2365.44 | 2.64 |
| DMLX143 | 起伏洪积高台地 | | $\text{II}_6$ | | 岭岗梯田 | 4919.04 | 5.49 |
| DMLX142 | 倾斜洪积高台地 | | $\text{III}_7$ | 近山阶地 | 近山高阶地 | 4578.56 | 5.11 |
| DMLX132 | 倾斜洪积低台地 | | $\text{III}_8$ | | 近山阶地 | 1872.64 | 2.09 |
| DMLX131 | 平坦洪积低台地 | | $\text{IV}_9$ | 山前倾斜平地 | 倾斜平地 | 11827.2 | 13.20 |
| DMLX021 | 平原 | | $\text{V}_{10}$ | 河谷平原 | 河谷平地 | 10304 | 11.50 |
| DMLX112 | 倾斜洪积平原 | | $\text{VI}_{11}$ | 微斜平原 | 微斜平地 | 32829.44 | 36.64 |
| DMLX113 | 起伏洪积平原 | | $\text{VII}_{12}$ | 浅平洼地 | 浅平洼地 | 5752.32 | 6.42 |

1954年北京坐标系　1956年黄河高程系　　比例尺1：300000　　山东农业大学资源与环境学院　山东天地亚太国土遥感有限公司　二〇〇九年十月

# 曲阜市坡度图

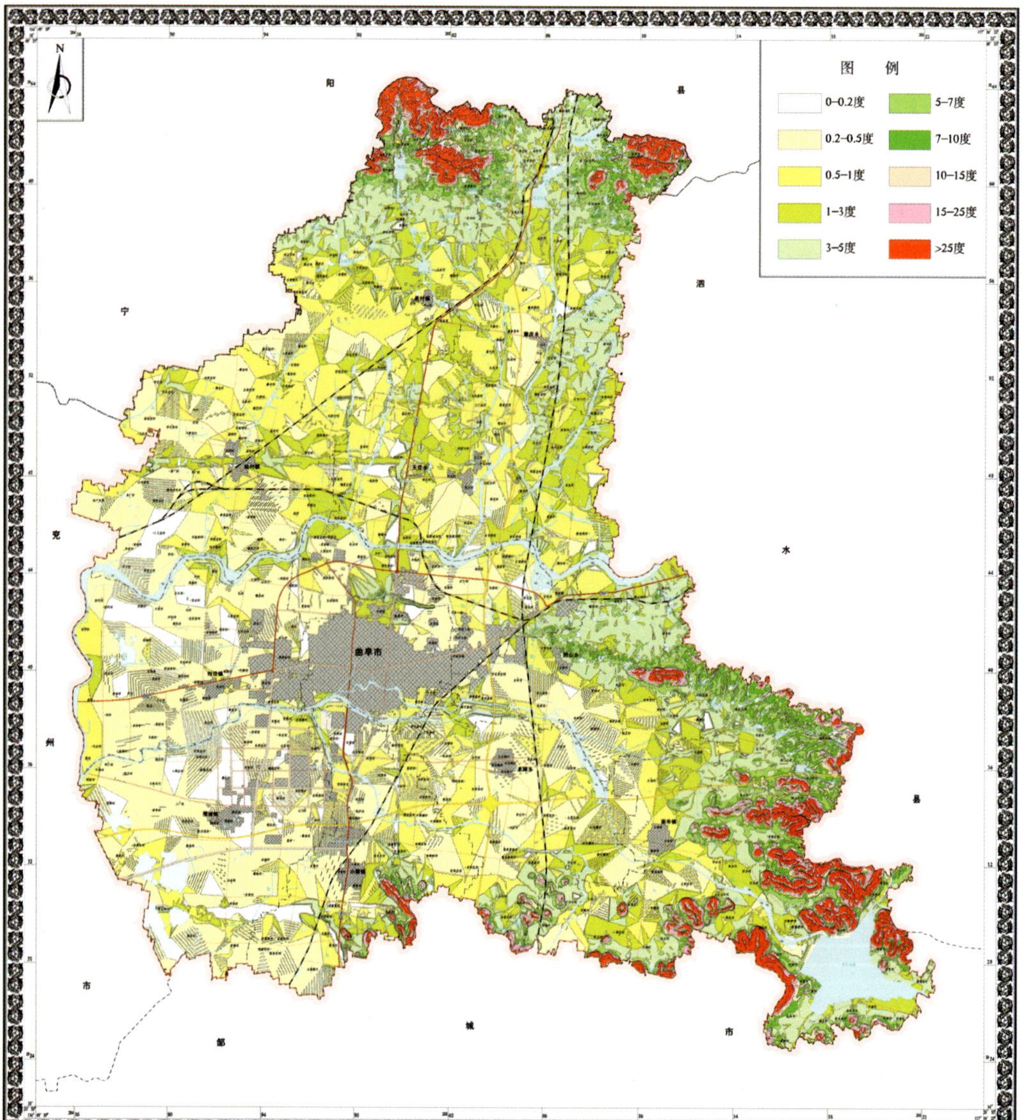


1954年北京坐标系 1956年黄河高程系 比例尺1：300000 山东农业大学资源与环境学院 山东天地亚太国土遥感有限公司 二〇〇九年十月

# 曲阜市灌溉分区图

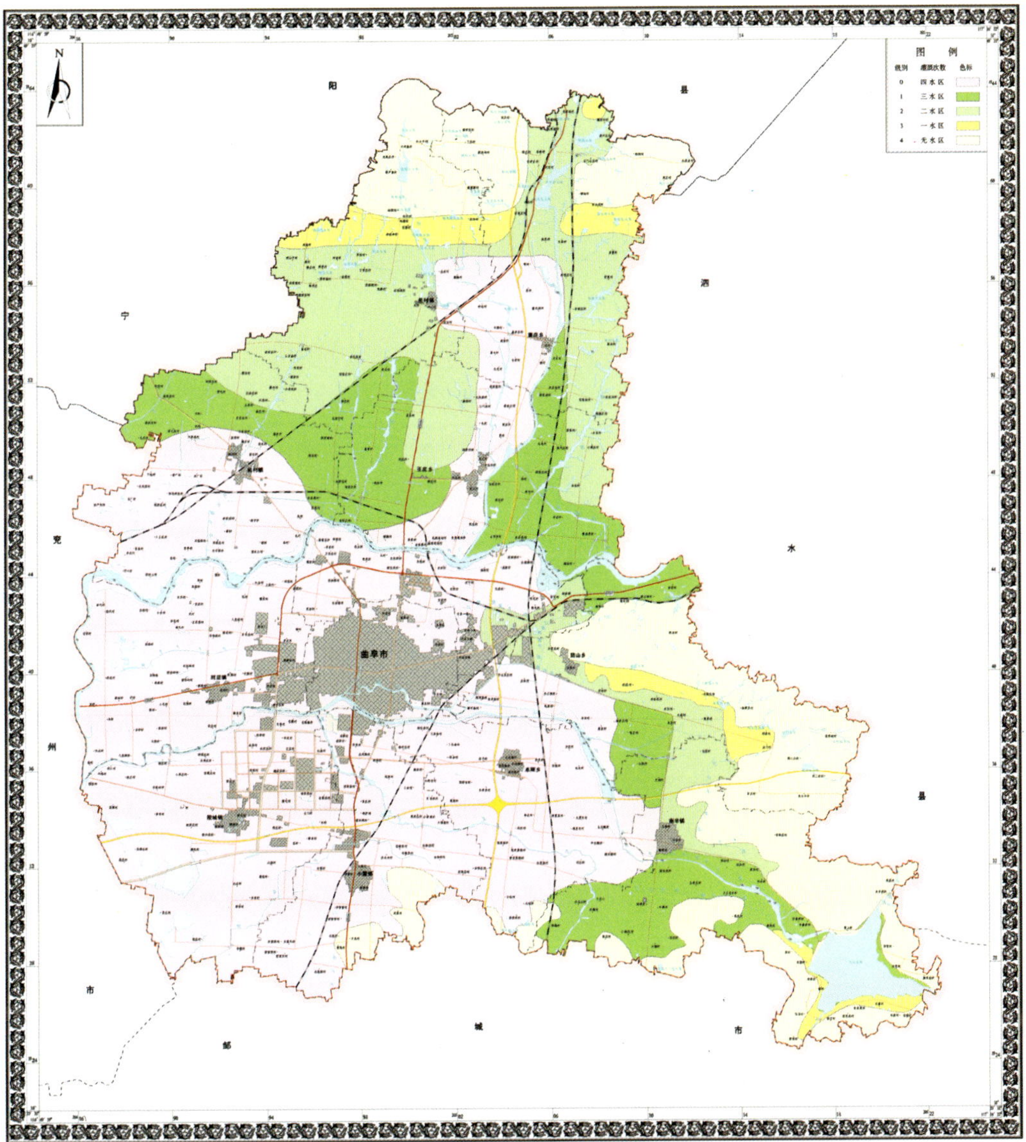


1954年北京坐标系　1956年黄河高程系　　比例尺1：300000　　山东农业大学资源与环境学院　山东天地亚太国土遥感有限公司　二〇〇九年十月

# 曲阜市耕地地力调查点点位图

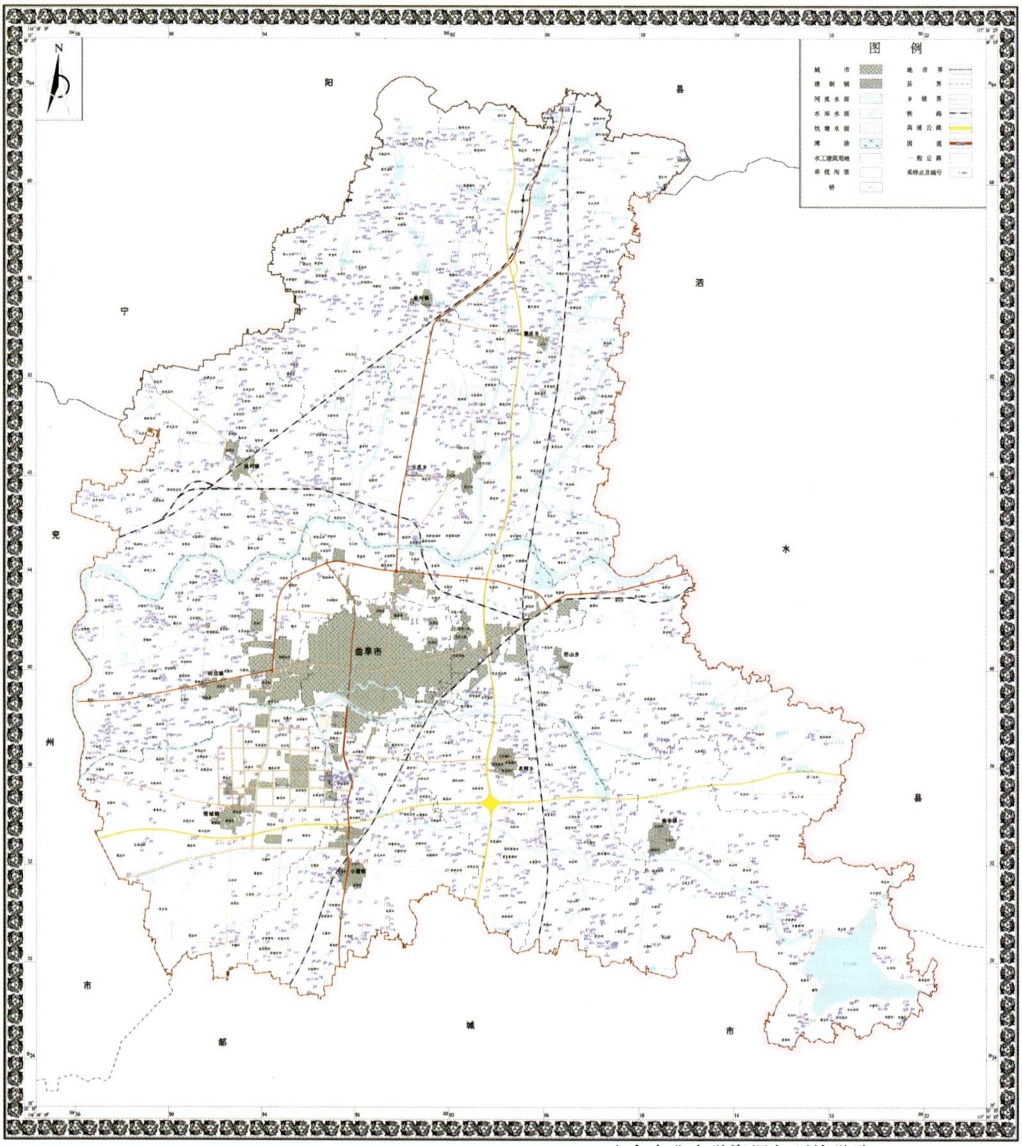


1954年北京坐标系 1956年黄河高程系 比例尺1：300000 山东农业大学资源与环境学院 山东天地亚太国土遥感有限公司 二〇〇九年十月